煤田地质勘查与矿产开采

王宏明　张　峰　金　路　著

吉林科学技术出版社

图书在版编目（CIP）数据

煤田地质勘查与矿产开采 / 王宏明 , 张峰 , 金路著
. -- 长春 : 吉林科学技术出版社 , 2023.10
ISBN 978-7-5744-0906-4

Ⅰ.①煤… Ⅱ.①王… ②张… ③金… Ⅲ.①煤田地
质—地质勘探—研究②矿山开采—研究 Ⅳ.
① P618.110.8 ② TD8

中国国家版本馆 CIP 数据核字 (2023) 第 197977 号

煤田地质勘查与矿产开采

著	王宏明　张　峰　金　路
出 版 人	宛　霞
责任编辑	郝沛龙
封面设计	刘梦杳
制　版	刘梦杳
幅面尺寸	185mm×260mm
开　本	16
字　数	345 千字
印　张	16.75
印　数	1-1500 册
版　次	2023年10月第1版
印　次	2024年2月第1次印刷

出　版	吉林科学技术出版社
发　行	吉林科学技术出版社
地　址	长春市福祉大路5788号
邮　编	130118
发行部电话/传真	0431-81629529 81629530 81629531
	81629532 81629533 81629534
储运部电话	0431-86059116
编辑部电话	0431-81629518
印　刷	三河市嵩川印刷有限公司

书　号	ISBN 978-7-5744-0906-4
定　价	72.00元

前言

Preface

　　我国煤炭资源丰富，同时也是世界第一大产煤国和消费国。煤炭工业的发展依赖于煤田地质科学的进步。现在的煤田地质研究工作是全方位的，既服务于勘探，又服务于煤的合理利用和环境保护。一方面要继续寻找隐伏煤田，为经济的可持续发展提供后备储量，另一方面又要解决煤的合理利用和由此引起的环境污染问题。因此，煤田地质技术人员掌握扎实的地质理论基础和学习相应的专业技能，在能源勘探与环境保护中发挥指导作用，是非常必要的。

　　煤炭作为我国的基础能源和工业原料，长期以来为经济社会发展和国家能源的安全稳定供应提供了有力保障，在经济和社会发展中发挥着压舱石的作用。"十三五"期间，在国家推动供给侧结构性改革政策措施指导下，煤炭行业整体面貌发生了显著变化，产能得到进一步优化，上下游产业链健康有序发展，转型升级取得实质进展，使煤炭行业改革发展迈上新台阶。

　　在"十四五"新征程开启之际，"碳达峰、碳中和"的庄严承诺对煤炭地质勘查产业既提出了新的要求，也带来了新的机遇和挑战。我国的经济结构将进一步调整优化，能源技术革命加速演进，非化石能源替代步伐加快，这些都对已经形成并巩固提升的煤炭产业链产生了新的推动与融合作用。煤炭行业生产智能化、管理信息化、分工专业化必将形成新的产业，从而进一步延伸煤炭产业链。面对新形势、新任务、新要求，煤炭地质勘查产业有必要进行优化重构，这样才能更好地保障主体能源的安全，提供更优质的地质技术服务。煤炭地质勘查产业始终要保证国家能源安全、生态安全布局和重构。煤炭地质勘查产业优化传统勘查产业链的重中之重是减少劣质供给、强化优质供给，发挥勘查业强项、补齐短板，打造精准专业化、专一化全过程服务链。在煤矿地质灾害防治、绿色智能开采、透明矿井系统建设、智慧矿山发展和矿山环境综合治理方面大展前途。

　　随着我国国民经济的快速发展，我国煤炭资源勘探、建井、开采、装备、安全等技术不断取得突破，煤矿生产集中化程度、生产效率不断提高。落后产能的小型煤矿迅速被淘汰，通过简约化的生产系统、先进的装备和开采技术以及有效的灾害预防与治理技术的应用，不断改善矿山职工安全作业环境，完善矿山安全机制建设和信息化建设，不断培养高素质矿山职工队伍，保证煤矿生产本质安全。

本书主要介绍了煤田地质勘查与矿产开采方面的基本知识，其中包括：煤田勘探阶段及勘探手段，煤矿地质学与矿图、煤矿开采地质条件与安全地质条件、煤炭资源的普查、详查和勘查，泥炭、煤层气及其他有益矿产的勘查与评价，地球物理勘探，找寻隐伏矿床的勘查地球化学方法，巷道施工，硐室及交岔点施工，巷道支护设计，软岩巷道支护设计与施工等内容。本书突出了此产业基本概念与基本原理，在写作时尝试多方面知识的融会贯通，注重知识层次递进，同时注重理论与实践的结合。希望可以对广大读者提供借鉴或帮助。

由于作者水平有限，书中难免存在错误或疏漏之处，恳请读者批评指正。

目 录

Contents

第一章 煤田勘探阶段及勘探手段

第一节 煤田勘探程序及阶段划分

煤田地质勘探又称煤炭资源地质勘探，是寻找和查明煤炭资源的地质工作。其目的是寻找煤矿床、圈定煤炭储量，为煤矿设计、建设提供科学依据。勘查又称煤田地质勘探程序。煤田地质勘探工作的整个过程就是对煤田从大范围的概略了解到小面积的详细研究的过程。对客观地质规律的认识有一定的阶段性，按照这种逐步认识的过程，以及与煤炭工业基本建设各阶段相适应的原则，可将煤炭地质勘查工作划分为预查、普查、详查和勘探（精查）四个阶段。

一、预查阶段

预查工作应在煤田预测或区域地质调查的基础上进行，其主要任务是寻找煤炭资源，对工作区所发现的煤炭资源有无进一步工作的价值做出评价。这一阶段的工作，主要为普查提供必要的地质资料，也可能是以无煤或无进一步工作的价值而告终。因此，在这一阶段工程地质工作可根据具体实际情况决定是否予以开展。

二、普查阶段

普查是在预查阶段的基础上或在已知有煤炭赋存的地区进行。经过对地层构造、煤层、煤质、岩浆活动、水文地质条件、开采技术条件和工程地质条件等方面的研究，对工作区煤炭资源的经济意义和开发建设可能性做出评价，为煤矿建设远景规划提供依据。

三、详查阶段

详查是在普查的基础上为矿区总体发展规划提供地质依据，对影响矿区开发的水文地质条件和开采技术条件做出评价。凡需要划分井田和编制矿区总体发展规划的地区应进行详查。

四、勘探阶段

勘探的任务是为矿井建设可行性研究和初步设计提供地质资料。一般以井田为单位进行。勘探的重点地段是矿井的先期开采地段和初期采区。勘探成果要满足确定井筒，水平运输大巷，总回风巷的位置，划分初期采区，确定开采工艺的需要；要保证井田边界和矿井设计能力不因地质情况而发生重大变化，保证不因地质资料影响煤的洗选加工和既定的工业用途。

第二节 煤田地质勘查类型

按照煤炭资源勘探程序，进行了找煤、普查后，就进入矿区详查、井田精查阶段。根据我国煤炭工业建设的布局和发展规划的需要，在保证重点、兼顾一般，以及先富后贫、先近后远、先浅后深和先易后难的原则下，在对煤田地质情况有了初步了解的基础上，必须慎重地选择勘探区。在勘探区内，根据对煤矿床的地质研究和以往勘探经验的总结，依据影响煤矿床勘探难易程度的主要地质因素，对勘探区（矿区或井田）进行的分类，称为勘探类型。划分勘探类型的目的，是更好地运用地质规律，指导煤田地质勘探实践，合理选择勘探手段，合理布置勘探工程，确定勘探程度，预算勘探成本，经济地查明地质情况和开采技术条件，获得各级煤炭储量，为煤矿设计和生产建设提供必要的地质资料。

一、地质构造复杂程度类别

依据地质构造形态，断层和褶曲的发育情况，以及受火成岩影响程度，将井田（勘探区）的地质构造复杂程度划分为以下四类。

（一）简单构造

区内含煤地层沿走向、倾向的产状变化不大，断层稀少，没有或很少受火成岩的影响。主要包括：

（1）煤（岩）层倾角接近水平，很少有缓坡状起伏；

（2）呈现缓倾斜至倾斜的简单单斜、向斜或背斜构造；

（3）只有为数不多和方向单一的宽缓褶皱。

（二）中等构造

（1）煤（岩）层倾角平缓，沿走向和倾向均发育宽缓褶皱，或伴有一定数量的断层；

（2）发育有简单的单斜、向斜或背斜，伴有较多断层，或局部有小规模的褶曲或地层倒转；

（3）发育急倾斜或倒转的单斜、向斜或背斜构造，或为形态简单的褶皱，伴有稀少断层。

（三）复杂构造

区内含煤地层沿走向、倾向的产状变化很大，断层发育，有时受火成岩的严重影响。主要包括：

（1）受断层严重破坏的断块构造；

（2）在单斜、向斜或背斜的基础上，次一级褶曲和断层均衡发育；

（3）为紧密褶皱，伴有一定数量的断层。

（四）极复杂构造

区内含煤地层的产状变化极大，断层极发育，有时受火成岩的严重破坏。主要包括：

（1）密褶皱，断层密集；

（2）为形态复杂特殊的褶皱，断层发育；

（3）断层发育，受火成岩的严重破坏。

二、煤层稳定程度类别

煤层稳定程度类型分成四种：稳定煤层、较稳定煤层、不稳定煤层和极不稳定煤层。

（1）稳定煤层：煤层厚度变化很小，变化规律明显，结构简单至较简单；煤种单一，煤质变化很小。

（2）较稳定煤层：煤层厚度有一定变化，但规律性较明显，结构简单至复杂；有两个煤类，煤质变化中等。

（3）不稳定煤层：煤层变化较大，无明显规律，结构复杂至极复杂；有3个或3个以上煤类，煤质变化大。

（4）极不稳定煤层：煤层厚度变化极大，呈透镜状、鸡窝状，一般不连续，很难找出规律，可采块段分布零星；或无法进行煤分层对比，且层组对比也有困难的复煤层；煤质变化很大，且无明显规律。

第三节　煤田勘探技术手段分类

一、遥感地质调查

遥感是遥远感知的意思："遥"具有空间概念，"感"表示信息系统。即在遥远的空间，不与目标物直接接触，而通过信息系统去获得有关该目标物的信息。遥感的基本原理是：利用各种物体反射或发射电磁波的性能，由飞机、卫星、宇宙飞船等航空、航天运载工具上的传感器从遥远距离接收或探测目标物的电磁波信息。这种方法受地面障碍限制小，覆盖面积大，获取信息速度快，因而广泛应用于自然资源调查、环境动态检测、气象及军事等领域。

探测目标物主要是通过目标物的电磁辐射来获得目标物的信息。其方式基本上有两种：一是依靠人工电磁辐射源，向目标物发射一定能量的电磁波，然后接收从目标物质射回来的电磁波，并根据反射电磁波的特征信息识别目标物，称为主动遥感，如用微波雷达探测；二是使用探测仪器被动地接收、记录目标物本身所发射或反射来自辐射源（如太阳）的电磁波，然后根据其信息特征识别目标物，称为被动遥感。目前，比较常用的遥感技术手段有：摄影遥感、多光谱遥感、红外遥感、雷达遥感、激光遥感和全息摄影遥感等。

遥感技术在地质调查过程中的具体应用就是对相片的判读。其中，可见光航空相片（简称航片）和多光谱卫星相片（简称卫片）的判读，是进行地质填图、地质构造解释、找矿标志判别及动态分析的有效的技术手段。在煤田勘探地质填图时，一般采用航片进行地质解释，因为航片适合大比例尺填图。

遥感技术的出现为地质、水文等勘测提供了新的手段，为找矿、找油、找水、找天然气和调查地热资源等创造了宏观研究的有利条件。遥感技术在资源地质调查过程中的具体应用就是对含有丰富图像信息和数字信息的航空相片或卫星相片的判读，是进行地质填图，地质构造解释、找矿标志判别及动态分析的有效技术手段。

二、地质填图

地质填图是地质勘查的基础工作，也是最基本的技术手段，它应用地质学的理论和方法有目的地在含煤地区进行全面的地表地质调查研究，即对天然露头（没有被浮土掩盖的岩层、煤层、断层等）和人工露头（用人工揭露出来的岩层、煤层、断层等）等上的地质点进行测量和描述，并把获得的所有地质点信息填绘在相应比例尺的地形图上，编制成地形地质图、地质剖面图、地层综合柱状图等图件，作为今后地质工作的重要依据。

填图时，地质点由地质专业技术人员在野外实地观察确定。地质点的测定方法包括平板仪极坐标法、经纬仪测绘法、经纬仪配合小平板仪测绘法和图解法等。上述常规方法是借助测量仪器人工完成的，既费时又费力。近年来发展的全球卫星定位技术（GPS），为地质填图提供了精确，快捷，省时、省力的新技术。与传统测量技术相比，GPS技术的主要特点是：测站点之间无须通视，从而大大减少测量工作的经费和时间，同时也使点位的选择变得甚为灵活，定位精度高、观测时间短、提供三维坐标，在精确得到站点平面位置的同时，还可以测定观测点的大地高程，操作简便。在测量过程中测量员的主要任务只是安装并开关仪器、量取仪器高、采集环境等气象数据，其他观测工作均由仪器自动完成，全天候作业，可以在任何地点、任何时间连续地进行，一般不受天气状况的影响。

地质填图在煤田地质勘探的各个阶段中都要进行，但各阶段的任务要求、研究程度及地质条件不同，相应地质填图的比例尺也有差异。一般精度要求越高、研究程度越深，其图件的比例尺越大。

三、坑探工程

坑探工程是在表土覆盖层较薄的地区，用人工方法揭露岩层、煤层及地质构造等地质现象，或为了采集煤样、岩样所设计的一些专门地表工程。

（一）探井

当表土厚度大于3m，小于20m时，不适合挖掘槽沟，就采用从地面垂直挖掘探井的方法，来揭露一般地层角比较平缓的岩层、煤层及其他地质现象。探井工程比探槽难度大，应尽量少布置，一般沿岩层走向布置，配合探槽和地质填图使用。

（二）探槽

在表土较薄（一般小于3m），岩层倾角较陡或较平缓，地形切割比较强烈，表土稳定坚实且含水不多的地段，垂直岩层走向或构造线方向挖掘的一条槽沟，称为探槽。对槽沟所揭露的地质现象进行直接测量和描述，据此可以绘制出剖面图及其他图件。探槽是坑探工程中使用最普遍的技术手段，常配合地质填图使用。

（三）探巷（硐）

有时为了揭露煤系、了解煤层厚度和结构、确定煤层风（氧）化带的深度，并在风（氧）化带下采集煤样，直接从地面挖掘井硐，称为探巷（硐）。探巷根据需要可垂直或平行煤层走向掘进，可为斜井、平硐或石门。

四、钻探工程

钻探是利用机械转动钻杆和钻头进行探索，而从地面向地下钻直径小而深的圆孔，称为钻孔。钻探过程中一边钻进，一边选择层位提取岩心，对岩心进行测量和描述，获得地质信息，然后绘制原始钻孔柱状图。钻孔到达目标深度并提取岩心后，按规定必须对钻孔进行地球物理测井，最后对钻孔进行技术封闭，以免给以后煤矿生产带来突水等隐患。

钻探工程由地表往地下钻进一系列钻孔，这些钻孔都是呈网络布置的。在网络中垂直岩层走向方向由若干钻孔连成的线称为勘探线。用勘探线上的钻孔柱状绘制勘探线剖面图，然后据此再编制其他的地质平面图，以了解和掌握煤层在地下的赋存状态。钻探工程是最重要、最常用的技术手段。它适用于任何地区，尤其是在表土覆盖很厚的地区，可能成为探测深部岩层、煤层唯一的重要手段。钻探工程不仅在煤田勘探各个阶段都得使用，还在矿井建设和生产时期也常使用。钻探工程有时也可布置在井下巷道中，称其为坑道钻探。根据地质目的的不同，将钻孔分为探煤孔、构造孔、水文孔、水源孔、取样孔、井筒检查孔和验证孔等。

五、巷探工程

利用矿井中的掘进巷道来探测地质构造等的变化，称为巷探。当井下不具备钻探条件或钻探难以达到探测效果，但生产实际又需要查明地质情况时，采用布置专门巷道或延长巷道探测前方地质构造。巷探工程的优点是能直接观测地质现象从而获得地质数据，采集相关样品，又可一巷多用。专门的探巷一般都采取小断面简易支护方式，以降低生产成本。

　　具体使用该手段的条件如下：

　　（1）为查明中小型断层密集块段煤层的可采性，查明岩浆侵入体和河床冲刷带及岩溶陷落柱对煤层的影响范围，以及圈定小稳定煤层和处于临界可采厚度煤层及高灰分煤层的可采界限等。由于单纯采用钻探不能达到预期的地质，所以需要布置巷探予以查明。

　　（2）为控制水平，采区和采煤工作面的边界断层，确定煤层走向变化地段运输巷道的方位和层位，进行残采区的找煤和复采等，由于生产巷道已经进入或者生产需要提前掘进巷道，这时只要合理安排巷道施工顺序或适当延长巷道，先期掘进的生产巷道就可起到探巷的作用。

　　（3）地质构造复杂，煤层极不稳定、勘探程度又低的地区，小型煤矿和勘探生产井只能采用边掘、边探、边采的方法进行生产，这时巷探就成为矿井地质最主要的勘探技术手段。探巷一般要结合采掘生产的需要，而尽量做到一巷两用，既探明地质情况又为生产准备了辅助巷道。在采用双巷掘进的地区，为了保证主巷设计要求，一般采用副巷超前掘进的办法查明前方的地质变化，以指导主巷掘进。在地质构造复杂、煤层变化强烈的地段，垂直主要构造线方向布置探巷，做到查清一线、控制一片。

第二章　煤矿地质学与矿图

第一节　煤的形成

一、成煤原始物质

植物是形成煤的原始物质。在煤层及其顶、底板岩石中常保存有完好程度不同的植物化石，如炭化的树干、树皮、树叶，以及植物的细胞组织、孢子、花粉、树脂、藻类和少量浮游生物的遗体等。这些都表明，低等、高等植物的各个组成部分，以及浮游生物都是成煤原始物质。成煤植物中的碳与煤中的碳元素的同位素成分几乎相同，而与无机物中碳的同位素成分有明显的差别，进一步证明了煤是由植物遗体转变而成的。

以高等植物为原始物质形成的煤，称腐植煤；以低等植物为主并有浮游生物为原始物质形成的煤，称腐泥煤。由高等植物和低等植物混合形成的以腐泥为主的煤，称腐植腐泥煤；以腐殖质为主的煤，称腐泥腐殖煤。

二、成煤作用

自然界植物遗体从堆积到转变成煤的作用，称成煤作用。成煤作用包括泥炭化作用（或腐泥化作用）和煤化作用。

（一）泥炭化作用与腐泥化作用

1.泥炭化作用

高等植物遗体堆积在泥炭沼泽中，经过复杂的生物化学和物理化学的变化，逐渐转变为泥炭的作用，称泥炭化作用。泥炭化作用是在成煤作用第一阶段——泥炭化阶段进行的，泥炭化作用以生物化学作用为主。

（1）植物残骸堆积方式。成煤植物残体有原地堆积与异地堆积（包括微异地堆积）两种方式。原地堆积指成煤植物的残骸堆积于植物繁衍生存的泥炭沼泽内，没有经过搬运，在原地堆积并转变为泥炭；异地堆积指泥炭层形成的地方，即植物残体大量堆积的地方，而不是成煤植物生长的地方，植物残体从生长地经过长距离搬运后，再在浅水盆地、潟湖、三角洲地带堆积并转变成泥炭。原地生成的煤层，常在底板中有丰富的树根化石，有时也能找到直立带根树桩，证明底板就是生成植物的土壤（根土岩）。异地生成的煤，因原始物质经过搬运，有时有倒立的树干，所以煤中矿物质一般较多。

（2）泥炭沼泽。沼泽是地表土壤充分湿润、季节性或长期积水，丛生着喜湿性沼泽植物的低洼地段。如果沼泽中形成并积累着泥炭，则称为泥炭沼泽。泥炭沼泽既不属于水域，又不是真正的陆地，而是地表水域和陆地之间的过渡形态。由陆地演化为泥炭沼泽，称为陆地泥炭沼泽化；由水域转化为泥炭沼泽，称为水域泥炭沼泽化。

水域包括湖泊、河流和滨岸地带的各种海湾和河口湾等。水域的泥炭沼泽化都是从岸边及水体底部植物丛生开始，这些地带往往水不太深，水层透明度较好，水温适宜，含盐度低。淡水湖（含盐度<0.3%）易于沼泽化；碱水湖（含盐度>24.695%）植物生长困难，难以泥炭沼泽化；微碱水湖（含盐度在前二者之间）有可能沼泽化。如不经过淡化过程，就难以泥炭沼泽化。河流的泥炭沼泽化大多发生在平原或山间谷地的中、小河流地带，这是由于河道迂回曲折，河床宽浅，水流平稳，岸、底等地带植物丛生，植物的繁茂更加减缓水的流速，因此有利于泥炭沼泽化。

（3）泥炭的形成。一般认为，泥炭化阶段生物化学作用大致分为两个阶段：第一阶段，植物遗体中的有机化合物，经过氧化分解和水解作用，转化为简单的化学性质活泼的化合物；第二阶段，分解产物互相作用进一步合成新的较稳定的有机化合物，如腐植酸、沥青质等。这两个阶段不是截然分开的，在植物分解作用进行不久时，合成作用就开始了。

通常泥炭沼泽的垂直剖面可划分为3层：氧化环境的表层，过渡条件的中间层，还原环境的底层。植物有机体的氧化分解和水解主要发生于泥炭沼泽的表层，因而又称其为泥炭的形成层。在泥炭的形成和积累中，植物的根、茎、叶在根系尚未脱离砂质土之前不参与泥炭的形成，只有植物生长在泥炭层中时，植物的地上部分和地下部分才一起参与泥炭的形成与积累。

泥炭化作用以微生物为重要媒介。微生物通过分解破坏植物遗体的有机组成而吸取养分，死后遗体又成为煤原始物质的一部分。在泥炭表层氧化环境中，植物遗体受喜氧细菌、放线菌和真菌的破坏，氧化分解成气体、水和化学性质活泼的产物；分解产物相互之间或与残留的植物有机组织发生合成作用，产生新的有机化合物。在泥炭层底部还原环境中，厌氧细菌的活动消耗了有机物中的氧，形成富氢的沥青产物。

泥炭化作用的过程十分复杂，一般可分成两类生物化学作用：一是腐殖化作用和生物化学凝胶化作用，简称凝胶化作用；二是丝炭化作用，也称丝煤作用。植物的木质纤维组织，包括以木栓质为主的树皮，在泥炭表面和泥炭形成层中，在覆水不太深的条件下，酸性介质、弱氧化至弱还原的环境中，因微生物的作用而形成腐殖物质。腐殖化作用之后，接着是凝胶化作用。凝胶化过程中，植物的细胞壁吸水膨胀，细胞腔逐渐缩小以至消失，形成了凝胶化物质。凝胶化物质是组成泥炭的有机物质的主要成分，主要包括凝胶化植物碎片和凝胶化基质。凝胶化物质是一种含氢较丰富的碳氢化合物，在成岩过程中脱水老化变成腐殖质，转变成煤后，成为褐煤中的腐殖组和硬煤中的镜质组。

丝炭化作用是指植物的木质素、纤维素组织在沼泽表面暴露于大气中，经喜氧细菌、真菌、放线菌的作用缓慢氧化分解，或因森林沼泽起火造成的木炭状残余物转变成富碳、贫氢的丝炭化物质的过程。丝炭是化学性质稳定的惰性物质，埋藏后转化成煤中的惰质组。已经过不同程度凝胶化作用的植物碎片，因沼泽潜水面下降或其他原因不断有新鲜氧进入时，可以再发生丝炭化作用，转变成半丝炭或丝炭，这一过程也称为凝胶—丝炭化作用；反之，已经经过丝炭化的植物碎片，即使再转入弱氧化至还原的覆水环境，也不能再发生凝胶化作用。丝炭化物质的共同特点是碳含量高、氢含量低。由于丝炭化过程经历了较大程度的芳烃化和缩合作用，因此其反射率显著高于凝胶化物质。

在泥炭化过程中水介质流通较畅，长期有新鲜氧供给的条件下，凝胶化作用和丝炭化作用的产物被充分分解破坏，并被流水带走，稳定组分大量集中的过程称为残植化作用。可以认为，残植化是泥炭化作用中的一种特殊情况。

泥炭化过程中，因植物品种的不同和沼泽覆水深度、氧的含量、介质酸度等条件的变化，使凝胶化、丝炭化、沥青化作用的各种产物，以不同比例共生或在垂直层序中交替出现；同时，混入的矿物质成分、数量也不等；因此它们埋藏后经煤化作用形成暗、亮相间呈条带状的腐植煤类。

2.腐泥化作用

腐泥化作用是低等植物和浮游生物在生物化学作用下转变为腐泥的过程。腐泥化作用是在湖泊、沼泽水深地带潟湖、海湾和浅海等水体中进行的。以脂肪、碳水化合物为主要成分的菌藻植物死后沉向水底，在滞流、缺氧的还原环境中，主要通过厌氧细菌的作用，经过分解、聚合与缩合作用，从而形成一种灰黑色、含大量水分的棉絮状胶体物质。这种物质经进一步的生物化学作用，去水、压实形成腐泥，即腐泥煤的前身；当含无机成分达到一定数量时，则为油页岩的前身。

腐泥化作用是在成煤的第一阶段进行的，故这一阶段也称腐泥化阶段。

（二）煤化作用

1.煤成岩作用与煤变质作用

泥炭转变为褐煤、烟煤、无烟煤，腐泥煤转变为腐泥褐煤、腐泥烟煤、腐泥无烟煤的作用，称煤化作用。煤化作用是在成煤作用第二阶段——煤化阶段进行的，以物理化学作用为主，生物化学作用逐渐消失。煤化作用包括煤成岩作用和煤变质作用。

（1）煤成岩作用。泥炭和腐泥被掩埋后分别转变为褐煤与腐泥褐煤的作用，称煤成岩作用。煤成岩作用处于煤化阶段的初期。泥炭和腐泥形成后，由于盆地沉降，被上覆沉积物覆盖埋藏于地下，经过压紧、脱水、固结，腐植酸向腐殖质转变和相应的碳含量增加，氧、氮、氢等元素减少，胶体陈化，颜色加深，逐渐转变为褐煤、腐泥褐煤。E. Stach认为，这种作用大致发生于地下200～400m的浅层。

（2）煤变质作用。褐煤在地下受到温度、压力、时间等因素的影响，转变为烟煤或无烟煤的地球化学作用，称煤变质作用。煤在变质作用过程中，褐煤在较高的温度、压力及较长地质时间等因素的作用下，进一步经受物理化学作用。这一阶段所发生的化学煤化作用表现为腐殖物质进一步聚合，失去大量的含氧官能团（如羧基—COOH和甲氧基—OCH），腐植酸进一步减少，使腐殖物质由酸性变为中性，出现了更多的腐殖复合物。这一阶段所发生的物理煤化作用表现为结束了成岩凝胶化作用，从而形成凝胶化组分，植物残体已不存在，稳定组分发生沥青化作用，使叶片表皮蜡质和孢粉质的外层脱去甲氧基，形成易软化、塑性强，具有黏结性的沥青质，并开始具有微弱的光泽。在温度、压力的继续作用下，腐殖复合物不断发生聚合反应，使稠环芳香系统不断加大，侧链减少，不断提高芳香化程度和分子排列的规则化程度，变质程度不断提高，进而转变为烟煤、无烟煤和变无烟煤。

由于煤对温度和压力的反应比围岩灵敏，当褐煤变成烟煤、无烟煤时，围岩一般不发生变质，因此从褐煤转变为烟煤、无烟煤的作用，实际上大致相当于沉积岩的成岩作用；而煤进一步转变为石墨、天然焦的作用，与沉积岩的变质作用相当。煤进一步演化成石墨，称为石墨化作用。由于石墨不再属于煤，所以煤的变质作用不包括石墨化阶段。

2.影响煤化作用的因素

温度、压力和煤化作用的持续时间，是影响煤化作用的主要因素。

（1）温度。在影响煤化作用的3个因素中，温度因素最为重要。因为温度促使镜质组中芳香结构发生化学变化，官能团和键减少，链缩短、缩聚，所以使煤的变质程度提高。

随着成煤物质沉降深度的加大，地温增加，使得煤化作用程度提高，因此煤化作用的演化取决于煤的受热史。煤化程度增高的速度，有人称之为"煤级梯度"或"煤化梯度"，它首先取决于地区的地热条件，即地热梯度变化。

（2）时间。时间因素指煤受热的持续时间。在煤化作用中，煤在温度、压力作用下所经历的时间长短，特别是在地质上的时间延续，是不可忽视的因素。煤经受温度高于50～60℃时，其持续的时间越长，煤的变质程度就越高，这种时间与温度之间的关系主要是就深成变质作用而言。

对于不同类型的煤变质作用，煤的受热持续时间不同。煤深成变质作用，受热持续时间最长，区域岩浆热变质作用次之，接触变质作用最短。

此外，时间因素还涉及沉陷快慢所引起的受热速率问题。在同样沉降幅度的盆地，由于达到相同埋藏深度的沉降速率不同，煤受热增温速率也不同。

（3）压力。在煤化作用中，压力是煤变质不可缺少的因素。压力因素虽阻碍化学反应，但却引起煤的物理结构发生变化。例如，静压力使煤的孔隙率和水分降低、密度增加，还促使芳香族稠环平行于层面做有规则的排列。构造应力影响到反射率值及镜质组的各向异性，其旋光性也发生变化。在受强烈变形影响的煤中，旋光性从典型的一轴负旋光性转变为二轴正旋光性，最大的反射率轴垂直于应力方向。

（三）煤的变质作用类型

根据引起煤变质的主要因素及其作用方式和变质特征，将煤的变质作用划分为煤深成变质作用、煤区域岩浆热变质作用、煤接触变质作用和煤动力变质作用。

1.煤深成变质作用

煤深成变质作用是指煤层（年轻褐煤）形成后，在沉降过程中，在地热及上覆岩层静压力作用下，使煤发生变质的作用。这种煤变质作用的增强，往往与煤层埋藏深度的加大有直接关系。煤的各种性质及特征随埋藏深度的增加而变化的现象，早为人们所关注。德国学者希尔特在研究西欧若干煤田煤变质规律的基础上提出，在地层大致水平的条件下，煤的挥发分每百米降低约2.3%，故煤的变质程度随埋藏深度的增加而增高的规律，称为希尔特规律。希尔特规律是煤深成变质的基本规律。

煤深成变质作用主要是由地热引起的。地热由地表向地下深处逐渐增高，故又称之为煤地热变质作用。在4种变质作用类型中，深成变质对煤的影响最广泛，故又称之为煤区域变质作用。

地热来源于原始的地球残余热、化学反应热、潮汐摩擦热、放射性元素衰变热，以及重物质位移热等，其中后两种较为重要。影响地热分布的因素除了热源不同外，还有大地构造特征、构造断裂破坏程度、岩石导热性、火成岩的性质和活动特征，以及地下水活动特征等。这些因素造成了各地区地温梯度的差异。

近年来，人们对于煤深成变质作用有了更加深入的认识，认为煤深成变质作用具有长期性和阶段性，深成变质作用不一定是在含煤建造褶皱隆起之前一次完成，而是有时间延续，可以分阶段累积进行。

希尔特规律普遍存在，但由于受局部火成岩的侵入、构造变动、煤的成因类型或煤岩类型不同等因素的影响，因此也会使煤质变化出现异常。例如，徐州晚古生代煤田煤的挥发分V_{daf}值随埋藏深度加深而增高，是因为下部太原组17号煤为腐泥煤，含藻类体达70%，所以V_{daf}值（达43.98%）比其上部的煤还高，胶质层厚度y值也高。

希尔特规律可以用煤变质梯度表示。煤变质梯度是指煤在地壳恒温层之下，埋深每增加100m，煤变质加深的程度。煤变质梯度常用挥发分梯度ΔV_{daf}（埋深每增加100m煤中干燥无灰基挥发分减少的数值），或镜质组反射率梯度ΔR_{max}（埋深每增加100mR_{max}增加的数值）来表示。不同煤田由于地温梯度不同，挥发分梯度也不相同。例如，我国山西阳泉、大同煤田中ΔV_{daf}为1.4%～3.3%，豫西煤田ΔV_{daf}为2%～3%，鲁中章丘煤田ΔV_{daf}为4%。

2.煤区域岩浆热变质作用

煤区域岩浆热变质作用又称煤区域热力变质作用或煤远程岩浆变质作用。它是大规模岩浆侵入含煤岩系或其外围，在大量岩浆热和岩浆中的热液与挥发性气体等的影响下，导致区域内地热增高，使煤发生变质的作用。

煤区域岩浆热变质作用与煤深成变质作用的特征有相近之处，但在受热温度高低、时间长短及受热均匀程度上又有许多不同之处。煤区域岩浆热变质作用主要有以下特征。

（1）由于变质作用是在区域地热场上叠加了岩浆热，故地区的地热温度较高，地热梯度较大，煤变质的垂直分带明显，变质带厚度及平面宽度都较小。

（2）煤区域岩浆热变质作用所产生的变质带，在平面上的展布特征与煤系和上覆岩系等厚线的展布无关，而与深层岩体的分布有一定关系。例如，我国黑龙江双鸭山煤田中辉长岩岩株出露宽2km，长4km，围绕岩体煤级呈同心环带分布。

（3）煤的变质程度取决于火成岩体的大小，以及与岩体距离的远近。距火成岩体近的煤变质程度高，并常有热液矿化现象，远离火成岩体则变质程度较低。

应该指出，在煤区域岩浆热变质过程中，由于岩浆热液作用，无烟煤带的围岩因而发生蚀变，如硅化、叶蜡石化、绢云母化、碳酸盐化、绿泥石化和黄铁矿化等，且石英砂岩变为石英岩，灰岩变质为结晶灰岩或大理岩，泥质岩变质为板岩。特别是热液石英脉的发育，是煤区域岩浆热变质作用的标志之一。

3.煤接触变质作用

煤接触变质作用是指各种岩床、岩墙和岩脉等浅成岩体侵入或接近煤层时，在岩浆热和岩浆中的热液与挥发性气体等的影响下，使煤发生变质的作用。

煤接触变质作用有以下特征。

（1）在侵入体与煤层接触带附近，煤层受热温度和增温速率高，但延续时间短，受热均匀性差。因此，临近侵入体往往有不规则的天然焦带。天然焦多呈深灰、灰黑色，多孔隙，有明显的垂直柱状节理。

（2）经接触变质作用的煤，颜色变浅，密度增大，灰分增高，挥发分和发热量降低，黏结性消失，越接近火成岩体越明显。在煤接触变质过程中，由于氧含量迅速减少，碳含量增加得慢，所以与正常煤相比，接触变质煤的挥发分、发热量均偏低。

（3）在煤与火成岩体的接触带中，煤的镜质组因受高温溶解时气体逸出的影响而具气孔状构造，形成多气孔和沟槽的天然焦，其最大反射率和各向异性随温度的增高而增大。

（4）在接触带附近，常常存在规模较小且不规则的局部煤质分带现象，其宽度不大，从数厘米至数米不等。

4.煤动力变质作用

煤动力变质作用是指由于褶皱或断裂产生的构造应力和伴随的热效应，使煤发生变质的作用。

构造变动产生的动压力不能促进化学煤化作用的进行，一般只引起物理煤化作用。所以，只有当构造应力作用于煤岩层而产生大量摩擦热后，才能导致煤的变质。由于这种摩擦热的热量往往较少，因此动力变质作用主要发生在煤层围岩导热差，且热量易于集中的相对密闭的环境。例如，煤及围岩在压扭应力作用下的构造强烈活动地区常常形成煤动力变质作用带，多呈条带状分布。这种变质作用与其他类型的煤变质作用相比较，往往是次要的和局部的。

含煤岩系的形成与演变过程是复杂的，所以在一些煤田中煤的变质作用也往往以多种复合形式出现。因此，研究煤的变质问题必须综合、全面地分析影响煤质变化的因素及其演化史，明晰煤变质作用的类型及其规律，才能为煤质预测提供科学依据。

第二节　煤岩、煤质、煤类

一、煤岩组成

煤是一种固体可燃有机岩。煤的岩石组成指构成煤的岩石成分。

（一）腐植煤的煤岩成分与宏观煤岩类型

1.煤岩成分

煤岩成分又称煤岩组分、肉眼煤岩类型。它是腐植煤中肉眼可以鉴别的基本组成单元，包括镜煤、丝炭、亮煤和暗煤。

（1）镜煤，颜色最深光泽最强的煤岩成分。它质地纯净，结构均一，具贝壳状断口，垂直内生裂隙发育。镜煤性脆，易碎成棱角状小块。在煤层中，镜煤常呈凸透镜状或条带状，条带厚几毫米至两厘米，有时呈线理状存在于亮煤和暗煤之中。

镜煤是一种简单的煤岩成分。它是由植物的木质纤维组织经凝胶化作用转变而成。

（2）丝炭，外观像木炭，颜色灰黑，具明显纤状结构和丝绢光泽。丝炭疏松多孔，性脆易碎，能染指。丝炭的胞腔有时被矿物质充填，称为矿化丝炭。矿化丝炭坚硬致密，密度较大。在煤层中，丝炭常呈扁平透镜体沿煤层的层理面分布，厚度多在一毫米至几毫米，有时能形成不连续的薄层。个别地区，丝炭层的厚度可达几十厘米以上。

丝炭也是一种简单的宏观煤岩成分。丝炭是植物的木质纤维组织在缺水的多氧环境中缓慢氧化或由于森林火灾形成。丝炭的孔隙度大，吸氧性强，丝炭多的煤层易发生自燃。

（3）亮煤，光泽仅次于镜煤，一般呈黑色，较脆易碎，断面比较平坦，密度较小。亮煤的均一程度不如镜煤，表面隐约可见微细层理。亮煤有时也有内生裂隙，但不如镜煤发育。在煤层中，亮煤是最常见的煤岩成分，常呈较厚的分层，有时甚至可组成整个煤层。亮煤是一种复杂的煤岩成分。它是在覆水的还原条件下，由植物的木质纤维组织经凝胶化作用，并掺入一些由水或风带来的其他组分和矿物杂质转变而成。

（4）暗煤，光泽暗淡，一般呈灰黑色，致密坚硬，密度大，韧性大，不易破碎，断面比较粗糙，一般不发育内生裂隙。在煤层中，暗煤是常见的煤岩成分，常呈厚薄不等的分层，也可组成整个煤层。暗煤是一种复杂的煤岩成分。它是在活水有氧的条件下，富集了壳质组、惰性组或掺进较多的矿物质转变而成。含惰性组或矿物质多的暗煤，质量较差；富含壳质组的暗煤，煤质较好，且密度往往较小。

2.宏观煤岩类型

宏观煤岩类型是肉眼观察时，按照煤的总体相对光泽强度划分的类型。它是煤岩成分的典型共生组合。依据煤的总体相对光泽强度和光亮成分（煤中镜煤和亮煤的统称）的含量，依次分为光亮煤、半亮煤、半暗煤和暗淡煤4类。

（1）光亮煤，主要由镜煤和亮煤组成（光亮成分含量＞80%），光泽强。由于成分比较均一，常呈均一状或不明显的线理状结构。内生裂隙发育，脆度较大，容易破碎。光亮煤的质量最好，中煤化程度是最好的冶金焦用煤。

（2）半亮煤，亮煤和镜煤占多数（光亮成分含量＞50%～80%），含有暗煤和丝炭。光泽强度为较强，比光亮煤稍弱。由于各种宏观煤岩成分交替出现，常呈条带状结构。具有棱角状或阶梯状断口。

（3）半暗煤，镜煤和亮煤较少（光亮成分含量＞20%～50%），而暗煤和丝炭含量较多，光泽强度为较弱，常具有条带状、线理状或透镜状结构。半暗煤的硬度、韧性和密度都较大，半暗煤的质量多数较差。

（4）暗淡煤，镜煤和亮煤含量很少（光亮成分含量≤20%），而以暗煤为主，有时含较多的丝炭。光泽强度为弱，不显层理，块状构造，呈线理状或透镜状结构，致密坚硬，韧性大，密度大。暗淡煤的质量多数很差，但含壳质组多的暗淡煤的质量较好，且密度小。

（二）煤显微组分组与显微煤岩类型

在光学显微镜下能够辨认的煤的有机成分，称煤显微组分。按成因和性质大体相似的煤显微组分的归类，称煤显微组分组。

1.煤显微组分组

煤显微组分组可划分为三大组：镜质组、壳质组和惰性组。每个显微组分组中，可根据形态和结构的不同，分成不同的显微组分。

（1）镜质组，主要由植物的木质—纤维组织在覆水的还原条件下，经过凝胶化作用而形成的显微组分组。镜质组是煤中最常见、最重要的显微组分组。低、中煤阶煤，镜质组在透射光下具橙红、褐红色，反射光下呈灰至浅灰色；氧含量较高、氢含量中等，碳含量较低；挥发分产率较高，具有最好的黏结性，是炼焦的最主要成分。镜质组可分为3种显微组分，即结构镜质体、无结构镜质体和碎屑镜质体。

（2）惰质组，曾称丝质组。由植物的遗体经过丝炭化作用转化而成的显微组分组。惰质组是煤中常见的显微组分组。惰质组在透射光下为黑色不透明，反射光下呈亮白色至黄白色；碳含量最高，氢含量最低，氧含量中等；相对密度为1.5，磨蚀硬度和显微硬度高；突起高，挥发分低，没有任何黏结性。惰质组的芳构化程度高，反射率高。由于先期氧化，惰质组在煤化作用期间变化较小。惰质组包括丝质体、半丝质体、真菌体、分泌体、粗粒体、微粒体和碎屑惰质体。

（3）壳质组，又称稳定组、类脂组。主要由高等植物的繁殖器官、树皮、分泌物及藻类等物质形成的反射率最低的硬煤显微组分组。壳质组包括孢粉体、角质体、木栓质体、树脂体、树皮体、渗出沥青体、荧光体、藻类体、碎屑壳质体和沥青质体等。低煤化的壳质组在显微镜的透射光下，通常呈透明黄色到橙黄色，大多轮廓清楚；在油浸反射光下，多数为深灰色、灰色，一般有低—中等显微凸起；反射蓝光激发下，发绿黄色、亮黄色、橙黄色、褐色荧光。随煤化程度的增高，壳质组的轮廓、凸起和结构等逐渐不清楚，荧光强度减弱，以至消失。壳质组的氢含量和挥发分一般较高，加热时能产出大量的焦油和气体，黏结性较差或没有。在低煤化烟煤阶段，壳质组脱羧基并生成石油，在中煤化阶段（镜质组V_{daf}=29%）转变为气态烃。所以，低煤级煤中壳质组很常见，到中煤化阶段以后壳质组数量很少。

2.显微煤岩类型

显微煤岩类型是显微镜下所见各组显微组分的典型组合。

显微煤岩类型的分类，见相关技术规范。若黏土、石英和碳酸盐等矿物含量大于20%，或硫化矿物大于5%，则按显微组分与矿物的比例不同分别称为显微矿化类型或显微矿质类型。

（三）煤中矿物质

煤中矿物质是混杂在煤中的无机矿物质（不包括游离水，但包括化合水）。煤中矿物质的成分复杂，通常多为黏土、硫化物、碳酸盐、氧化硅和硫酸盐等类矿物，它们的含量变化很大。煤中的矿物质按来源可分为内在矿物质和外来矿物质两类。

1.内在矿物质

内在矿物质是在成煤过程中形成的矿物质，其灰分称内在灰分。内在矿物质进一步分为原生和次生2类。

（1）原生矿物质。原生矿物质是成煤植物在生长过程中，通过植物的根部吸收的溶于水中的一些矿物质。这些矿物质中，以钙、钾、磷、硫、氮和镁较多，其次为硅、铁、锰、钾、锌、铜、钼、钠和铝，有时还有极少量的氟、碘、溴、钛、钴、铬、镍、钒和铅等。原生矿物质较难从煤中分离出来。

（2）次生矿物质。次生矿物质主要是来自成煤过程和成煤后地下水循环过程中带来的矿物质。前者称为同生矿物质，后者称为次生矿物质。

①同生矿物质，在泥炭堆积时期，由风和流水带到泥炭沼泽中和植物一起堆积下来的碎屑矿物质。同生矿物质主要有石英、黏土矿物、长石、云母、各种岩屑和少量的重矿物（如锆石、电气石、金红石等），还有由胶体溶液中沉淀出来的化学成因和生物成因的矿物（如黄铁矿、菱铁矿、蛋白石、玉髓、黏土矿物等）。同生矿物多数是细粒的，并且与煤紧密共生，在平面上分布比较稳定，有时可用于鉴别和对比煤层。不同的聚积环境，同生矿物的数量和种类有很大的不同。如近海环境形成的煤层中，黄铁矿较多，陆相环境形成的煤层中黏土矿物和石英碎屑多。同生矿物是煤中灰分的主要来源。

②后生矿物质，煤层形成固结后，由于地下水的活动，溶解于地下水中的、因物理化学条件的变化而沉淀于煤的裂隙、层面、风化溶洞中和细胞腔内的矿物质。后生矿物质主要有方解石、石膏、黄铁矿、高岭石和石英等。有时由于岩浆热液的侵入，也可形成一些

后生矿物，如石英、闪锌矿、方铅矿和石墨等。煤中的后生矿物多数呈薄膜状、脉状等，往往切穿层理。

2.外来矿物质

外来矿物质是在采煤过程中由于煤层的顶板、底板和煤层中的矸石等混入煤中而形成的。这种矿物质用洗选的方法较易除去。

二、煤的物理性质

煤的物理性质主要包括五个方面，即光学性质、机械性质、空间结构性质、电磁性质和热性质，具体包括颜色、光泽、反射率、折射率、吸收率，硬度、脆度、可磨性、断口，密度、表面积、孔隙率、压缩性，介电常数、导电性、磁性，比热、导热性等。煤的物理性质是煤的化学组成和分子结构的外部表现，主要受到煤化程度、煤岩组成和煤风化程度的影响。

（一）煤的颜色

煤的颜色指新鲜煤块表面的自然色彩。它是煤对不同波长可见光波吸收的结果。在不同的光学条件下，煤呈现不同的颜色。在普通白光照射下，煤表面反射光线所显示的颜色称为表色。腐植煤的表色随煤化程度的增高而变化，褐煤通常为褐色、褐黑色；低中煤化程度的烟煤为黑色，高煤化程度的烟煤为黑色略带灰色，无烟煤往往为灰黑色并带有铜黄色或银白色。因此，根据表色可以明显地区别出褐煤、烟煤和无烟煤。腐泥煤的表色变化较大，有深灰色、棕褐色、灰绿色乃至黑色。煤中的水分能使颜色加深，而煤中的矿物质往往使煤的颜色变浅。

煤的粉色指煤研成粉末的颜色，或用钢针刻画煤的表面、用镜煤在未上釉的瓷板上刻画时留下的条痕的颜色，故粉色也称条痕色。煤的粉色一般略浅于表色。粉色较固定，用粉色判断煤的煤化程度效果较好。

（二）煤的光泽

煤的光泽是指煤新鲜断面对日光的反光特征。光泽与煤的成因类型、煤岩成分、煤化程度和煤风化程度有关。腐泥煤的光泽一般比较暗淡。腐植煤的4种煤岩成分中，镜煤的光泽最强、亮煤次之，暗煤和丝炭的光泽暗淡。随着煤化程度的增高，各种煤岩成分的光泽有不同程度的增强。丝炭和暗煤的光泽变化小，而镜煤和较纯净的亮煤变化明显。根据镜煤或较纯净亮煤的光泽可判断煤级，即年轻的褐煤无光泽，老褐煤呈蜡状光泽或弱的沥青光泽，低煤级烟煤具沥青光泽、弱玻璃光泽，中煤级烟煤具强玻璃光泽，高煤级烟煤具金刚光泽，无烟煤具半金属光泽。

（三）煤的反射率

煤的反射率是在垂直照明条件下，煤岩组分磨光面的反射光强度与入射光强度之比，用百分比来表示。随着煤化程度的增高，煤的反射率不断增强。

（四）煤的硬度与脆度

1.煤的硬度

煤抵抗外来机械作用的能力。外加机械作用力的性质不同，煤的硬度表现形式也不一样。按摩氏硬度计，一般煤的硬度介于2和4之间，褐煤和中煤化程度的烟煤的硬度最小，为2~2.5；无烟煤的硬度最大，接近4。同一变质程度的煤，暗煤比亮煤、镜煤硬度大。

2.煤的脆度

煤受外力作用而突然断裂的难易程度，表现为抗压强度和抗剪强度。强度小者，煤易破碎，脆度大；反之，脆度小。

脆度和硬度同属抵抗外来机械作用的性质，但因为受力性质不同，表现的形式也不一样，所以两者概念不同。丝炭的脆度大，硬度也大；镜煤的脆度大，但硬度小；暗煤的硬度大，脆度小。不同的煤岩成分和类型，其脆度不同。腐泥煤和残植煤的脆度都较小，如我国抚顺的煤精属腐植腐泥煤类，其脆性小、韧性好。煤的脆度还与煤化程度有关，中煤级的烟煤脆度最大，低煤级煤的脆度变小，无烟煤的脆度最小。

（五）煤的断口

煤的断口指煤受外力打击后形成的断面的形状。断口不包括层理面或裂隙面。煤中常见的断口有贝壳状断口、阶梯状断口、参差状断口、棱角状断口和粒状断口等。断口反映了煤物质组成的均一性和方向性的变化。组成较均一的煤，如腐泥煤、腐植腐泥煤和镜煤等，常具有贝壳状断口。而组成不均一的煤，常具有其他类型的断口。

（六）煤的密度

煤的密度指单位体积煤的质量，单位为g/cm^3。它取决于煤岩成分、煤变质程度，以及煤中含矿物杂质的成分及其含量。一般暗煤密度较大，亮煤次之、镜煤最小。变质程度越高的煤，其密度越大；煤中矿物杂质含量越高，其密度越大。按煤的利用方式和测定方法的不同，可将煤的密度分为以下几类。

1.煤真密度

曾称煤真比重。煤单位体积（不包括煤的孔隙）的质量，单位为g/cm^3。

2.煤视密度

曾称煤容重或煤体重。煤单位体积（包括煤的孔隙）的质量，单位为g/cm^3。

3.煤真相对密度

曾称煤真比重。在20℃时，煤的质量（不包括煤的孔隙）与同体积水的质量之比。它是研究煤的性质和计算煤层平均质量的重要指标之一。它随煤变质程度的加深而加大，褐煤一般小于1.3，烟煤多为1.3～1.4，而无烟煤为1.4～1.9。同一变质程度的煤，不同煤岩成分的煤的真相对密度亦不相同，如丝炭为1.39～1.52，暗煤为1.30～1.37，亮煤为1.27～1.29，镜煤为1.28～1.30。煤的密度一般是包括矿物质在内的相对密度。由于煤中矿物质的相对密度比有机质大得多，所以煤的矿物质含量越高，煤真相对密度也越大，即煤的灰分越高，煤的真相对密度越大。煤风化后，水分和灰分相对增加，所以煤的真相对密度也相应增大。

4.煤视相对密度

曾称煤视比重、煤容重。在20℃时，煤的质量（包括煤的孔隙）与同体积水的质量之比。它是表示煤的物理特性的指标之一，也是煤的埋藏量计算，储煤仓的设计，煤的运输、磨碎和燃气等的参数之一。还可用它计算煤的孔隙率，作为煤层瓦斯计量基准。

在应用上，煤的真、视相对密度与真、视密度在数值上相同，只是前者是比值，单位为"1"，后者单位为"g/cm^3"。

（七）煤的导电性

煤的导电性是指煤传导电流的能力，通常以电阻率表示。煤的导电性与煤化程度、煤中的水分、煤中矿物质的性质和含量、煤岩成分，以及煤的孔隙率、煤风化程度等有关。

（八）煤的磁性

物质置于磁场内，由于其原子核吸收了磁场能，引起物质相对于磁场的自旋方向发生变化，这就是物质的核磁共振。煤的核磁共振是煤的重要磁性质之一。

（九）煤的导热性

煤的导热性指煤的热传导性能。它是煤加工利用时重要的物理性质。煤的导热性与煤的孔隙率及孔隙中的气体有关，与煤级及煤中无机矿物质有关。随着煤化程度的增高，煤的导热性增强。

三、煤的工艺性质

煤的工艺性质是正确评价煤质，选择煤合理利用途径和工艺加工方法，以及综合利用煤炭资源的依据。煤的工艺性质主要包括燃烧性能、热解和黏结成焦性质、气化性能、可选性和液化性能等。

（一）煤的黏结性和结焦性

冶金工业需要大量优质焦炭作为燃料和还原剂。焦炭作为高炉燃料，必须具有一定的块度和落下强度，这就要求冶金用煤具有一定的黏结性和结焦性。

煤的黏结性是指煤在干馏时黏结其本身或外加惰性物质的能力；煤的结焦性是指煤经干馏形成焦炭的性质。煤的黏结性是结焦的必要条件，结焦性好的煤，黏结性也好；黏结性差的煤，其结焦性一定很差。但黏结性好的煤，其结焦性不一定好。例如，气肥煤的黏结性很强，但生成的焦炭裂纹多、强度低，故结焦性不好。

煤的黏结性是评价炼焦用煤的主要指标，也是评价低温干馏用煤、气化用煤和动力用煤的指标之一。评价煤黏结性的指标主要有煤黏结指数和胶质层最大厚度及奥阿膨胀度等。

煤黏结指数，又称G指数。煤的黏结力的量度，以在规定条件下烟煤与专用无烟煤完全混合并碳化后所得焦炭的落下强度来表征，符号为G_{RI}。

胶质层最大厚度烟煤胶质层指数测定中由萨波日尼柯夫提出的一种表征烟煤塑性的指标，以胶质层最大厚度y值，最终收缩度x值等表示。

奥阿膨胀度由奥迪贝尔和阿尼提出的煤的膨胀型和塑性的量度，以膨胀度b和收缩度a等参数表征。

（二）煤的发热量

发热量是动力用煤的主要质量指标，煤的燃烧和气化要用发热量计算热平衡、热效率和耗煤量，它是燃烧和气化设备的设计依据之一。发热量是低煤阶煤的分类指标之一，也可根据发热量判断煤级和煤的其他性质。

煤的发热量是指单位质量的煤完全燃烧所产生的全部热量，以符号Q表示。热量的单位为J（焦耳），1J=1N·m（牛·米），发热量测定结果以M/kg或J/g表示。

（三）煤的气化性能

煤经过气化可产生作为燃料使用的动力燃料和供化学合成原料用的合成煤气。把煤的化学反应性、落下强度、热稳定性、灰熔融性、灰黏度和结渣性作为气化煤的质量指标。

（1）煤的反应性又称活性。指在一定温度条件下煤与不同气化介质，如CO_2、O_2和水蒸气相互作用的反应能力。反应能力强的煤，在气化和燃烧过程中反应速度快、效率高。

（2）煤的落下强度。曾称机械强度、抗碎强度。一定粒度的煤样自由落下后抗破碎的能力。

（3）煤的热稳定性。煤在高温燃烧或气化过程中保持原来粒度的能力。热稳定性好的煤，在燃烧或气化过程中能以其原来的粒度烧掉或气化而不碎成小块，或破碎较少；热稳定性差的煤在燃烧或气化过程中则迅速裂成小块或粉煤。如果热稳定性差，轻则增加炉内阻力和带出物，重则破坏整个气化过程，甚至造成停炉事故。

（4）灰熔融性。曾称灰熔点。在规定条件下得到的随加热温度而变化的煤灰变形、软化、呈半球状和流动特征的物理状态。

（5）灰黏度。煤灰在熔融状态下对流动阻力的量度。

（6）结渣性。煤在气化或燃烧过程中，煤灰受热、软化、熔融而结渣的性能。

（四）煤的液化性能

煤的液化就是将煤中的有机质转化成液态产物的加工过程。煤炭液化的主要目的是获得液体燃料，如汽油、柴油和煤油等，也可将液态产物加工成无灰焦炭，用以制造电极、碳纤维、黏结剂，生产有机化工产品，而煤液化的副产品煤气可作为气体燃料。

测定煤的焦油产率可以了解煤的液化性能。

（五）煤的可选性

1.选煤

煤层形成时混入了各种矿物杂质，煤层开采时混入顶、底板岩石及夹矸，煤运输装卸时又混入其他杂质（如水、木材、金属和泥沙等杂物）。选煤就是利用煤与矿物杂质物理化学性质的不同，设法除去或减少煤中的矿物杂质，把煤分成不同质量和规格的产品，以适应不同用户的要求。如炼焦用煤要求低灰、低硫，具有好的结焦性，炼出高质量的焦炭，才能用于炼铁；燃烧用煤要求有一定的热值，并且硫含量不能过高，以减少燃煤时产生的SO_2和SO_3对环境的污染。我国原煤的含矸量一般为20%～30%，经洗选后，矸石就地抛弃或利用，可节省大量运输费用。通过选煤，把不同规格和质量的产品供给不同的用户，可做到资源的合理利用。例如，精煤供焦化厂、中煤供电厂、块煤供火车或化肥厂和末煤供电厂，以减少破碎煤的能耗。

2.煤可选性的评价方法

把矿物杂质从煤中分离出来的难易程度，称煤的可选性。目前我国评价煤可选性的方法是用±0.1邻近密度物产率来评定煤的可选性，小于10%者，为极易选煤；10%～20%，为易选煤；20%～30%，为中等可选煤，30%～40%，为难选煤；大于40%者，为极难选煤。分选过程中，产物间污染最严重的是分选密度附近的物料，即分选密度高0.1和低0.1这一范围内的产物，这种产物越多，煤越难选。

四、煤质分析

（一）煤质分析指标

1.新旧国家标准中煤质指标符号对比

工业用煤对煤质的要求各有不同，需要进行煤质分析化验。新旧国家标准中煤质分析化验指标符号对照，见相关技术规范。

（二）煤的工业分析

煤的工业分析包括测定水分、灰分和挥发分以及计算固定碳4个项目，它们是评价煤质的基本依据。

1.煤水分

煤都含有水分，有的是成煤物质本身带有水分，堆积时又吸收了水，而煤化时又没有完全除去；有的是煤层形成后地下水进入煤的裂隙中；有的是在开采、运输、堆放过程中加入的水；还有空气中的水汽也能进入煤中。

煤中水，按其结合状态分为化合水和游离水两大类。化合水又称结晶水，是与煤中矿物质结合的、除去全水分后保留下来的水分；游离水是吸着湿润在煤表面和吸附在煤的内部毛细孔中以机械方式结合的水。煤中存在的水分，根据其结构状态的不同，在对煤质分析研究时往往进一步分成外在水分（M_f）和内在水分（M_{inh}），两者之和称为全水分（M_t）。外在水分是附着在煤颗粒表面和大毛细孔（直径>0.2m）中的水。在一定条件下煤样与周围空气湿度达到平衡时所失去的水分就是外在水分。外在水分在空气干燥时很容易蒸发，它的含量与外界条件有关，而与煤本身的性质无关。内在水分是吸附或凝聚在煤颗粒内部的毛细孔（直径<0.2m）中，并在一定条件下煤样与周围空气湿度达到平衡时所保持的水分。因为毛细孔吸附力的作用，所以内在水分较难蒸发。内在水分与空气湿度和煤的性质有关。

煤的水分除与空气的温度和湿度有关外，主要与煤的变质程度有关。泥炭水分最大，褐煤次之，烟煤较低，无烟煤由于孔隙增多水分又有增加的趋势。

煤中水分对工业利用有一定的影响。在运输中，它增加了运输成本，冬天水结冰造成煤装卸困难；煤在锅炉中燃烧，水分高会影响燃烧稳定性和热传导；煤在炼焦时，水分高会降低焦炭产率，延长焦化周期；煤在贮存时，水分可使煤碎裂，并加快氧化。在煤炭贸易上，煤的水分是一个重要的计质和计量的指标。但有时水分也可作为加氢液化和加氢气化的供氢体。

2.煤灰分

煤灰分是煤中所有可燃物完全燃烧，煤中矿物质在一定温度下发生一系列分解、化合等复杂反应后剩下的残留物量，但其组成和质量与矿物质不同，所以称灰分产率更为确切。煤中常见的矿物质主要包括黏土矿物、方解石、黄铁矿、石英及其他碳酸盐、氯化物和氧化物等微量成分。它们的来源有3类：一是成煤植物中所含的无机元素，二是煤形成过程中混入或与煤伴生的矿物质，三是开采和加工过程中混入的矿物质。

动力煤灰分分级见相关技术规范。该分级适用于煤炭勘探、生产、加工利用和煤炭销售。

冶炼用炼焦精煤的灰分按相关技术规范分级。

煤的灰分与煤化程度无关，但与煤岩成分和宏观煤岩类型有关。一般情况下，镜煤，$A_d < 1\%$；亮煤，$A_d < 10\%$；暗煤，$A_d > 25\%$；丝炭的灰分变化较大。光亮煤，$A_d < 10\%$；半亮煤，$A_d \geqslant 10\% \sim 20\%$；半暗煤，$A_d \geqslant 20\% \sim 30\%$；暗淡煤，$A_d > 30\%$。

灰分是煤中的有害物质，灰分越高，煤的质量越差。运输时，灰分增加运输和贮存的负荷和容量，增加了成本；炼焦炼铁时，灰分降低焦炭质量，降低高炉的效率；在燃烧和气化时，灰分降低了发热量，增加了出渣量。但煤灰渣也可作为一种资源开发利用。例如，将煤灰渣用作部分建材的原料，往煤的液态渣里喷入磷矿石制成复合磷肥，可从煤灰中提取聚合铝、氯化铝及其他稀有元素等。

3.挥发分

挥发分不是煤中固有物质，而是在特定温度下煤中有机质可挥发的热分解产物，所以称"挥发分产率"。

煤的干燥无灰基挥发分产率分级见相关技术规范。

挥发分产率在一定程度上反映了煤中有机质的性质、煤的变质程度，因此目前是我国煤炭分类的第一指标。随变质程度的加深，挥发分减少。一般泥炭的挥发分可高达70%，无烟煤的挥发分小于10%。同一煤化程度的煤中，镜煤、亮煤的挥发分一般最高，暗煤次之，丝炭最低。另外，挥发分产率也是确定煤氧化带的重要参数。

4.固定碳

测定煤的挥发分时，剩下的不挥发物质焦渣减去灰分即为固定碳。固定碳本身不是纯碳，而是由C、H、O、N、S等元素组成的复杂高分子混合物，所以它不等于煤的碳元素含量。

固定碳随煤化程度的加深而增加。固定碳高的煤，燃烧持续时间长。

第三节　含煤岩系

一、含煤岩系概念

含煤岩系简称"煤系"，指一套在成因上有共生关系并含有煤层的沉积岩系。其同义词有含煤沉积、含煤地层、含煤建造等。含煤岩系是具有三维空间形态的沉积实体，是特指含有煤层的一套沉积岩系，是充填于含煤盆地的具有共生关系的沉积总体。含煤岩系的顶底界面既可以是等时性界面，也可以为不等时性界面。

二、含煤岩系古地理类型

含煤岩系古地理指含煤岩系形成过程中起主要支配作用的沉积环境、地貌景观。含煤岩系古地理类型，是指根据含煤岩系形成时的不同古地理环境划分出的含煤岩系类型。同一含煤岩系的形成环境不但随时间发生变化，而且在不同地段也有差别。含煤岩系可以划分为浅海型、近海型、内陆型三种古地理类型。

（一）浅海型含煤岩系

浅海型含煤岩系是煤盆地经常处于浅海环境中形成的含煤岩系，主要由浅海相沉积物组成。沉积物主要是浅海相的石灰岩、钙质泥岩和泥岩等。煤层多形成于泥质沉积之上，而煤层上覆为碳酸盐沉积，旋回结构十分清楚。煤为腐泥煤，有机组分为菌、藻类，含硫分、灰分含量较高。典型例子是陕南早寒武世含煤岩系、南方分布较广的早古生代含石煤的含煤岩系等。

（二）近海型含煤岩系

近海型含煤岩系是煤盆地长期处于海岸线附近的环境中形成的含煤岩系，由陆相、过渡相和浅海相沉积物组成。其特点是形成的煤系分布广、岩性岩相比较稳定、旋回结构清楚且易于对比、含煤性较好。近海型含煤岩系还可以进一步划分为滨海平原型、滨海三角洲型、障壁—潟湖型和滨海—扇三角洲型等。

（三）内陆型含煤岩系

内陆型含煤岩系是煤盆地在内陆环境中形成的含煤岩系，全部由陆相沉积物组成。内陆型的聚煤古地理类型是比较复杂的，有的地区以河流作用为主，有的则以湖泊作用为主，有的可能既有河流作用又有湖泊作用，有的以冲积作用为主。其岩性、岩相以及含煤性相差较大，对比较困难。内陆型含煤岩系还可以进一步划分为内陆盆地型、山间盆地型、山间谷地型、冲积扇型和扇三角洲型等。

三、含煤岩系成因标志

含煤岩系成因标志指反映含煤岩系沉积环境、形成条件的标志。它包括沉积构造、矿物成分和地球化学、古生物等方面的标志，而其颜色、岩性组合和所含的古生物类型更具有独特的标志性。

（一）沉积物颜色标志

颜色是反映沉积物成因的直观标志。由于煤系多是在潮湿气候条件下形成的，所以组成煤系沉积岩的颜色主要是灰色、灰黑色、黑色和灰绿色，也含有一定数量的杂色沉积。

（二）岩性组合标志

煤系的岩性以各种粒度的陆源碎屑岩和黏土岩为主，夹有石灰岩、燧石层等，也有的煤系主要由石灰岩构成。此外，煤系中还常见有铝土矿、耐火黏土、油页岩、菱铁矿和黄铁矿等。

煤系中碎屑岩的矿物成分取决于陆源区岩性成分和构造环境。煤系中最常见的碎屑岩为石英砂岩、长石石英砂岩、长石砂岩和岩屑砂岩，以及粉砂岩、砾岩。不同沉积条件下形成的碎屑岩在成分、结构上差别很大。内陆条件下形成的含煤岩系，以过渡性的砂岩较多，如长石石英砂岩和岩屑石英砂岩等。砾岩和粗砂岩多形成于近侵蚀区条件下的煤系。煤系中黏土岩占相当比重，但多含粉砂质。石灰岩在一些古生代煤系构成主要组分，如南方早古生代煤系、晚二叠世煤系及华北一些地区的晚石炭世至早二叠世煤系。

在成煤时期，由于火山作用往往为大量的成煤植物繁衍提供了良好的大气条件及土质条件，因此在煤的形成过程中，如果有岩浆活动或火山活动，就会有相应的火山岩及火山碎屑岩的分布。如我国许多中、新生代的煤系就含有各种火山岩及火山碎屑岩，我国晚古生代的一些煤系也往往含有火山碎屑岩。

组成含煤岩系的沉积岩，在沉积构造上以具有各种非水平层理为最突出的特征。

（三）古生物标志

1.动物化石及其遗迹

由于生物的分布受盆地含盐度及其变化的严格控制，所以动物化石的种类是判断含煤岩系及沉积相的重要标志。含煤岩系中主要有以下3类动物化石组合：适应海水正常盐度的典型海相动物化石组合；适应变动盐度的海湾、潟湖相动物化石组合；适应淡水环境的动物化石组合。含煤岩系中还含有繁多的动物遗迹，如生物扰动、生物钻孔与潜穴以及动物爬行遗迹等。其中含煤岩系中的生物扰动最为发育，成为含煤岩系的典型成因标志。

2.植物化石

煤系中常具有丰富的植物化石，有的煤系也富产动物化石。特别是在煤层的顶底板岩层中，植物化石及其碎屑很发育，是鉴别含煤岩系的主要标志之一。陆相含煤岩系中植物化石最为丰富，完整而平放的植物叶片化石表明平静的水体环境，大量植物碎片的出现可能是河流沉积，而粗大树干常见于河床沉积物中。在藻类化石中，蓝藻适应能力最强，可在不同环境中生活。叠层石可能表明海水和盐湖的环境，而树枝状或分离的结核团块形成于淡水河流和湖泊环境，绿藻中的海松科和伞藻科以及红藻是海相的，轮藻是陆相的。

此外，煤系中还含有各种碳酸盐（特别是菱铁质的）结核、泥质、粉砂质和菱铁矿包体。

四、含煤岩系沉积相与沉积旋回结构

含煤岩系沉积相反映含煤岩系形成的古地理环境。含煤岩系旋回结构指含煤岩系剖面中一套有共生关系的岩性、岩相的有规律组合或交替出现。研究煤系的旋回结构是重塑含煤岩系形成环境的重要手段，是对比含煤地层的方法之一。

反映煤系旋回结构的岩层特征多种多样。岩石的粒度特征显示的旋回结构，称粒度旋回；岩层的厚度、层理类型表现的旋回结构，称为层序旋回；多种岩层特征反映出的沉积相变化，称为沉积相旋回。

在成煤环境分析中，可按照旋回代表的沉积体系来命名旋回，如河成旋回、三角洲旋回、湖泊旋回和潮坪旋回等；可按照旋回层序中起始和终止的沉积相来命名旋回，如冲积—湖泊相旋回；还可按照旋回层序中含煤情况，命名为含煤旋回和无煤旋回；按照旋回层序中岩性岩相组合的完整性，命名为完整旋回和不完整旋回；按照煤系旋回的规模大小（旋回的厚度及所代表的地质时间长短），划分出不同级别的旋回。

五、含煤岩系共生矿产

含煤岩系共生矿产指含煤岩系中除煤层以外可开发利用的矿产及煤中的有用微量元

素。含煤岩系中与煤有成因联系的矿产，包括金属与非金属矿产，如铝土矿、耐火黏土、菱铁矿、赤铁矿、黄铁矿、锰矿和磷矿等，它们是矿床地质学研究的对象；可燃的其他矿产，如油页岩、煤层气、碳沥青和石煤等，其中油气资源为石油天然气地质学研究的对象；煤中含有有益微量元素。以下介绍几种主要共生矿产。

（一）油页岩

油页岩是灰分高于40％的腐泥型固体可燃矿产。它是煤系中重要的伴生矿产，以低等植物形成的腐泥为主，由有机质和矿物质组成，有机质中氢的含量较高，低温干馏可得碳氢比类似天然石油的页岩油。油页岩矿石产油率一般为4％～20％，最高可达30％。产油率大于7％的有工业价值。

油页岩呈灰、浅褐至深褐黑色等色调；具页理，受击能顺层分裂成薄片；用火柴燃点时冒烟，具油味；用指甲刻画有油痕。

油页岩原始有机物质主要来源于水藻等低等浮游生物，其中以蓝藻、绿藻、黄藻最为重要。某些微小动物，高等水生植物及高等陆生植物的孢子、花粉、角质等植物组织碎片，也参与油页岩的组成。除有机质外，油页岩中还含有各种各样的矿物，其中最常见的是石英、黏土矿物、碳酸盐矿物、硫酸盐矿物、硫化物及亚铁化合物和岩盐等。此外，还常含有铜、镍、钴、钛、钒等元素的化合物以及锗、钍、铀等稀有金属及放射性元素。

利用油页岩中有机质制取的页岩油和煤气，是一种潜在的能源，回收其干馏气体中的氨、硫化氢、吡啶和酚等可作为化工原料；利用油页岩可燃烧产气发电，干馏后的页岩灰渣还可用于矿井充填或用来制造水泥熟料、陶粒等建筑材料。

世界油页岩资源在寒武系至新近—古近系均有分布，其中，以下志留统、石炭系、二叠系、三叠系以及古近系为主。中国油页岩主要赋存于中、新生代含煤及含油气盆地中，其中古近纪—新近纪是主要成矿期。中国油页岩资源量估计约430Gt，居世界第四位，主要产区有抚顺、甘肃炭山岭和窑街、山东黄县、儋州市等地。

（二）高岭土矿床

高岭土矿床是由高岭石、埃洛石（又称多水高岭石、叙水石）、迪开石（又称地开石）和珍珠陶石（又称珍珠陶土）4种矿物的任一种或数种组成的矿床。是以中国产地高岭村的名称来命名的矿种。

含煤岩系中的高岭土主要为沉积型，其次为风化残余型及淋滤型。煤系沉积型高岭土矿床，产于大陆滨海沼泽和山前或山间盆地，主要由胶体化学沉淀及火山灰蚀变而成。矿层长几千米，宽数百米，厚几米，与铝土矿、煤层共生，有的以单独成层形式出现，有的作为煤层夹矸、顶、底板出现。风化残余型高岭土，主要由煤层在地表浅部风化而成。

高岭土具有很高的分散性、可塑性、结合性、耐火性、绝缘性和化学稳定性等优良的物理化学性能，主要用于造纸、陶瓷、耐火材料、橡胶、塑料和涂料行业。含煤岩系中所产多为硬质高岭岩，无可塑性及黏结性，使其应用受到一定限制，不及高岭土使用广泛。但如果解决其除炭、去铁、剥片、增白和分级等方面的问题，它的应用范围必将扩大，成为一种重要矿产资源。

中、新生代形成的风化残积型、风化淋滤型及相当数量的沉积型高岭土，多为软质高岭土；古生代及时代更老的沉积型高岭土，则多为高岭岩。在中国各主要聚煤期内，均有高岭土矿床分布，其中最主要的成矿地质时代是石炭—二叠纪。其矿床规模巨大，品位较高。随着地质时代变新，其矿床数量、规模及品位有降低趋势。

中国含煤岩系中高岭土（岩）资源十分丰富，有19个省、市、自治区的煤系赋存高岭土（岩）矿床。我国高岭土矿床最为著名的有山西大同、山东新汶、河北易县、陕西蒲白、内蒙古准格尔等地的优质硬质高岭岩；河北唐山、山西介休等地的木节土；河南、山东、安徽两淮地区和江西萍乡产的焦宝石型高岭岩；山西阳泉和河南焦作等地的软质黏土等。

（三）铝土矿

铝土矿是富含铝矿物（铝的氢氧化物）的沉积岩，是工业上能利用的，以三水铝石、一水软铝石或一水硬铝石为主要矿物所组成的矿石的统称。其中Al_2O_3质量分数大于40%，Al_2O_3与SiO_2的质量比大于2。Al_2O_3质量分数大于50%的铝土矿，则称高铝黏土。

中国沉积型铝土矿常与铁、煤共生。例如华北本溪组的G层铝土矿，其底部含有赤铁矿或含赤铁矿的黏土岩，向上是铝土矿和高铝黏土，再向上是发育煤层。

铝土矿主要用于提炼金属铝。铝相对密度小，耐酸碱、防锈、传热、导电性强，是一种极其重要的战略物资，且被广泛用于建筑、运输、电气、容器等民用工业。中国北方石炭—二叠纪地层中，铝土矿与高铝黏土密切共生，有时同一矿层既可作高铝黏土用，又可作铝土矿用。但当铁、铝含量都高，且硅含量低时，只能作铝土矿用；若含一定量的铝，且含硅较高，含铁量低时，就只能作耐火黏土用。

中国铝土矿主要分布在华北、中南、西南3个地区，其中山西、贵州、河南、广西四省（区）铝土矿储量之和占全国总储量的80%以上。最有经济价值的铝土矿是形成于华北本溪组的底部奥陶纪或寒武纪石灰岩风化面上的G层铝土矿。

（四）耐火黏土矿

耐火黏土是黏土的一种，矿物成分以水铝石、高岭土或水云母、高岭石、水铝石类为主，有较高的耐火度（1580℃以上），以区别于其他黏土。

按耐火黏土的可塑性，分为硬质耐火黏土、半硬质（也称半软质）耐火黏土、软质耐火黏土和高铝耐火黏土。硬质、半硬质、软质耐火黏土，主要由高岭石、埃洛石、伊利石、蒙脱石和叶蜡石等黏土矿物以及硬水铝石和软水铝石组成。高铝黏土主要由硬水铝石、软水铝石和三水铝石等矿物和一些黏土矿物组成，还常含有铁和锰的氧化物以及有机质、黄铁矿、石英、金红石和碳酸盐等。

耐火黏土在高温条件下能保持体积的稳定性，具有抗腐蚀性，且硬度大。它主要用作耐火材料；其次可作陶瓷、高铝水泥、研磨材料、人造分子筛及化工产品的原料；坩埚的掺和料；造纸、橡胶、塑料等的填充料和造型材料等。它广泛用于冶金、建材、化工、机械、轻工等部门。

高铝黏土主要用于制作高铝砖、铝镁砖及刚玉砖，用作高炉、平炉、电炉内衬，也用于炼铝。高铝黏土中常含镓、钒、钛、锗等微量元素，有条件者可综合利用。

耐火黏土开采厚度要求：最低可采厚度（真厚度），地下开采为0.8～1m；露天开采为0.5～0.85m；夹石最小剔除厚度为0.5～0.8m；剥采比≤15m²/m³。

中国的耐火黏土矿床绝大部分产于含煤岩系之中，其中84%的矿床赋存于石炭系和二叠系，其余赋存于三叠系、侏罗系和古近—新近系。含煤岩系以外的耐火黏土矿床数量少，储量小，多不具工业开发价值。中国含煤岩系中，特别是华北晚古生代含煤岩系中的耐火黏土矿床，规模大，产地集中，储量丰富，层位稳定，矿石品位好，是国内最主要的耐火黏土资源。

（五）硫铁矿矿床

硫铁矿矿床是能富集成工业矿床的硫铁矿物矿床的总称。它主要包括黄铁矿、白铁矿和磁铁矿3种矿物，以黄铁矿为主。

含煤岩系中的沉积硫铁矿矿床，实际上并非单一沉积作用形成，还经历了早期成岩作用。

硫铁矿是重要的化工矿产，是制造硫酸和炼制硫黄的矿物原料。硫铁矿矿石烧渣将成为炼铁的原料之一。硫铁矿矿物内常伴有稀有分散元素，同时也是贵金属的重要载体。

硫铁矿矿床多呈层状、似层状及透镜状产于含煤岩系与下伏底层的假整合面或不整合面上，少数产于含煤岩系内。中国硫铁矿矿床分布广泛，赋存层位多，主要有北方的本溪组、西南地区的上二叠统、鄂中的下二叠统马鞍山组。

中国硫铁矿资源丰富，探明储量居世界前列，含煤岩系中硫铁矿储量估计占硫铁矿资源量的一半以上。中国含煤岩系中的硫铁矿矿床，主要分布在山西、川南以及豫北、云南、贵州、湖北等地，著名产地有山西阳泉、贵州遵义。

（六）石墨

石墨化学成分为碳，晶体属六方晶系的自然元素矿物，它与金刚石是碳的同质多象变体。石墨矿床指可供开采和选取石墨的矿床。

石墨在常温下具有良好的化学稳定性，但在高温下则变得活泼，如在400℃的高温下，将石墨长时间放在氟气流中，会生成灰色固体物质CF。到900℃时，二氧化碳对它有侵蚀作用。

含煤岩系中的石墨主要为隐晶质石墨，部分为细鳞状石墨，由岩浆侵入煤层，发生接触变质而成。

石墨具有一系列独特的工艺性能，被作为一种特殊的轻材料用于许多科学技术部门。在冶金工业中，石墨作为耐火材料用来制造石墨坩埚，用以冶炼有色金属、合金钢、特种钢；在机械工业中，石墨主要用作铸造涂料和润滑材料；在化学工业中，石墨用来制作各种电碳制品和碳素制品；在电子工业中，光谱纯石墨粉广泛用作单晶硅元素和可控硅烧结时的耐高温、导电、导热材料；硅剂胶体石墨可用作电子显像涂料等。石墨还可用于核工业、航空航天工业、国防工业以及人造金刚石和生活用品的生产中。

中国含煤岩系中的石墨矿床，其成矿时代从石炭纪延续到侏罗纪，但主要是晚二叠世和侏罗纪。其中，中国南方一般以二叠纪为主，北方一般以侏罗纪居多。含煤岩系中的隐晶质石墨具有规模大、矿石品位高的特点，某些地带或部位的石墨矿中3R型石墨相对富集，成为一大特色。中国煤变质石墨矿床分布在东部环太平洋区域及西部若干火成断裂带上，主要集中于湖南、广东、福建、北京、吉林和黑龙江等省（区、市）。湖南和吉林是中国含煤岩系重要的石墨产地，其中湖南鲁塘石墨矿生产的石墨，天然含碳量高（一般在70%～80%，最高达98%），其质量在国际上屈指可数。吉林磐石石墨矿出产的3R型石墨，是生产彩电显像管、石墨乳和合成金刚石等高精产品的优质原料。

（七）煤层气

煤层气是赋存在煤层中以甲烷为主要成分，以吸附在煤基质颗粒表面为主并部分游离于煤孔隙中或溶解于煤层水中的烃类气体。因其主要成分是甲烷，"煤层气"一词常被用于仅指"煤层甲烷"，不包括气体中的其他成分。

煤层中赋存的生物成因气，称为生物成因煤层气，属有机质经厌氧细菌生物化学降解的气态产物。煤层中赋存的热解成因气，称热解成因煤层气，是在煤化作用中，有机质在温度增高的影响下，经热催化作用降解生成的。煤层既是储气层又是生气层。气体在煤层内，可因浓度差产生扩散，因压力差发生渗透运移；气体在煤层内和相邻岩层之间，也会产生运移。

煤层气是一种洁净、热效率高、污染低调的优质能源，可作为民用及工业燃料，以及汽车燃料，或用于发电，还可用于生产炭黑、甲醛、化肥及其他化工产品。

煤层气的开发利用还具有一举多得的功效：提高瓦斯事故防范水平，具有煤矿生产安全效应；有效减排温室气体，产生良好的环保效应；作为一种高效、洁净能源，产生巨大的经济效益。

全球埋深浅于2000m的煤层气资源约为$240 \times 10^{12} m^3$，是常规天然气探明储量的2倍多。世界上有74个国家蕴藏着煤层气资源，中国煤层气资源量达$36.8 \times 10^{12} m^3$，居世界第三位。全国95%的煤层气资源分布在晋陕内蒙古、新疆、冀豫皖和云贵川渝含气区，其中晋陕内蒙古含气区煤层气资源量最大，为$17.25 \times 10^{12} m^3$，占全国煤层气总资源量的50%左右。

（八）伴生有用微量元素

煤中微量元素曾称煤中痕量元素，是在煤中微量存在的元素。目前已发现的与煤伴生的元素有60多种，其中具有重要工业价值的、已经利用的微量元素有锗、锑、铀、钒等。富锗煤、富铀煤、富钒石煤其价值远高于煤本身。

煤中伴生微量元素的富集，大体上有3种来源：植物生长过程中选择吸收；植物遗体分解过程中从介质中吸附或呈矿物质掺入；煤层形成后，地下水循环过程中携带而来。

（1）锗（Ge）半导体电子工业中重要原料之一。锗是煤中分布较广泛的微量元素。中国大多数煤中锗的含量在$1 \sim 5 \mu g/g$，大于$20 \mu g/g$的煤有提取价值，中国约有0.10%的煤有提取价值。在煤层中锗的富集有以下特点：在褐煤、长焰煤、气煤中较多，高变质煤中较少；在薄煤层、不稳定煤层和高灰分煤层中多于稳定的厚煤层；在煤层顶、底板附近的煤中较富集；在高硫煤中较多；受岩浆作用影响，锗与二氧化硅同时聚积；煤田边缘的煤中锗含量较中部为富；在煤系的各煤层中以及在同一煤层的不同部位，锗含量都可有较大的差别；富集程度从镜煤、亮煤、暗煤到丝炭依次递减。

（2）镓（Ga）在国防科学、高性能计算机的集成电路和光电二极管等方面有着广泛应用。煤中镓的质量分数均值为$5 \mu g/g$左右，最高可达$50 \mu g/g$以上，工业品位为$30 \mu g/g$。煤中镓主要与无机矿物结合在一起，含Al_2O_3高的煤中镓也往往富集，也可能与有机质结合在一起，称为有机镓。在我国内蒙古准格尔发现的一个世界上独特的与煤伴生的超大型镓矿床（据估计，镓的保有储量为0.857Mt），镓主要源于物源区本溪组铝土矿，而后在泥炭沼泽的弱还原环境中进一步富集，是镓"富集—搬运—再富集"作用的结果；煤中镓的含量达到$44.8 \mu g/g$，主采分层中镓含量均值达$51.9 \mu g/g$，远高于煤中镓的工业品位。

（3）铀（U）最初只用作玻璃着色或陶瓷釉料，自从发现铀核裂变后，开始成为主要的核原料。煤中铀的质量分数绝大部分不足$5 \mu g/g$，工业可采品位为$300 \mu g/g$，达到此值的极少。中国煤中的铀平均含量为3μg/g，在某地富铀煤中检测到的最高值达25660μg/g。通常认为煤中铀的来源：一是含铀离子的水进入泥炭沼泽，被腐植酸吸附，达到富集；二是地下水将铀离子带入煤层。在变质程度浅的煤中铀较多。我国已发现有工业提取价值的矿点在褐煤里。

（4）钒（V）主要用于制造高速切削钢及其他合金钢和催化剂。在早古生代石煤中钒的质量分数为0.5%～1%。V_2O_5的质量分数达0.1%即可供开采。钒在石煤中的存在形态有：和有机质结合的钒（约占15%）；以单体存在的钒，如铬钒石榴子石、钛钒石榴子石、砷硫钒铜矿、砷钡钒酮矿等（约占25%），而在伊利石类矿石中约占50%。

第四节　含煤盆地与聚煤规律

一、聚煤盆地

（一）聚煤盆地概念

聚煤盆地是指同一成煤期内形成含煤岩系的盆地。从地貌形态来看，聚煤盆地通常是盆形积水洼地，适于沼泽植物的繁殖、堆积，并形成泥炭层，最后被沉积物覆盖、转化为煤层。聚煤盆地是一种特殊的构造形迹，出现于区域构造格架的一定部位和地壳构造演化的一定阶段。盆地的形成、演化具有特定的地球动力学背景，盆地的几何形态、沉积环境配置和聚煤作用，不同程度地受到盆地构造格架和构造演化的控制。对盆地整体进行研究，盆地构造分析是一项基本内容。聚煤盆地构造分析，主要包括分析盆地基底构造和同沉积构造活动，盆地构造演化史，盆地形成的地球动力模式，以及盆地构造对沉积环境和聚煤带的控制作用。

聚煤盆地一般可以保持其原始沉积盆地的基本面貌，但大多数由于后期构造变动和剥蚀作用而被分割为一系列后期构造盆地。

含煤岩系往往仅出现于沉积盆地演化的一定阶段和一定部位，在时序和空间上可以过渡为含油、气或其他沉积矿产的沉积岩系，组成可燃有机岩沉积序列或沉积矿产序列。聚煤作用有时在整个沉积盆地范围内发生，有时只发育于大型沉积盆地的边缘地带。随着沉积盆地的演化，含煤层段和聚煤带在盆地范围内发生时空迁移，含煤层序和非含煤层序在时间和空间上相互交替，共同构成盆地的地层格架。因此，应当把沉积盆地作为一个整体，分析其煤层聚积、分布和迁移的规律。

（二）聚煤盆地的形成条件

聚煤盆地的形成和聚煤作用的发生，是古植物、古气候、古地理和古构造等地质因素综合作用的结果。

1.古植物

植物遗体的大量堆积是聚煤作用发生的物质基础。自从地球上出现了植物，便有了成煤的物质条件，早古生代煤是由以滨海—浅海藻菌类为主的低等生物形成的，是一种高变质的腐泥煤。大约自志留纪末开始了由海洋向陆地的"绿色进军"，在滨海地带由原始陆生植物形成了泥盆纪的腐植煤。自泥盆纪开始，陆生植物不断发展、演化、更替，并由滨海地带逐步扩展到内陆，由原始陆生植物演化为种属繁多的高等植物。为了适应不同的生存环境，植物界逐渐形成不同的植物群落，出现了植物地理分区，为成煤提供了丰富的物质基础。石炭—二叠纪、侏罗纪和白垩纪，以及古近纪成为地史上的几个重要聚煤期。地史期植物的演化表现为突变和渐变2种形式。突变期指在较短的地史时期中有大量新旧属种的更替，是植物进化的飞跃阶段；渐变期指植物属种比较单一，但扩展迅速，茂密成林，往往是强盛的聚煤期；地史期的聚煤作用呈波浪式向前推进。

2.古气候

古气候是植物繁衍、植物残体泥炭化和保存的前提条件。地史期的聚煤作用主要发生于温暖潮湿气候带，而湿度是其中的主导因素。一个地区的气候往往与纬度、大气环流、海陆分布、地貌、洋流等多种因素的影响有关。纬度和大气环流形成全球性的气候分带，使聚煤带沿着一定的纬度展布，如横跨欧洲、北美的石炭纪聚煤带。海陆分布、地貌等可形成区域性气候区，叠加在全球性气候带的背景上，形成不同规模的聚煤区。例如，环太平洋分布的古近—新近纪煤盆地，明显受到海洋潮湿气流的控制。聚煤盆地形成于潮湿气候带覆盖的地区，随着潮湿气候带的迁移，聚煤带和聚煤盆地也相应地发生迁移。例如，我国中生代聚煤盆地自西南向华北、东北的逐步迁移，就是以干旱带和潮湿带的同步迁移为背景的。

3.古地理环境

适宜的沉积古地理环境为沼泽发育、植物繁殖和泥炭聚积提供了天然场所。聚煤作用主要发生于滨海三角洲平原、潟湖—潮坪—障壁体系、冲积扇和河流沉积体系，以及大小不等的内陆和山间湖泊、溶蚀洼地等。从总体上看，泥炭沼泽往往分布于剥蚀区至沉积区的过渡地带，既受到剥蚀区位置、范围、性质、抬升速率和物源供应的影响，又受到沉积区位置、范围、沉降速率、稳定水体及其水动力条件的影响。因此，聚煤古地理环境是一个非常敏感的动态环境，只有在各种地质因素有利配合下，才能发生广泛的聚煤作用。地史时期的成煤古地理环境是由滨海环境逐渐扩展至内陆环境。根据对全球被动大陆边缘地震地层的划分对比，证明很多盆地的沉积可以划分为不连续的沉积层序，并能在世界范围进行对比，全球性海面变化是形成这种旋回的唯一可能机制。在地质历史时期，许多重要的聚煤盆地与陆表海、陆缘海密切相关。海面变化会引起大范围的岸线迁移，在海侵和海退过程中都可以有聚煤作用发生，但一般以海退趋势下出现的广阔滨海平原为泥炭层广泛发育的良好场所。

4.古构造

古构造是作用于聚煤盆地诸因素中的主导因素。从构造观点出发，可以把聚煤盆地看作一种特殊的构造形迹，即聚煤盆地在大地构造格架中占有一定地位，具有一定的几何形态和构造样式，与周围的其他各种构造形迹有着成生联系，可以归入某种构造体系。聚煤盆地是特定的区域构造应力场的产物，具有一定的地球动力背景。随着板块构造学说的提出和发展，特别是采用地震探测等新技术对大陆和大陆边缘现代沉积盆地的研究，提出了比较系统的现代沉积盆地的构造分类，从而使沉积盆地的研究建立在全球沉积和构造过程上。地壳的缓慢沉降是泥炭层堆积和保存的先决条件，含煤岩系由煤层和以浅水环境为主的碎屑沉积物组成，也是地壳边沉降、边堆积的结果。地壳的沉降范围、幅度、时期和速度，决定了聚煤盆地的范围、岩系厚度沉积补偿及沉积相的组成和分布。地史时期的聚煤作用常常出现于一场剧烈的地壳运动之后，聚煤盆地也往往分布于稳定陆块的前缘活动带，或隆起造山带的前缘坳陷带，形成巨厚的含煤岩系。聚煤盆地也常见于克拉通内部的活化坳陷区域或断陷带。因此可以说，聚煤盆地的形成与地壳一定程度的活动性有关，是地壳活动过程的产物。

古气候、古植物、古地理和古构造等因素，在一定地区或一定条件下都可能成为聚煤作用的决定性因素。一般来说，古气候、古植物条件提供了聚煤作用的物质基础，常作为煤盆地形成的区域背景来考虑；古地理和古构造则是具体煤盆地形成、演化的主要控制因素。沉积盆地是沉积物搬运和沉积的活动舞台，各种动力条件，特别是流水作用，扮演着十分活跃的角色，形成各种各样的沉积环境和沉积体系。构造因素则类似一幕影剧的导演，决定了各种沉积环境的配置和演化，构造的这种制导作用往往通过沉积作用和沉积环境而表现出来。

（三）聚煤盆地类型

根据聚煤盆地形成的动力条件，可将其划分为坳陷型、断陷型和构造—侵蚀型三种基本类型，三种基本类型之间还存在着各种过渡类型。

1.坳陷型聚煤盆地

坳陷型聚煤盆地亦称波状坳陷型聚煤盆地。该盆地是因地壳坳陷而形成的含煤岩系基底呈波状起伏、断裂不发育的聚煤盆地。波状坳陷可能是地壳薄化引起的区域沉降，也可能是壳下物质活动引起的沉降，或区域构造应力场造成的地壳波状变形。坳陷型聚煤盆地内部比较稳定和均一，但常邻接活动构造带，受到各种板块边缘活动动力效应的波及，因此盆地边界构造对盆地的形成和演化有重要的影响。

坳陷型聚煤盆地的基底界面可以是连续沉积界面，也可以是遭受长期风化剥蚀的间断面。在盆地形成演化过程中，基底脆性断裂变形不明显。坳陷型盆地的几何形态多呈圆形、椭圆形或湾口形，其横剖面有些是对称的，有些则不对称。坳陷型聚煤盆地的规模可大可小，大者可达数十万平方千米。盆地内含煤岩系的形成主要受缓慢沉降过程的控制，沉陷中心一般位于盆地的中部。大型陆表海或内陆湖盆，含煤岩系主要发育于滨岸地带，以侧向进积为主，常表现为快速海退旋回，随着水域进退可形成一系列含煤沉积楔形体，地层剖面中沉积间断和河流冲蚀、再造层比较发育，构成相当复杂的盆地充填层序。盆地中部距陆源区较远，往往出现欠补偿环境，可能过渡为含煤层序与碳酸盐或深水泥质岩层序的交替，呈现大体对称的旋回结构。盆地的沉积中心与沉降中心可能不一致，最大沉积厚度带往往是陆源供应充分的进积三角洲叶体。坳陷型聚煤盆地含煤岩系的岩性、岩相和含煤性比较稳定，并沿走向和倾向做有规律的渐变；沉积物成熟度高，经过了流水的远距离搬运和再分配；旋回结构清晰，煤层发育比较广泛、稳定，易于对比；陆源区和含煤沉积区相对高差不大，因而盆地的边缘相一般表现为河流沉积物显著增加。

大型坳陷型聚煤盆地内部常常发育次一级隆起和坳陷，对沉积岩相、沉积厚度和聚煤作用有显著影响。在盆地演化过程中次级隆起和坳陷可以发生转化或迁移，相应地造成岩相的变化和岩相带的迁移。由于坳陷型盆地具有构造相对稳定的特征，所以流水搬运起着十分重要的作用，河道沉积构成盆地沉积体系的骨架，流水形式和水动力条件往往决定了岩性、岩相和厚度分布。因此，在利用相—厚度法分析盆地构造时，应当充分考虑流水动力因素的影响。

我国华北石炭—二叠纪聚煤盆地是一个比较典型的坳陷型聚煤盆地，一个克拉通内沉积盆地。盆地南、北侧分别以秦岭—大别和阴山活动构造带为界，总体为一个由西北向东南缓倾的箕状盆地。盆地的基底为中奥陶统侵蚀界面，盆缘局部地段为寒武系或震旦系。华北石炭—二叠纪煤系由一个完整的海侵—海退旋回组成。在海域不断扩张的总趋势下形成以潟湖、潮坪—障壁体系为主的早期聚煤环境，以稳定的薄—中厚煤层和浅水碳酸盐岩层的广泛发育为特征，旋回结构清晰，煤层易于对比；晚石炭世中晚期，海域范围最大，在盆地北缘山前地带发育厚煤层，大约自晚石炭世晚期，由于内蒙古—大兴安岭海槽渐趋封闭，盆缘隆起带多河系携带的大量陆源碎屑注入盆地，开始了盆地范围的海退期，在海退的总趋势下，形成以浅水进积三角洲为主体的晚期聚煤环境，中—厚煤层广泛发育，煤层稳定性较差，常见沉积间断和河流冲蚀现象。整个煤盆地内含煤岩系的岩性、岩相和富煤层段、聚煤带呈现规律性变化，大体为"东西向成带，南北向迁移"的总格局。

2.断陷型聚煤盆地

断陷型聚煤盆地又称断坳型聚煤盆地。该盆地是边缘由断裂控制，含煤岩系基底被断裂切割成块状的煤盆地。断陷盆地可以是由地幔隆起诱发的表层引张作用而产生的地堑型盆地，也可以是由伸展作用产生的正断层系而形成的半地堑型盆地，或者是由走向滑动断层派生的垂向分量而形成的拉分盆地。断陷型聚煤盆地的边缘常常存在主干断裂，对盆地的形成和演化起控制作用，基底断块的旋转、滑落是盆地形成的主要动力方式。

断陷型聚煤盆地的基底界面一般为不整合构造—剥蚀面，并被先成断裂系所切割。盆地一般呈狭长几何形态，其延伸方向与控制性断裂的展布方向相一致；盆地的横剖面一般不对称，沉降中心靠近主盆缘断裂一侧。单个盆地的范围有限，但常常按一定方位和组合形式成群成带出现，构成盆地群，并且具有相当可观的规模和煤炭储量。断陷型聚煤盆地含煤岩系的形成，主要受断裂作用及基底断块旋转、沉陷的控制。由于主干断裂的间歇性活动和基底断块的差异沉陷，因此形成极其复杂的构造—岩相样式。含煤岩系向盆缘断裂一侧倾斜和增厚、盆地内部的基底断裂系对沉积岩相、厚度有明显控制作用，尤以盆地发育的早期阶段最为显著。盆地的充填序列一般为双层结构，以代表非补偿盆地的湖相泥岩段为基准，可划分为下、上含煤组，分别代表断陷聚煤盆地的不同演化阶段，并一般以在湖泊淤积基础上形成的上煤组为主。含煤岩系的岩性、岩相变化剧烈，对比困难。靠近盆缘断裂的内侧发育粗碎屑冲积扇，煤层和煤层组沿走向形成富煤带，沿倾向与盆缘冲积扇带呈犬牙形交错，急剧分岔、变薄、尖灭。断陷型聚煤盆地中常形成巨厚煤层，最厚可达200余米。

断陷型聚煤盆地在演化过程中，常常发生超覆扩张和退缩分化。通常表现为由盆缘断裂一侧向盆地单斜基底一侧超覆。大型断陷盆地可能由下伏断陷亚盆地和上覆断陷—沉降盆地组成不同沉积—构造层次，代表断陷盆地的不同演化阶段。在盆地的演化过程中，也可能发生动力作用性质、方向和方式的转化，诱发基底断块产生反向运动或走向滑动，从而在一定层位产生次级同沉积构造，控制了上覆岩系的岩性、岩相和厚度变化。

我国内蒙古霍林河煤盆地是一个半地堑聚煤盆地，盆地沿北东向延伸。该盆地晚中生代含煤岩系与下伏火山岩为假整合接触，基底为石炭—二叠纪浅变质岩系，盆地西北缘为盆缘主断裂。盆地自下而上可划分为6个岩段，由冲积扇粗碎屑岩—深湖泥质岩—冲积、湖泊含煤岩组构成一个大型沉积旋回。含煤岩系总厚1600m，由东南向西北增厚。粗碎屑岩主要分布于西北翼盆缘断裂内侧。煤层最大厚度位于盆地中部，向西北翼煤层层间距加大、分岔、变薄和尖灭，与粗碎屑岩楔形交错；向东南翼煤层有合并现象，煤层层间距减小，层数减少。盆地内富煤带与岩相带一致，平行盆地长轴方向延展。

3.构造—侵蚀型聚煤盆地

因河流的侵蚀、冰川的刨蚀和喀斯特溶蚀作用而形成的聚煤盆地，被称为侵蚀型聚煤盆地。在适宜的气候和水文条件下，洼地可以沼泽化而堆积泥炭。堆积作用主要是将侵蚀、刨蚀或溶蚀洼地填平补齐，含煤岩系的最大厚度，就是盆地侵蚀或溶蚀的深度，因此含煤岩系的厚度仅数米至数十米。沉积于沉积间断和剥蚀面上的含煤岩系，其底部层段和煤层常常具有这种填积特征。如我国云南东部的宜良、沾益等地的早石炭世含煤岩系直接超覆于泥盆系侵蚀面上，煤系厚度很薄，一般为数米至数十米。煤层赋存于剖面下部，含煤1~3层，层厚0.3~1.0m，局部可达10m。煤层发育明显地受古地形的影响，煤体呈透镜状，延伸不远即变薄、尖灭。

侵蚀型聚煤盆地内含煤岩系的不断堆积必须以区域性沉陷为构造背景。流水侵蚀和溶蚀是盆地形成和扩展的直接动力，提供了聚煤作用的场所，并且流水体系是盆地覆水程度和泥炭沼泽发育的重要控制因素。区域性的缓慢沉降，提供了含煤岩系堆积、加厚的构造条件，即形成所谓构造—侵蚀煤盆地。虽然这类盆地数量不多，但有时却赋存巨厚煤层。

上述3种聚煤盆地基本类型是一个连续系列，常见各种过渡类型。例如，坳陷型和断陷型聚煤盆地的过渡类型，称断坳型聚煤盆地。随着近代深层地震探测技术的应用和发展，证实基底断裂和地壳、岩石圈断裂是很多沉积盆地形成的控制性构造，这是在探讨聚煤盆地类型时值得注意的动向。此外，聚煤盆地的基本类型只是最一般性的概括，并不是系统的聚煤盆地分类。聚煤盆地的构造分类应当与盆地所处的构造部位和构造环境联系起来。

二、煤田

（一）煤田与煤产地概念

煤田一般是指在同一地质历史过程中形成并连续发育的含煤岩系分布的区域。有的地区虽因后期构造和侵蚀作用使含煤岩系分割，但基本上仍然连成一片或呈现一定规律者，仍属于同一煤田。煤田常常作为大型煤炭生产基地。煤产地是煤田受后期地质构造作用而分隔开的面积不大的产煤地区，或是面积和储量都较小的煤盆地。煤产地通常可对应于矿井或矿区范围。

含煤岩系形成之后，在地壳运动的影响下发生褶皱、断裂等各种形变，经历着不断被改造的过程。现今在煤田中所见到的含煤岩系的构造面貌和赋存状况，是它经历了一期或多期构造变动并遭受风化剥蚀之后的结果。聚煤前和聚煤期构造形迹经过一定的后期改造，也可保存下来。

煤田构造的含义比含煤岩系形变更为广泛。一个煤田地层的构成，除包括作为主体的含煤岩系外，还包括其上覆和下伏岩系。当这三者属于同一构造层时，它们的形变史相近；当它们不属于同一构造层时，其形变史不一致，常属于不同构造体系或虽属于相同构造体系但为不同发展阶段。在煤田地质工作中，从构造关系出发，还常应用"含煤岩系盖层"和"含煤岩系基底"这两个术语。

含煤岩系经构造变动形成各种各样的褶皱，并往往被断层切割成一系列断块。在背斜和上升的断块部分，地层容易遭到风化剥蚀，因而含煤岩系多保存在向斜（或复式向斜）和陷落的断块部分。

（二）煤田褶皱与含煤岩系赋存形态的关系

作为煤田一级的褶皱构造，在褶皱的形态和复杂程度上是多种多样的。分布于我国北方的一些大煤田，如山西大同煤田，其含煤岩系赋存于十分平缓、简单而开阔的大型向斜中，次级褶皱微弱，断裂稀疏，含煤岩系在广大面积内保存得很好。在我国北方另一些构造变化较强的煤田中，褶皱明显但较开阔，向斜和背斜的规模较大，含煤岩系保存于大型向斜构造内，尽管有时翼部产状较陡甚至倒转，但由于没有被大量的次级构造复杂化，所以煤层都较完好地保存下来。在构造变动强烈的地区，如我国东南诸省，煤田全区褶皱，含煤岩系经常出现陡立和倒转的情况，低级别褶皱和断层也十分发达，形变造成的剧烈破坏对勘探和开采都有很大影响。

我国四川省东部的煤田，由于以隔挡式褶皱为特征，褶皱翼部急倾斜，向斜核部埋藏很深，因而只能开采背斜轴部附近的煤层。例如华蓥山和中梁山矿区都是背斜型煤矿区，主要是勘探和开发背斜顶部及两翼的晚二叠世的煤层。另外，川东南的一些煤田中，也常在背斜部位勘探和开采晚三叠世到早侏罗世的煤层。

在找矿过程中不仅要注意整个煤田大型褶皱的形态，还要查明一些低级别褶皱的形态，后者往往对矿区评价有重要影响。湖南某矿区地层强烈褶皱，以前由于没有正确掌握褶皱的形态特征，所以造成剖面的联结杂乱无章。后经详细工作，查明其为一系列低级别的倒转褶皱，其轴面在剖面上斜列成多字形。根据这一特点，正确地布置工程，扩大了矿区的储量。吉林省通化浑江煤田的一个矿区，开始时仅勘探和开采了向斜正常翼的煤层，后来由于正确判断了褶皱的形态，在覆盖层下找到了倒转翼和拉长的向斜转折端，因此使矿区探明储量扩大了近一倍。

（三）煤田断裂与含煤岩系赋存的关系

煤田断层对含煤岩系的赋存状况有重要影响。有些含煤岩系保存在地堑式构造的下陷断块中，有的则只一侧有大型断裂发育。

对于该类煤田，研究其边界控制性断裂的力学性质和形态特征有着重要的意义。首先，边界控制性断裂影响到含煤岩系在深部的延伸范围；其次，边界控制性断裂的力学性质必然影响到由它派生的、分布于煤田内部的旁侧构造的方向和特点。对我国东北抚顺煤田构造面貌的再认识，生动地说明了研究控制性断裂力学性质的重要意义。在日本帝国主义者掠夺性开采期间，曾认为该煤田北缘的大断层为一正断层，煤层在深部已被切断，并据此错误地确定了城市布局。中华人民共和国成立后，对煤田重新进行了总体勘探，发现该断层为压性逆冲断层，从而在深部找到了储量很大的煤炭资源。随着对抚顺煤田与区域断裂关系研究的深入，又发现该煤田分布于规模巨大的北东方向延展近千米的抚顺—密山断陷带中，煤田北缘断裂是这个断陷带的北侧断裂组的组成部分，向东还有一些较小的煤田沿此断陷带分布，且两侧边缘控制性断裂对冲。邻省根据这一特点，在断陷带的掩盖区内部署了物探和钻探工程，找到了同时代的煤田，煤层厚度达数十米。

在煤田和煤矿区内还存在着各种性质的断裂。对于褶皱较为简单而断裂比较发育的煤田来说，最主要的是要正确地判断断裂的性质。按照主要断层组的性质和形态特征可以区分出以高角度正断层为主的煤田和以逆断层、逆掩断层为主的煤田。前者在剖面上表现为断块状或阶梯状，如山东坊子煤田和河北峰峰煤田的剖面；后者则表现为叠瓦状，有时这种构造角度很低，因其产状与岩层产状近似而难以发现。逆掩断层和辗掩断层的识别在煤田构造研究中具有重要地位。这种构造在我国的南方和北方都有不少实例，在南方构造复杂地区更为常见。

江西萍乡地区在老矿区附近探明了一个飞来峰构造，钻探工程穿过二叠纪硅质灰岩后遇到了中生代含煤岩系，从而发现了具有一定规模的、可供煤矿开采的区域。值得注意的是这种倾角很小的断层在靠近地面部分常有断层面仰翘现象，显示出较陡的产状，有时甚至接近直立或局部倒转，因而容易被误认为高角度断层。

第五节　矿图基本知识

一、矿图的基本知识

在采矿设计、施工和生产过程中，需要一套图纸分别反映地形、地物、地下煤层形态，地质构造、矿井巷道与煤层或矿体之间的关系以及矿井各种巷道、工作面以及它们之间的关系等，将这类图纸称为矿图。矿图是矿井生产和建设的重要技术文件。

矿图投影方法通常有正投影和标高投影法。

在制图中把表示光线的线称为投射线，把落影平面称为投影面，把所产生的影子称为投影图。由相互平行的投射线产生的投影称为平行投影。平行投射线垂直于投影面的称为正投影。正投影的基本特点是：采用平行的投射线；投射线垂直于投影面；投射线可视为透过物体。由此可得：点的正投影是点。直线平行于投影面，其投影是直线，反映实长；直线垂直于投影面，其投影聚集为一点；直线斜交于投影面，其投影仍为直线，但长度缩短；直线上一点的投影必在该直线的投影上。一点分直线为两线段，其两段投影之比等于两线段之比，谓之定比关系。平面平行于投影面，其投影反映平面真实形状和大小。平面垂直于投影面，投影聚集为直线。平面倾斜于投影面，投影面积缩小。

二、地质图

反映煤矿各种地质现象与井巷工程之间相互关系及它们空间分布情况的所有图件称为煤矿地质图。煤矿常用地质图有钻孔柱状图、地质剖面图、煤层底板等高线图及地形地质图。

（一）钻孔柱状图

根据钻孔资料编制的地质柱状图称为钻孔柱状图。该图可以表示一个钻孔内的煤层、岩层的相互位置及厚度。

（二）地质剖面图

根据同一勘探线上的勘探工程所获资料编制的，反映地层、煤层、标志层和构造等内容的地质剖面图，称为勘探线地质剖面图。常用的地质剖面图是沿同一勘探线所作的垂直剖面图。当绘制沿勘探线的地质剖面图时，把同一条勘探线所有钻孔柱状图，按一定比例并按其标高和间距画出来，然后把对应的煤层、岩层及地质构造连起来。

（三）煤层底板等高线图

假想用一定间距的水平面切割煤层底面，得出一组走向线，把它们投影到水平面上，所得到的图就是煤层底板等高线图，即煤层底面标高的等值线图。

（四）地形地质图

煤田地形地质图是以地形图为底图，反映地层、煤层、构造、岩层等煤田基本地质特征的图件。反映的主要内容是地形等高线、地物分布及各种地质界线。如煤层露头、断层线、勘探线、钻孔、不同地质年代的地层范围等；还可表示山岭、湖泊、河流、铁路、公路、建筑物、农田、森林等。

三、采掘工程图

采掘工程图是反映采掘工程、地质和测量信息的综合性图纸，即反映煤层地质构造、主要井巷和硐室布置、井巷和采煤进展情况、开拓系统和通风系统等，是矿井生产最重要的图纸。

采掘工程图的绘制原理是正投影法。根据煤层倾角，一般只作水平投影或正面投影，配合沿倾斜方向的剖面图来表达。全矿采掘工程图一般只画出主采煤层。开采两个以上煤层的矿井，需要单独画出每个煤层和每个开采水平的采掘工程图。

（一）采掘工程平面图及剖面图

对于中倾斜以下的煤层，通常只画水平投影图，称采掘工程平面图。它反映了煤层、巷道和工作面的进展情况，地质及测量信息，生产系统等。

（二）采掘工程立面图

从正投影原理可知，水平巷道和水平面平行，在采掘工程平面图中能够反映巷道的真实长度、方向和位置。但倾斜巷道的投影却比真实巷道长度短。如果倾角大，仍按水平投影就会导致等高线及巷道投影线密集看不清楚。因此，急倾斜煤层以正面投影为主，得出的图称为采掘工程立面图。根据需要，配合沿倾斜方向的剖面图来表达。通常选择与煤层走向平行的垂直面为正投影面，然后作正投影，图中沿煤层走向的巷道可以反映实长。

（三）煤层层面图

煤层是倾斜的，沿煤层布置的巷道及采煤工作面，水平投影或正投影图都不能完全反映煤层的采掘工程的真实形状和尺寸。为此，选择一个与煤层层面平行的投影面作正投影，所得出的图形就能完全反映煤层内的真实情况，将该图形称为煤层层面图。层面图常用于采区及采煤工作面设计中。

第三章　煤矿开采地质条件与安全地质条件

第一节　煤矿开采地质条件

一、煤矿开采地质条件

（一）按煤层结构分类

煤层是沉积岩系中赋存的层状煤体。煤层厚度是指煤层顶、底板岩层之间的垂直距离。为便于勘探和开采工作，依据煤层结构，将煤层厚度分为总厚度、有益厚度、可采厚度、最低可采厚度。

（1）煤层总厚度煤层顶、底板之间各煤分层和夹石层厚度的总和。

（2）有益厚度煤层顶、底板之间所有煤分层厚度的总和，不包括夹石层的厚度（Ⅰ+Ⅱ+Ⅲ+Ⅳ分层的总和）。

（3）可采厚度达到国家规定的最低可采厚度煤分层的总厚度（Ⅰ+Ⅱ+Ⅲ），而复杂结构煤层的计算方法另有规定。

（4）最低可采厚度在现代经济技术条件下可开采煤层的最小厚度，它主要取决于煤层产状、煤质、开采方法，以及国民经济需要程度。急需或工业价值较高的煤类，以及资源相对较少地区的煤层，最低可采厚度可适当降低。可采厚度和最低可采厚度是煤田地质勘探和煤矿设计、开采的一项重要经济技术指标。

（二）按煤层厚度分类

煤层的厚度差别很大，薄者仅数厘米，俗称煤线；厚者可达200余米。考虑到开采方法的不同，一般将可采煤层的厚度分为5个厚度级：极薄煤层，煤层厚度为0.3～0.5m；薄煤层，煤层厚度为0.5～1.3m；中厚煤层，煤层厚度为1.3～3.5m；厚煤层，煤层厚度为3.5～8.0m；巨厚煤层，煤层厚度为8m。

（三）按煤层形态分类

1.层状煤层

煤层连续，厚度变化不大，煤层全部或绝大部分可采。

2.似层状煤层

（1）藕节状煤层，煤层不完全连续或大致连续，而厚度变化较大。其可采厚度面积大于不可采面积，可采煤体分布比较密集，形状似藕节。

（2）串珠状煤层，煤层不完全连续或大致连续，而厚度变化较大。其可采厚度面积与不可采面积相当，可采煤体分布尚密集，形状似捻珠。

（3）瓜藤状煤层，煤层不完全连续或大致连续，而厚度变化较大。其可采厚度面积小于不可采厚度面积，可采煤体分布比较分散，形状似瓜藤。

3.不规则状煤层

（1）鸡窝状煤层，煤层断续，形状不规则，呈鸡窝状。其可采煤体的面积多小于不可采面积，也有的规模较大，具有开采价值。

（2）扁豆状煤层，煤层断续，形状不规则，呈扁豆状。其可采煤体的规模较小，一般不具有单独开采的价值。

4.马尾状煤层

马尾状煤层指煤层分岔以至尖灭，形似马尾。其煤层厚度由厚变薄以至完全消失。

二、煤层厚度变化控制因素

煤层厚度及其变化是影响煤矿开采的主要地质因素之一。煤层厚度级不同，采用的开采方法亦不同。煤层发生分岔、变形、尖灭等厚度变化，直接影响煤炭储量平衡和煤矿正常生产。

煤层形态和煤层厚度变化多种多样，习惯上根据引起煤厚变化的地质因素，区分为原生变化和后生变化两大类。在泥炭堆积过程中，由于各种地质作用引起的煤层形态和煤层厚度的变化称为原生变化；泥炭层被新的沉积物覆盖以后，由于构造变动、河流冲蚀等后期地质作用引起的煤层形态和煤层厚度的变化，则称为后生变化。但有些常见的煤厚变化现象，如沉积—压实作用引起的煤层分岔，就难以按上述标准归类。现将常见的煤层形态和煤层厚度变化及其控制因素分述如下。

（一）泥炭沼泽基底不平对煤层厚度的影响

泥炭沼泽基底不平导致煤层增厚、变薄和尖灭是常见的地质现象。当泥炭沼泽发育在古侵蚀基准面上时，首先在低洼处堆积了植物质形成的泥炭层；其次随着区域性沉降或地下水位抬升，隔离的泥炭沼泽逐渐连成一体，泥炭层才在盆地范围内堆积。如我国湖北一些地区早二叠世梁山组的沉积基底为中石炭世黄龙灰岩，经长期沉积间断和风化溶蚀，形成凸凹不平的喀斯特地形，泥炭沼泽出现于早二叠世海侵的初期，梁山组底部"一煤"沉积期泥炭首先堆积在溶蚀洼地。随着泥炭层堆积加厚和侧向超覆，洼地被填平补齐，泥炭沼泽范围亦不断扩展，遂使相互隔绝的泥炭层连成一片，形成藕节状煤层，有时可能由于微异地搬运作用在溶蚀洼地或溶洞内填充泥炭，形成不规则煤包。

美国东部煤田的一些煤层底板岩石向上凸入煤层，其横剖面一般呈平锥状，高可达3m，宽约25m，长600m左右。底板隆起的岩石类型为砂岩或泥岩，煤层与底板岩石明显接触，是泥炭堆积初期先成河流持续活动的堆积物。在废弃的三角洲叶体上，支流河道的填积和围绕河道砂体的压实作用，造成泥炭沼泽表面的地貌差异，直接影响上覆泥炭层的均衡发育，也可造成煤层底板的凹凸不平。中新生代聚煤盆地，常见由砂砾岩组成的底鼓。如我国辽宁阜新、河北下花园等聚煤盆地，主要为冲积扇、扇三角洲或泥石流填积，泥炭层由扇前洼地逐渐向废弃扇体扩展，造成煤层底板不平。

泥炭沼泽基底不平引起的煤厚变化，具有下列主要鉴别特征：

（1）煤层底板或基底岩层界面呈不规则起伏，而煤层顶板界面比较平整，即"顶平底不平"。

（2）煤层厚度变化急剧而不规则，且通常位于含煤岩系剖面的底部或下部。

（3）基底古地形低洼处煤层增厚，向凸起部位变薄或尖灭。煤层的分层或层理被下伏基底岩层界面所截，上下分层呈超覆关系。

（二）沉积环境对煤层厚度的影响

聚煤沉积环境的研究和成煤模式的建立表明，煤层的许多参数取决于泥炭层的沉积环境。

1.沉积体系与煤层厚度变化

近20年来，通过对含煤岩系的详细沉积环境分析，已经建立了冲积扇、河流、湖泊、三角洲、障壁岛和碳酸盐台地等沉积体系中的各种成煤模式，从而确定了沉积环境与煤层特征之间的关系。

冲积扇体系是聚煤盆地的边缘环境，泥炭沼泽主要发育于扇前、扇间洼地，扇三角洲和废弃扇体上。

河流体系可区分为曲流河、辫状河和网状河体系。曲流河体系中，由于泥炭沼泽主要发育于堤后、河道间泛滥盆地和废弃河道上，因此形成的煤层呈透镜状，其延伸方向大致平行于同期沉积的河道砂体，沿此方向厚度稳定，向两侧接近河道、越岸—决口扇沉积，则煤层急剧分岔或尖灭。辫状河河道不稳定，砂质沉积物分散范围广，在支流间地区可形成透镜状煤体。网状河是一种稳定的大面积沉积环境，河道间湿地环境占据河流体系的绝大部分（60%～90%），十分有利于厚层泥炭的堆积，形成的砂体呈透镜状、鞋带状，甚至包容在煤层之中。

三角洲体系是由各种亚环境组成的复合体，泥炭沼泽发育于支流间泛滥盆地、间湾和废弃的分流河道和叶体上。由于三角洲体系中泥炭堆积环境差异较大，一般煤厚变化较大，煤层延伸方向与沉积倾向平行。下三角洲平原的煤层侧向较稳定，但成层较薄；河流—上三角洲平原的煤层侧向不稳定，局部可出现厚煤层；最厚、最稳定的煤层一般赋存于下三角洲平原和上三角洲平原的过渡带。

潟湖—障壁岛体系中，泥炭沼泽发育于障壁后，潮汐三角洲、潮坪和潟湖填积的泥炭沼泽。该体系中形成的煤层一般与岸线走向平行，煤层较薄，但潟湖填积基础上可形成较厚煤层。

2.煤层分岔的主要类型

煤层减薄或增厚的主要方式是煤层分岔。在野外对煤层进行侧向追索时发现，在不长的距离内由于楔形碎屑沉积体的插入，可见到单一煤层分岔为2个煤分层或独立的煤层。此外，被很厚的非煤沉积体分隔的2个煤层，也可合并而变成单一煤层。

煤层的简单分岔，通常是泥炭沼泽中同沉积期河流或湖泊发育的结果，有机质的堆积暂时被碎屑沉积所替代，碎屑注入一旦停止，植被又重新繁殖，泥炭则再次堆积。复杂结构煤层的煤分层和夹石层常常通过煤层分岔的离散点，延续至相应的煤分层或分煤层。通过详细的分层对比，能够确定一个地区的复煤层是煤层的分岔，还是多煤层的覆置。

"之"字形分岔见于澳大利亚晚二叠世煤盆地，一些大型露天矿完好地揭露了这种复杂的分岔样式，Britten曾对其进行详细的描述和成因解释。在这种特殊分岔层系中，主煤层之间的垂向距离为30m左右，分岔的侧向间隔在0.1～10km。由于差异压实作用，分支煤分层与相邻主煤层的夹角有时达45°，同时煤层层理和所夹沉积物的层理常常存在明显的不协调，因此接近煤层的实际离散点，常发育强烈扰动带。"之"字形分岔是由河流或湖泊中沉积的楔形碎屑岩体造成的，分岔的侧向距离是包容的河道宽度的函数。由于沉积—压实过程的继续，便形成一个超覆式或雁列式河道充填序列，夹在连续的泥炭层之间，在压实作用完成后，而形成了"之"字形分岔样式。

（三）后期构造变动对煤层厚度的影响

后期构造变动可改变煤层的原始产状，也可引起煤层形态和厚度的变化。与其他共生的岩石类型相比，由于煤层本身比较松软、具有流变性特征，在构造应力驱动下易于破碎和产生塑性流动，导致煤层局部增厚或减薄。

1.褶皱构造对煤层厚度的影响

后期褶皱作用一般使煤层在褶曲的轴部增厚，而在翼部减薄或尖灭；使煤层产生塑性流动，原生结构和构造遭到破坏，形成构造煤，呈鳞片状、粉末状，并出现大量滑面、擦痕和揉皱构造。较大规模的褶皱引起的煤层加厚和减薄带在平面上常沿褶曲轴方向延伸，煤层加厚和减薄带相伴出现，与主压应力方向垂直。例如，我国福建天湖山矿为一东翼倒转的倾伏背斜，并被次级褶皱复杂化，煤层加厚带（煤厚大于2m）和煤层减薄带（煤厚小于0.5m）相间出现，在褶曲轴部增厚，翼部减薄，沿NNE方向延展。

伴随纵弯褶皱作用而产生的层间滑动可以派生层间牵引褶皱，规模虽小，但常成组出现，造成煤层顶、底板波状起伏，使煤层局部压薄或增厚，煤层呈串珠状或断续透镜体。当层间牵引褶皱幅度很小时，仅影响煤层顶板（或底板），而煤层的底板（或顶板）仍保持正常产状，即所谓"顶褶底不褶"或"底褶顶不褶"。当牵引褶皱发展到一定程度，也可转化为一系列倒转的甚至相互重叠的褶曲，煤层加厚带与变薄带相伴出现，而具有明显的方向性。不协调褶皱发育的地区，煤层形态更为复杂，由于组成褶曲的岩层的力学性质和所处应力状态不同，各自产生了幅度不同、形态各异的不协调褶皱，包容在褶皱构造中的煤层发生塑性流动，形成极不规则形态。

2.断裂构造对煤层厚度的影响

后期断裂构造一般对煤层的厚度影响不大，只在断层面附近，由于牵引作用使煤层局部加厚或减薄，沿断层形成断层无煤带或煤层叠覆带，以及断层两侧的煤厚变化带。一般压性断层常与强烈褶皱形变共生，使煤层局部增厚、叠覆，影响范围较大；沿张性、张扭性断裂两侧，由于引张拖曳作用而出现狭窄的煤层厚度减薄带。煤层顶、底板中的小型张性断裂延伸到煤层中，常代之以小型褶曲，造成煤层局部压薄，俗称"顶压"。有时煤层受到强烈挤压，沿裂隙贯入煤层顶、底板岩层中。

（四）岩浆侵入对煤层厚度的影响

煤层中出现的火成岩一般为浅成岩类和脉岩类，常见的有花岗斑岩、石英斑岩、细晶岩、正长斑岩、微晶闪长岩、闪长玢岩、煌斑岩及辉绿岩等。侵入岩体的产状有岩墙、岩床及不规则体，以岩床最为常见。

（五）喀斯特陷落柱对煤层厚度的影响

含煤地层下伏碳酸盐岩等可溶岩，因地下水溶蚀引起上覆岩层冒落而成的柱状塌陷体，称喀斯特陷落柱，简称陷落柱。

陷落柱破坏了煤层的连续性，使本应有煤层的部位被上覆地层的岩、煤碎块所充填。充填堆积的岩石碎块层序混杂、排列紊乱、棱角显著、大小不一，并被黏土充填胶结，但多未成岩。陷落柱与围岩的接触界面呈锯齿状，邻近陷落柱的煤层及顶板产状基本正常，巷道贯穿柱体后仍可见原煤层。

我国华北石炭—二叠纪含煤地层直接覆盖在奥陶系灰岩侵蚀界面之上，陷落柱相当发育。山西一些矿井陷落柱成为破坏煤层、损失储量、影响正常采煤的主要地质因素，个别井田因陷落柱星罗棋布而失去开采价值。

关于陷落柱的分布规律是一个值得深入探索的问题，一般认为地质构造和水文地质条件是陷落柱发育、分布的基本控制因素。断裂带、断裂交叉部位和地层产状转折部位，往往是陷落柱集中分布地带。同时，陷落柱的分布也可能与奥陶系风化剥蚀界面的古流水系，或与区域地下水流体系有关。

煤层厚度和煤层形态的变化，往往是多种地质因素联合、叠加的结果。在研究煤厚变化和煤层形态时，要善于分析各种地质因素的表现形式和对煤层的影响程度、范围的特征，追索各种地质因素的内在联系，并从中找出主导因素，以指导地质勘探和生产实践。

第二节　煤矿安全地质条件

一、瓦斯

（一）瓦斯的生成及其性质

1.瓦斯的生成

瓦斯是在成煤过程中生成的。在成煤过程中，植物经厌氧菌的作用，纤维质分解产生大量的瓦斯。随后，在煤的变质过程中，随着煤的化学成分和结构的变化，连续不断地生成瓦斯。

2.瓦斯的性质

矿井瓦斯通常指赋存在煤层及岩层中并能涌入矿井的以甲烷为主的天然气。它是一种无色、无味、无臭的气体，难溶于水。瓦斯对空气的相对密度为0.554，在标准状态下的密度为0.716，所以它容易在巷道的顶部、上帮等较高的地方聚集。瓦斯的扩散性很强，是空气的1.6倍，能从邻近层穿过裂缝逸散。瓦斯不能助燃，但可在一定的条件下燃烧或爆炸。瓦斯无毒，但浓度很高时，会使人窒息。

（二）影响煤层瓦斯赋存的地质因素

瓦斯的形成、保存、运移和富集与地质条件有密切关系，瓦斯的赋存和分布也受地质条件的影响和制约。影响瓦斯赋存的主要地质因素如下。

1.煤的变质程度

在煤化作用过程中，不断地产生瓦斯，煤化程度越高，生成的瓦斯量越多。因此，在其他因素相同的条件下，煤的变质程度越高，煤层瓦斯含量越大。

煤的变质程度不仅影响瓦斯的生成量，在很大程度上还决定着煤对瓦斯的吸附能力。在成煤初期，褐煤结构疏松，孔隙率大，瓦斯分子能渗入煤体内部，因此褐煤具有很强的吸附能力。但该阶段瓦斯生成量较少，且不易保存，煤中实际所含的瓦斯量是很少的。在煤的变质过程中，由于地压的作用，煤的孔隙率减小，煤质渐趋致密。因为长焰煤的孔隙和内表面积都比较小，所以吸附瓦斯的能力大大降低，最大吸附瓦斯量为20~30m³/t。随着煤的进一步变质，在高温、高压作用下，煤体内部因干馏作用而生成许多微孔隙，使内表面积到无烟煤时达到最大。据实验室测定，1g无烟煤的微孔表面积可达200m³之多，因此无烟煤吸附瓦斯的能力最强，可达50~60m³/t。但是当由无烟煤向超无烟煤过渡时，微孔又收缩、减少，煤的吸附瓦斯能力急剧下降，到石墨时吸附瓦斯能力消失。

研究表明，不同变质程度的煤常呈带状分布，形成不同的变质带。这种变质带在一定程度上控制着瓦斯的赋存和区域性分布。

2.围岩的透气性

煤层和围岩的透气性，决定着瓦斯的储存条件和瓦斯在煤层内的流动特性。煤和围岩的透气性好，有利于瓦斯的运移和排放，煤层瓦斯含量较小，瓦斯分布较均一；反之，煤与围岩的透气性差，不利于瓦斯的运移和排放，有利于瓦斯的保存，煤层瓦斯含量较大，瓦斯分布不均匀。

3.地质构造

地质构造对瓦斯的聚积和排放具有双重作用。在煤层顶板岩性致密、透气性差的条件下，在未受断裂破坏和严重剥蚀的褶皱地区，由于构造的圈闭，致使瓦斯易沿煤层向上运移，因此背斜顶部较向斜槽部瓦斯相对聚积。瓦斯含量较大，瓦斯压力较高。例如，在四川华蓥山中段倾伏背斜轴部，施工勘探钻孔时，曾发生瓦斯顶钻现象；在四川天府背斜倾伏端和中梁山背斜轴部，均发生过煤与瓦斯突出现象。与之相反，在遭受断裂破坏和严重剥蚀的褶皱地区，由于背斜顶部煤层埋藏较浅，通达地表的断裂发育，有利于煤层瓦斯的排放，因此背斜顶部较向斜槽部瓦斯含量小，瓦斯压力低。例如，四川南桐矿区乌龟山背斜北部倾伏端，煤层瓦斯沿岩石裂缝逸散地表，路人将其点燃，数堆火焰同时昼夜燃烧，周围岩石已烧成红色。因此，乌龟山背斜比相邻的王家坝向斜瓦斯含量小、瓦斯压力低。

地质构造主要从瓦斯保存条件方面控制着瓦斯含量的变化，是造成同一矿区不同地段瓦斯含量差异的基本原因。因此，在研究地质构造对瓦斯含量的影响时，关键是区分属开放型构造还是属封闭型构造。前者有利于瓦斯的排放，后者有利于瓦斯的聚积。

4.煤层的埋藏深度

当煤层出露或邻近地表，由于煤层内的天然气向地表运移，向大气排放，大气以及地表因化学和生物化学作用生成的气体不断向煤层深部渗透，从而使浅部煤层中的气体成分表现出垂向分带现象。

第一带，二氧化碳—氮气带，甲烷的体积分数小于10%，氮气为20%~80%，二氧化碳为20%~80%。

第二带，氮气带，甲烷的体积分数小于20%，氮气为80%~100%，二氧化碳小于20%。

第三带，氮气—甲烷带，甲烷的体积分数为20%~80%，氮气为20%~80%，二氧化碳小于20%。

第四带，甲烷带，甲烷的体积分数为80%~100%，氮气小于20%，二氧化碳小于10%。

在上部的3个带内，煤层气成分中明显有大气和地表气体混入，称这3个带为瓦斯风化带。确定瓦斯风化带下部边界的指标是：煤层瓦斯压力等于0.1~0.15MPa；气体成分中甲烷和重烃的体积分数之和为80%；煤层瓦斯含量（按煤样中的甲烷含量），长焰煤为1.0~1.5m³/t，气煤为1.5~2.0m³/t，肥焦煤为2.0~2.5m³/t，瘦煤为2.5~3.0m³/t，贫煤为3.0~4.0m³/t，无烟煤为5.0~7.0m³/t；相对瓦斯涌出量为2~3m³/t。

5.地下水的活动情况

活动于煤层裂隙和孔隙中的地下水，不仅侵占了瓦斯的储存空间，还排挤出部分游离瓦斯，而且由于水对煤粒的吸附还削弱了煤对瓦斯的吸附能力，在地下水的不断循环过程中煤内瓦斯逐步地被流水带走。因此，在其他条件相同的情况下，地下水活动强烈的矿井瓦斯含量较低，地下水活动微弱的矿井瓦斯含量较高。这种水大瓦斯小、水小瓦斯大的现象，在湖南和四川一些矿区均有表现。

除了上述诸因素外，煤田的暴露程度、煤层的厚度变化、岩浆的侵入活动，以及地区的地质发展历史等都对煤层的瓦斯含量有直接影响。在分析煤层瓦斯含量的影响因素时，要注意各因素的异同，从中筛析出差异较大的因素。只有这样，才能正确阐明不同煤田、同一煤田不同井田、同一井田不同采区瓦斯含量差异的原因。

（三）煤（岩）与瓦斯突出

1.煤（岩）与瓦斯突出的类型

在地应力和瓦斯的共同作用下，破碎的煤、岩和瓦斯由煤体或岩体内突然向采掘空间抛出异常的动力现象，称为煤（岩）与瓦斯突出，简称突出。煤（岩）与瓦斯突出，可按其力学特征、突出强度和突出危险程度等进行分类。

2.影响煤（岩）与瓦斯突出的因素

目前，有关突出的机理，即解释突出产生原因和突出发展过程的理论尚未完全确立，还处于众说纷纭的假说阶段，概括起来有3类。第一类是瓦斯作用说，认为煤内存储的大量高压瓦斯，在突出中起着主要的积极作用；第二类是地应力作用说，认为突出主要是地应力作用的结果；第三类是综合作用说，认为突出是地应力、瓦斯压力和煤体结构性能综合作用的结果。国内外多数学者支持综合作用假说。

（1）煤层瓦斯含量和瓦斯压力的影响，煤内的瓦斯仅游离瓦斯显示压力。它与吸附瓦斯处于动平衡状态。如果外界压力突然减小，吸附瓦斯可以迅速解吸，产生大量游离瓦斯，瞬时产生高压释放，破碎煤体和岩石。目前，世界各国采用0.98MPa的瓦斯压力作为煤层可能突出的危险性指标。关于瓦斯含量，据世界100多个煤田的统计，突出煤层中瓦斯含量一般均大于$10m^3/t$。

（2）地应力的影响，在研究煤与瓦斯突出的范畴内，地应力一般理解为采掘前方某一点所受的各向应力。它包括地层的重力、由于采动引起的集中应力，以及地壳运动在岩石内积聚的构造应力。地应力在煤与瓦斯突出中的作用，一方面使煤体产生位移和突然破碎，煤由静态变为动态；另一方面影响煤体内部结构，特别是煤的吸附性和透气性，控制着瓦斯的赋存和运动。

（3）煤体结构破坏程度的影响，煤体结构是指煤层在构造应力作用下所形成的煤的构造结构。具有构造结构的煤称为构造煤，俗称酥煤、槽口炭和软煤等。构造煤的吸附性和透气性好，影响着瓦斯的赋存和运移。

3.煤与瓦斯突出的一般规律

根据对我国部分突出矿区突出资料的统计分析与归纳总结，突出具有如下规律。

（1）突出与深度有关，突出一般都发生在一定深度以下。随着深度增加，突出次数增加，强度增大，突出煤层数增多，突出危险区扩大。

（2）突出与煤层厚度有关，突出次数和强度随着煤层厚度，特别是软煤分层厚度的增加而增加。突出最严重的煤层往往是最厚的主采煤层。

（3）突出与地质构造有关，突出与地质构造的性质、形式和部位密切相关，特别是构造应力集中的封闭型构造突出危险性大为增加。这些构造主要是指向斜轴部、向斜中的局部隆起、向斜与断层或褶皱交汇地区，以及压性或压扭性断裂带、走向拐弯和倾角骤陡及煤层扭转地区、顶底板阶梯状凸起地段等。

（4）突出与瓦斯量、瓦斯压力有关，突出瓦斯的主要成分为甲烷，个别为二氧化碳。突出煤层的相对瓦斯涌出量都在10m³/t以上。发生突出的瓦斯压力一般要在0.7~1.0MPa。同一煤层瓦斯压力越高，突出危险性越大；不同煤层之间瓦斯压力与突出危险性的关系，因其他因素不同而不便直接对比。

（5）突出与围岩厚度、性质有关，突出与围岩的层厚和坚硬性可能有一定的关系。煤层顶、底板岩层厚度大，硬度高时，突出危险性增大。

（6）突出与煤层性质有关，突出煤层通常具有以下特点：力学强度低，软硬不均，透气性差，瓦斯放散速度较高，湿度小，煤原生结构遭受强烈的构造破坏，层理紊乱，揉皱和滑动镜面发育。

（7）突出与煤层倾角有关，突出的动力作用方向大都是自上而下，突出的危险性常随煤层倾角的增大而增加。

（8）突出与采掘形成的集中应力有关，在采动应力集中的地区施工，突出危险性剧增，不仅突出次数多，而且突出强度大。这些地区是指邻近层的煤柱上下、相向采掘接近区、巷道开口处或两巷贯通前的煤柱内、采煤工作面的集中应力带内掘进上山等。突出危险性最大，发生次数最多的是石门揭穿煤层的过程中，其间突出强度极高，危险性极大。

（9）突出与落煤有关，突出绝大多数发生在落煤时，尤其是爆破震动煤体，常为诱发突出的动力因素。

二、煤的自燃

暴露于空气中的煤炭自身氧化积热达到着火温度而自然燃烧的现象，称煤的自然发火，又称煤炭自燃，是煤矿自然灾害之一。

（一）煤的自燃条件

煤炭自燃必须同时具备可燃性的碎煤、有充分的氧气和适宜的蓄热升温的环境这3个条件。煤的可燃性大小常用自燃倾向性表示。煤炭的自燃倾向性是煤炭的一种自然属性，它取决于煤在常温下的氧化能力，是煤炭自燃发火的基本条件。煤炭自燃发火的危险程度取决于煤炭自燃倾向性、煤炭赋存条件、通风条件等因素。

（二）煤自燃的诱发因素

影响煤炭自燃发火的因素，有内在因素和外在因素两个方面。内在因素主要有煤炭的化学成分和煤化程度、煤岩成分，煤的水分、孔隙率、碎度和脆度等；外在因素主要有煤层赋存状态和地质构造、采掘与通风条件等。

（三）煤层自燃发火期

在一定条件下，煤炭从接触空气到自燃所需时间称煤层自燃发火期。煤层自燃发火期，有煤层巷道自燃发火期和采煤工作面自燃发火期之分。煤炭自燃发火期，随煤的煤化程度，含有的可起催化或阻化作用的矿物质的多寡，煤层所处的地质构造状态，煤层开采时期选用的开拓、采掘、通风技术，以及气象条件等的不同而不同，变化幅度较大，在十几天到几年。据统计，中国烟煤矿井煤层的自燃发火期变化在1～12个月。采用相应的防火措施，可延长煤的自燃发火期。目前各产煤国都是运用经验统计方法来确定开采煤层的自燃发火期的，尚未制定出科学的判别手段和方法。统计确定煤层自燃发火期，对矿井开拓开采布置及生产管理都有重要意义。自燃发火期短的矿井，一般不宜用煤巷开拓，所用的采煤方法要保证最大的回采速度和最高的采出率及采空区要及时封闭等。

三、矿山压力与冲击地压

（一）矿山压力与顶板活动

1.矿山压力

矿体或采掘空间周围的岩体，称为围岩。存在于采掘空间围岩内的力，称矿山压力。天然存在于岩体中的应力，称为原岩应力；受采掘影响在岩体内重新分布后形成的应力，称为采动应力。在重新分布的应力作用下，井巷围岩将发生变形和破坏。由于采掘空间原被采物承受的载荷转移到周围支承体上而形成的压力，称支承压力。

2.影响围岩稳定性的主要因素

围岩的稳定性是指在一定时间内，在一定的工程载荷条件下，岩体不产生破坏性的压缩变形、剪切滑移和拉张开裂的性状。如果岩体内某些地段所承受的工程作用力，超过岩体的强度极限，则岩体的稳定状态丧失，导致工程遭受破坏。

影响围岩稳定性的因素可分为自然因素和工程因素两大类。自然因素包括围岩性质、地质构造、地下水、岩体结构、地应力状态和时间因素等；工程因素包括断面形状、施工方案等。

3.采场的顶板活动

（1）初次垮落与初次垮落距，开切眼两侧有与巷道相类似的支承压力，在工作面推进时，直接顶垮距不断增加，支承压力的应力集中系数将有可能超过2~3。当直接顶达到极限垮距时，采空区直接顶第一次自然垮落，即为初次垮落。初次垮落时，自开切眼到支架后排放顶线的间距，称为初次垮落距。直接顶经初次垮落后，其由两边支撑状态变为悬臂状态，工作面顶板将加速下沉，支架压力也有所增高，顶板基本上也就随着回采与放顶而垮落。初次垮落距的大小取决于直接顶岩石的强度、直接顶的分层厚度，以及直接顶内裂隙的发育程度，它是评价直接顶稳定性的一个综合指标。

（2）初次来压与初次来压步距，由于垮落的直接顶往往不能充满采空区，所以使基本顶处于悬空状态，这时工作面煤壁上所承受的支承压力，又随着基本顶垮距的增加而加大。当其也达到极限垮距时，就发生断裂而垮落，使工作面顶板下沉量及下沉速度急剧增加，呈现普遍来压现象。工作面从开切眼以来基本顶初次垮落前后的矿山压力显现，称为初次来压。基本顶初次来压时，采空区走向长度（从切开眼到煤壁的距离）称为初次来压步距，一般为20~35m，也有50~70m的，甚至更大。基本顶悬露面积可达几千甚至上万平方米。

（3）周期来压与周期来压步距，基本顶垮落以后，其上部岩石重量主要压在垮落的碎石上，从而减轻了工作面煤壁的负担，支承压力及其影响范围有所减少，这时靠近工作面处的直接顶与基本顶悬露长度比较短，工作面空间得到基本顶悬臂梁的保护。当工作面继续推进，基本顶悬顶距又逐渐加大，挠度相应增加，煤壁内的支承压力也继续增长，达到极限跨度，又一次破断，再次呈现普遍来压现象。这种基本顶周期破断在采煤工作面引起的矿压显现，称为周期来压。基本顶相邻两次来压期间工作面推进的距离，称为周期来压步距。周期来压步距一般为10~15m，仅是基本顶初次来压步距的1/4到1/2。周期来压的主要表现形式是顶板下沉速度剧增，下沉量变大，支柱载荷普遍升高，有时可能引起煤壁片帮、支柱折损、顶板台阶下沉，甚至发生局部冒顶与切顶，等等。在生产上，对周期来压应该熟知其征兆，严加注意。

（二）冲击矿压

冲击矿压是矿井开拓开采过程中矿压活动的一种突发形式。井巷或工作面周围煤（岩）体，由于弹性变形能的瞬时释放而产生的突然的剧烈破坏的动力现象，称冲击矿压。

冲击矿压的主要特征有：类似爆炸的巨声，巨大的冲击波，强烈弹性振动，煤体挤压移动（在顶板下层面上留有清晰擦痕）或粉碎（靠近顶底板处出现粉状煤），顶板下沉、底板鼓裂。

冲击地压给矿井安全生产带来极大危害，必须通过地质调查研究，分析诱发因素，掌握突发规律，并在此基础上开展地压预报，切实做好预防和治理工作。

第四章　煤炭资源的普查、详查和勘查

第一节　概述

一、主要工作任务

普查、详查和勘查三个勘查阶段的基本任务是为煤炭工业的远景规划、矿区的总体规划、矿井建设可行性研究和初步设计提供地质依据，为地质科学研究积累资料。地质勘查的最终成果，是提交符合各勘查阶段地质研究程度要求的地质报告。各勘查阶段的具体工作任务繁多，归纳起来有以下7个方面。

（一）地质构造

利用各种地质勘查手段获取地质资料，通过综合分析得出工作区地质构造特点的结论。地质构造是研究煤层赋存规律和评价煤矿床的基础，在煤炭地质勘查过程中必须首先做好这项工作。

（二）煤层

煤层的层位厚度、可采煤层的分布范围，影响煤层厚度变化的地质因素等，是影响矿区规划、矿井设计、建设的主要地质因素，必须认真搞好。

（三）煤质

利用采取的煤样，通过化学分析和物理试验获得有关煤质的资料，确定煤种、煤类、煤质特征和工艺性能，研究煤质成因及其变化规律，评价煤的工业利用方向。

（四）煤层的资源/储量

煤层的资源/储量是影响矿区及矿井规模的决定性因素，应根据各勘查阶段的规定，估算可采煤层探明的、控制的、推断的和预测的资源/储量。

（五）开采技术条件

开采技术条件主要包括煤层厚度、结构、产状、地质构造、煤层顶板底板特征、水文地质、瓦斯煤尘、煤自燃、地温和覆盖层厚度等，它是影响煤矿设计、建设和煤矿安全生产的重要因素，必须充分认识并认真对待。

（六）其他有益矿产

与煤共生伴生的其他有益矿产是国家资源，应充分利用和保护，做好勘查评价工作。

（七）自然与经济条件

自然与经济条件是煤炭工业规划、煤矿设计及煤矿生产的重要依据，包括交通、地形气候、劳动力、供电供水和建筑材料等条件。

二、基本工作程序

（一）勘查区的选择

勘查区主要是根据国民经济发展需要和煤炭工业发展规划及布局的要求，在保证重点、兼顾一般，按照优先勘查富（煤质好、资源丰富）、近（临近煤炭消费地及交通线）、浅（埋藏浅）、易（易于开发）的原则选定。在普查和详查阶段，勘查区的选择基本或主要是政府行为，项目则是由中央或地方政府确定。勘查阶段、勘查区是在政府宏观政策的指导下，由探矿权人确定。

（二）探矿权人的确定

在市场经济条件下，煤炭资源勘查已成为一种市场投资行为，投资主体不再是单一的国家投资，国内非国有经济、国外矿业投资均可介入我国煤炭资源的勘查和开发。探矿权人是勘查工作的出资者，如国家、矿山企业、煤矿建设单位、地质勘查单位私营企业主和外资企业等。探矿权人是通过招投标的方式确定的。

（三）勘查单位的确定

煤炭地质勘查单位所承担的勘查项目，除一些投资风险较大，资源前景不清，从国家战略角度考虑又需进行的早期勘查阶段（预查、普查）的勘查项目（国家是唯一的探矿权人），除了由政府行为直接下达外，一般均由市场规则确定，即勘查单位只能通过对招标的勘查项目投标和竞标，才有可能获得该项目的勘查资格。

（四）编制勘查设计

勘查设计是根据探矿权人所下达的勘查任务书编制的。勘查设计是勘查工作的具体作战方案和工程施工方法的重要依据。因此在编制勘查设计时，应做到设计依据充分、内容细致全面、勘查方法合理可行，符合现行规范要求。编制勘查设计时，勘查单位应充分听取探矿权人的建议，在不违反国家政策和规范精神的前提下，应重视探矿权人的经济利益。

（五）野外勘查施工

野外勘查施工是勘查设计批准后，根据设计的工作项目和要求组织施工的。其具体工作包括地表地质工作、深部工程施工、取样送验、地质资料编录及相应的工程测量工作等。所有工程的施工都是为了达到地质目的而进行的，必须重视工程的施工质量，及时完整系统地收集和分析工程所揭示的地质现象。

（六）编写地质勘查报告

地质勘查报告是在原始地质编录和综合地质编录的基础上编写的，它是勘查成果的最终体现。地质勘查报告必须在勘查工作结束前完成。

第二节 勘查类型及工程线距

一、概述

煤炭地质勘查类型是从煤炭地质勘查工作的需要出发，依据煤矿床勘查的难易程度划分的。影响煤矿床勘查的难易和划分勘查类型的因素很多，诸如地质因素、地形因素、气候因素和水文因素等，但其中最主要的是地质因素。地质因素体现在两个方面，一是煤矿床的地质构造复杂程度；二是煤层的稳定程度。勘查类型的划分，原则上是在详查和勘查阶段，以一个井田或大致相当于井田的勘查区为单位。

煤矿床的构造复杂程度和煤层稳定程度，是根据已知的地质资料（工作区已往地质工作成果），通过全面具体地分析研究、系统地归纳概括，形成一种具有预见性的地质判断。在预查或普查期间，由于地质资料缺乏，对勘查区地质特点的认识较为粗浅，因此得出的地质结论往往难以完全符合客观实际。在详查、勘查过程中，随着地质资料的积累和研究程度的加深，对已往地质结论会产生新的认识，如果发现地质条件与原判断的构造与煤层特征不符时，应重新确定勘查类型。划分煤矿床勘查类型，是为了正确选择勘查方法和手段，合理确定勘查工程线距和工程密度，对煤矿床进行有效的控制，合理圈定各类煤炭资源/储量，为工程布置和设计工作提供依据。

二、煤矿床勘查类型的划分

（一）煤矿床勘查类型划分的依据

自然界中，没有地质特征完全相同煤矿床，即是在同一煤田的不同地段，地质特征也会有较大的差异，但在千差万别的煤矿床中，又存在着普遍的规律性。实践证明，根据地质构造复杂程度和煤层稳定程度两个重要因素，对煤矿床勘查的难易程度进行归纳分类，并指导煤矿床的地质勘查是最可行的分类方法。

（二）煤矿床勘查类型

1.构造类型

井田（勘查区）构造类型的划分，是根据构造复杂程度和岩浆岩的发育情况确定的。构造复杂程度的分类，取决于构造型态、断层和褶曲的发育情况，以及岩浆岩侵入体对煤层的破坏程度。

（1）简单构造：含煤地层沿走向、倾向的产状变化不大，断层稀少，没有或很少受岩浆岩的影响。主要包括：

①产状接近水平，很少有缓波状起伏；

②缓倾斜至倾斜的简单单斜、向斜或背斜；

③为数不多和方向单一的宽缓褶皱。

（2）中等构造：含煤地层沿走向、倾向的产状有一定变化，断层较发育，有时局部受岩浆岩的一定影响。主要包括：

①产状平缓，沿走向和倾向均发育宽缓褶皱，或伴有一定数量的断层；

②简单的单斜向斜或背斜伴有较多断层，或局部有小规模的褶曲及倒转；

③急倾斜或倒转的单斜、向斜和背斜；或为形态简单的褶皱，伴有稀少断层。

（3）复杂构造：含煤地层沿走向、倾向的产状变化很大，断层发育，有时受岩浆岩的严重影响。主要包括：

①受几组断层严重破坏的断块构造；

②在单斜、向斜或背斜的基础上，次一级褶曲和断层均很发育；

③紧密褶皱，伴有一定数量的断层。

（4）极复杂构造：含煤地层的产状变化极大，断层极发育，有时受岩浆岩的严重破坏。主要包括：

①紧密褶皱、断层密集；

②形态特殊的褶皱，断层发育；

③断层发育，受岩浆岩的严重破坏。

2.煤层类型

井田（勘查区）煤层类型的划分，是根据煤层的稳定程度而确定的。煤层稳定程度的分类，取决于煤层厚度、结构及其变化、可采性、煤类和煤质的变化。

（1）稳定煤层：煤层厚度变化很小，变化规律明显，结构简单至较简单；煤类单一，煤质变化很小。全区可采或大部分可采。

（2）较稳定煤层：煤层厚度有一定变化，但规律性较明显，结构简单至复杂；有两个煤类，煤质变化中等。全区可采或大部分可采。可采范围内厚度及煤质变化不大。

（3）不稳定煤层：煤层厚度变化较大，无明显规律，结构复杂至极复杂；有三个或三个以上煤类，煤质变化大。包括：

①煤层厚度变化很大，具突然增厚、变薄现象，全部可采或大部分可采；

②煤层呈串珠状、藕节状，一般不连续，局部可采，可采边界不规则；

③难以进行分层对比，但可进行层组对比的复煤层。

（4）极不稳定煤层：煤层厚度变化极大，呈透镜状、鸡窝状，一般不连续，很难找出规律，可采块段分布零星；或为无法进行煤分层对比，且层组对比也有困难的煤层；煤质变化很大，且无明显规律。复煤层是指煤层的全层厚度较大，夹矸层数多，变化大，夹矸分层厚度在一定范围内往往大于煤层的最低可采厚度，在地质勘查和煤矿生产中，应当做分层对比或层组对比的煤层。

三、选择钻探工程基本线距的要求

（1）认真研究井田（勘查区）的构造复杂程度和煤层稳定程度，按其中勘查难度较大的一个因素，选择井田（勘查区）钻探工程的基本线距。

（2）构造复杂程度的划分，原则上以井田（勘查区）为单位。当井田（勘查区）的不同地段有显著差异时，应当根据实际情况区别对待。

（3）当一个井田（勘查区）内有两种或两种以上煤层稳定程度类型时，应以资源/储量或厚度占优势的那一部分煤层稳定程度类型选择基本线距。

（4）适用地面物探手段即能基本满足构造控制要求的井田（勘查区），钻探工程基本线距应根据煤层稳定程度类型进行选择。

（5）在裸露和半裸露地区，钻探工程基本线距的选择，应充分考虑地质填图和其他地面地质工作的成果。

（6）以线形构造为主的地区，基本线距可根据构造的特点，沿构造线方向适当放稀。需要强调的是，上述选择钻探工程基本线距的要求及工程密度，只能反映对地质情况的揭露程度，而不能反映研究程度。对不同勘查类型及线距所对应的探明的和控制的，不能理解为可以圈定相应的资源/储量，必须在基本线距和工程密度的基础上，经过充分分析和研究，根据块段的地质条件，按照其地质可靠程度圈定资源/储量。

四、煤矿床勘查类型的分析与确定方法

国内外大量煤炭地质勘查实践表明，煤矿床构造复杂程度与煤层的稳定程度是决定煤炭地质勘查众多地质因素中最重要的因素，因此它是划分煤矿床勘查类型的两项主要指标。由于地质条件的复杂性，人们认识的差异性，容易造成勘查类型确定的偏差。通过多年的地质勘查实践，一些从事煤炭地质勘查的地质工作者，试图用定量分析的方法，确定

煤矿床勘查类型，并进行了一些有益的尝试。

（一）煤层稳定程度类型的确定

煤层稳定程度主要是根据勘查区（井田）内的煤层厚度、结构和煤质等的变化大小和可采性来确定的。其中直接影响到勘查工程间距、勘查程度和煤矿建设规模的主要因素是煤层厚度、结构和可采性的变化。煤类的多少虽然会影响到类型的划分，但由于规范规定得比较明确，所以不会对类型的划分产生大的影响。运用规范确定煤层稳定程度类型时，要尽可能全面地收集已往勘查工作有关煤层变化的资料，认真分析其变化规律，用规范中所规定的地质条件，确定煤层的类型。在勘查区邻近的地区，如有已经勘查或开采的井田，其所处的构造单元和成煤时代及成煤环境相同时，可采用类比的方法确定煤层的类型。在多煤层的勘查区中，各煤层的稳定程度不尽相同，此时应根据其中主要可采煤层的稳定程度确定煤层的类型。若有几个主要可采煤层的，应分别对每个主要可采煤层确定其煤层类型。在确定稳定类型时，还应注意工业指标的变化，因为煤的工业指标是国家根据煤炭工业技术发展的情况及能源政策的变化制定的，它不是一成不变的，特别是煤层的最低可采厚度、最低可采灰分等，可直接影响到可采区范围的确定和煤层稳定类型的划分。

（二）构造复杂程度类型的确定

构造复杂程度是影响勘查工程布置的主要地质因素，正确确定煤矿床的构造复杂程度类型，是提高地质勘查质量的关键。在确定煤矿床构造复杂程度类型时，要充分研究已往勘查工作中有关构造的地质资料，根据规范中所规定的构造条件对照分析，确定构造复杂程度类型。要具体分析煤层产状的倾斜程度倾角大小及其变化，分析勘查区内褶曲的多少、大小和紧密程度，分析勘查区内岩浆的侵入方式、侵入体的大小及分布和对煤层的破坏程度，要分析勘查区内断裂构造的发育情况。

第三节　勘查工程的布置

在煤炭地质勘查过程中，为了有效地揭露、追索和圈定煤矿床的地质情况，勘查工程的排列布置形式，对获取勘查区各个部位及不同深度具有代表性和均匀性的地质资料，并编制出各种不同内容和用途的图件、表格及文字成果是非常重要的。由点到线、由线到面、由面到体，是收集、整理和编制各种地质资料科学系统的工作程序，地质剖面法是煤炭地质勘查工作中按照这一程序所采用的最常用的编录方法。其工作步骤是：首先对勘查区已往的地质资料进行认真的分析，其次根据勘查区的地质特点、勘查阶段和需要，综合考虑各种因素，在地形地质图上布置出勘查线，并在线上布置勘查工程。经勘查工程施工后，再利用各工程点所获取的地质资料，编制出勘查线地质剖面图。一个勘查区可以布置彼此相邻的若干条勘查线，也就能编制出若干幅勘查线地质剖面图。这些地质剖面图不仅是编制其他综合地质图件的基础图件，还是矿井设计和煤矿生产不可缺少的重要地质资料。

一、勘查工程布置系统

勘查工程布置系统是指勘查线在平面上的布置形式。勘查线是由各个勘查工程点联结而成，布线时必须同时统筹考虑各勘查工程点的点位及地质用意，并能满足编制地质剖面图和各种地质图件的需要。在煤炭地质勘查中，常用的勘查工程布置系统有勘查线和勘查网两种形式。

（一）勘查线

勘查线是煤炭地质勘查中最常用的一种勘查工程布置形式。它是在平面地质图上沿煤系倾向方向布置的一条假想的直线或折线，勘查工程应布置在这一直线或折线上。煤系和煤层是沉积岩和沉积建造的一个组成部分，它具有岩、煤层厚度和倾角等沿倾向变化大的特点。勘查线沿煤系倾向布置，既能在较短的勘查线内较快地控制地质构造变化规律，获得完整的地层剖面，又便于编制出能够反映地质构造形态的勘查线地质剖面图。

1.布置勘查线的基本要求

（1）勘查线应根据勘查区的地质特点选择其布置形式，并按所处的勘查阶段对工程线距的要求布置。

（2）勘查线应垂直于煤系地层走向和主要构造线，勘查线方向与煤系地层走向或主要构造线方向的夹角应大于75°，勘查线不能因煤系地层走向（或构造线方向）局部的变化而改变其方向。根据特殊需要，也可布置少量平行地层走向或主要构造线方向的勘查线（如控制横断层）。

（3）在普查和详查阶段布置堪查线时，应选择在构造简单、含煤性好、地形简单和交通方便的地段。一般先在勘查区的中央部位布置基准勘查线，然后按选定的勘查工程线距向两侧依次布线。在布置勘查线时，尽量利用原有的地质测量剖面和勘查工程。在综合运用地面物探和钻探的勘查区，勘查线应尽量与物探测线吻合，以便对比利用物探成果。

（4）勘查线的间距，要根据煤矿床的勘查类型的要求选定，先期勘查阶段的勘查线距，应符合后期勘查阶段加密勘查线的线距要求。

2.勘查线种类

根据勘查线用途的不同，可将其分为主导勘查线、基本勘查线和辅助线三种。

（1）主导勘查线：反映勘查区总体地质构造形态、煤系煤层特征，并先行施工的勘查线称为主导勘查线。在普查阶段，主导勘查线也称为总远景线。每个勘查区均应布置少量的主导勘查线，其数量根据勘查区面积的大小和地质条件确定，主导勘查线上工程点的密度应大于一般勘查线，以便能够严密控制地质情况的变化。主导勘查线在普查阶段是专门布置的，在详查和勘查阶段可专门布置，也可在一般勘查线中选定。布置主导勘查线的目的，在于有重点地解剖和分析勘查区内煤系、煤层及构造等方面的地质特征，早一点对勘查区的总体特征取得认识，以全方位指导勘查区的地质工作和工程施工。在普查和详查阶段，布置垂直地层走向的主导勘查线，可以早一点建立完整的地层柱状，掌握煤层稳定程度，控制构造形态，查找走向断层，为确定勘查类型和工程线距提供依据。在勘查阶段，可以通过初步选定的矿井井口或附近布置倾向方向和走向方向的主导勘查线，以控制井口附近、主要石门或水平运输大巷的煤系、煤层岩层及地质构造情况，为矿井设计和建设提供可靠的地质依据。

（2）基本勘查线：为了全面控制勘查区地质情况而布置的一般勘查线属于基本勘查线。布置基本勘查线的目的是根据勘查区所处勘查阶段的工作程度要求，控制勘查区的构造轮廓、煤层及煤质变化。基本勘查线是勘查区数量占绝大多数的勘查线，而线上的工程密度一般小于主导勘查线。

（3）辅助线也称短线。它是在基本勘查线之间，根据勘查工作的需要而补加的短勘查线。布置辅助线的目的是查明局部的煤层缺失、分叉尖灭、褶曲断层及岩浆侵入体等地质问题，以满足勘查程度要求。

3.勘查线的布置形式

根据勘查区地质构造特点的不同，勘查线的布置形式也应不同。常用的布置形式有平行排列和放射状排列两种。

（1）平行排列主要用于煤系地层走向与构造线方向具有明显的一致性，并呈单一方向有规则的展布，在总体方向上可以有局部变化，但多数不超过15°的勘查区。勘查线要沿垂直地层走向和构造线的总体展布方向布置，所布勘查线基本相互平行。

（2）放射状排列是由若干条各自垂直于地层走向的勘查线组成的放射状的布置形式。它是当勘查区的煤系地层走向变化较大（如呈宽缓的倾伏背斜、倾伏向斜、盆地、穹隆和呈宽缓波状起伏变化不规则的褶曲等地质构造形态）时而采用的一种布置形式。构造形态决定勘查线放射状排列的组合形式，常用的形式有以下四种：

①褶扇放射状排列形式。主要用于构造形态呈简单宽缓的倾伏向斜或倾伏背斜的勘

查区。

②边缘放射状排列形式。主要用于构造形态呈简单宽缓的盆地或穹隆状的勘查区。

③叶脉放射状排列形式。主要用于构造形态呈紧密的倾伏向斜或倾伏背斜的勘查区。

④斜交放射状排列形式。主要用于构造形态呈复杂不规则的褶曲状构造的勘查区。

上述各种放射状排列形式的勘查线，相邻两线间的距离随位置的变化而变化。在量取其工程线距时，一般应以重点地段或第一开采水平地段的关键部位作为量取线距的地点。如果线距过宽的一端，勘查工程密度不能满足勘查程度的要求时，应在两线之间补加辅助短线，并布置适当的勘查工程；如果另一端线距过窄时，应适当减少部分勘查工程。

（二）勘查网

勘查网是由两组彼此正交或斜交的勘查线组成，勘查工程布置在两组勘查线的交点上。勘查网布置形式适用于产状水平或近于水平的煤矿床。勘查工程布置形式，对于控制简单构造煤矿的构造形态是无关重要的，关键是要控制煤层的稳定程度。由于煤层的厚度、结构煤质、可采性等，其方向性变化比较大，用勘查线控制煤层稳定程度各方面的变化往往顾此失彼，很难顾及全面。运用均匀布置工程的勘查网进行控制，则可编制出不同方向的地质剖面图，有利于对煤层稳定程度的各个方面进行均匀控制和研究。勘查网布置形式，根据其网格形态分为正方格网、长方格网和菱形格网三种。

1.正方格网

正方格网适用于煤层产状水平，煤层厚度等无明显方向性的勘查区。正方格网具有两个显著的特点：一是网格的规则性和钻孔在同类资源/储量范围内分布的相对均匀性；二是它的不定向性。由于煤系地层产状近于水平，所以岩层难以定出走向与倾向，煤层稳定程度各方面（煤厚、煤质、结构等）复杂多变，无明显的方向性，在布置勘查网时，为了便于钻探施工，可根据地形等因素随意排列格网方向，一般格网的一个边应平行山脉、河流或等高级线的走向布置。

2.长方格网

长方格网适用于煤层构造形态呈简单的单斜产状，或煤层的厚度与煤质沿单一方向变化最大的勘查区。布置勘查网时，必须使网格的短边方向与煤层的倾向或煤厚、煤质变化最大的方向相一致。长方格网一般侧重编制格网短边方向的地质剖面图。

3.菱形格网

菱形格网是由正方格网或长方格网演变而来。菱形格网中，钻孔的分布多呈三角形，故又称为三角形网。这种形式的勘查网，除原始按菱形布置外，也可在已布置正方格网或长方格网之后，发现原设计的工程间距偏密时，为了减少工程量，在不影响勘查质量的前提下，改为菱形格网。

二、影响勘查工程布置的地质因素

影响勘查工程布置的地质因素，主要有构造特征、含煤特征和地貌特征三个方面。一般情况下，构造特征主要影响勘查工程布置形式和方法，含煤特征主要影响勘查工程的密度，地貌特征主要影响施工条件。布置勘查工程时，要认真仔细地分析各种地质因素，分清主次，抓住主要地质因素作为勘查工程布置的依据。

（一）构造特征因素

1.煤层产状的变化

煤层沿走向和倾向发生变化，会直接影响勘查线布置时的排列形式和线上勘查工程点的疏密。煤层走向若有明显变化，则勘查线布置的方向随之变化；煤层倾角的大小，则直接影响勘查线上勘查工程点平面投影的密度。

2.断裂构造

断裂构造会破坏煤层的连续性，给勘查和开采工作带来影响。断裂的规模大小和数量的多少，直接影响勘查工程的布置。在详查阶段，应控制可能影响井田划分的断层。在勘查阶段应详细查明先期开采地段内落差等于和大于30m的断层，详细查明初期采区内落差等于和大于20m的断层。要控制或查明较大的断层，应在正常线距的基础上，加密或调整孔位，必要时可补短线或增布线间孔。小而密集的断层难以利用钻孔进行控制和查找，故不作为勘查各阶段的工作对象，一般也不影响勘查工程的布置，只能在建矿和煤矿生产时由矿井地质工作解决。

3.岩浆侵入体

岩浆的侵入活动，常使煤系地层和煤层的产状及其形态发生变化。岩浆顺煤层侵入，会使煤层变薄、分叉或被"吞蚀"。为了查清岩浆岩的分布范围、分布规律及其对煤层的破坏作用，布置工程时必须增加工程量。

（二）含煤特征因素

1.煤层稳定性

煤层稳定性是指煤层的厚度、结构、煤质、煤类等的变化大小。上述各项中，煤层厚度的变化是影响勘查工程布置的重要因素。为了对煤层厚度的突变、分叉尖灭、冲刷带界线、煤层的高灰分带、煤类分界线和可采边界线进行控制，必须加密勘查工程。

2.煤层在剖面上的分布情况

在多煤层地区，煤层在剖面上的分布情况，如煤层或煤组间的距离大小，不同稳定程度的煤在剖面上的上下关系，主要煤层、非主要煤层在剖面上的位置等，也影响勘查工程的布置。例如，主要可采煤层位于煤系的下部，其上部为较稳定或不稳定的非主要可采煤层，但上部煤层要先期开采，这样对于非主要可采煤层也应加密勘查工程，提高勘查程度，满足先期开采需要。若主要可采煤层位于煤系的上部，下部非主要可采煤层，就不需对非主要可采煤层加密控制，则只需按主要煤层要求的工程线距和密度布置勘查工程。

3.煤层对比的难易程度

煤层对比的难易程度对勘查工程布置的影响也很大。如在多煤层或聚煤环境差的陆相含煤建造地区，由于岩性、岩相变化大，缺少或无良好的标志层，所以煤层对比一般较难。为了解决煤层的对比问题，追索获取煤层对比依据，必须在有疑难的地段增补勘查工程。

（三）地貌特征因素

影响勘查工程布置的地貌特征，主要是指掩盖程度和地形起伏两个方面。地貌特征不但对勘查手段的选择有决定性作用，而且对勘查工程布置也有很大的影响。在暴露区和半暴露区，有许多天然露头可供观察，只需用坑探工程揭露，既可搞清比较复杂的地表地质现象，又可以用斜（浅）探井，采取煤层煤样、风氧化带煤样和体重煤样，获得有关煤质资料，这样可减少浅部钻探工程，既能降低勘查成本，又能提高勘查质量。在地形较平坦的全掩盖区，可依靠地面物探配合钻探获取地质资料，亦可减少一定的钻探工程量。

在地形切割剧烈的山区，地形特征对勘查工程布置影响很大。例如，工程点的选择，要考虑供水、交通运输、钻场环境、钻机能力所能达到的最大深度等施工条件。地形的坡向与煤层倾斜方向的关系，也会影响勘查工程的布置。地形起伏对勘查工程布置的影响，有以下三种情况：

（1）地形小幅度波状起伏（大致处于同一基准线上），勘查工程在深度上的布置，主要取决于煤层的倾角。地形因素只对工程点位的选择有影响，而对总体工程布置和深部勘查影响不大。

（2）地形坡向与地层倾向相反时，煤层的埋藏深度迅速增加，这种地形不利于钻机的搬运和勘查工程对深部煤层的控制。

（3）地形坡向与煤层倾向一致时，地形沿煤层倾向伸展，煤层的埋藏深度一般增减较小，这种情况有利于对深部煤层的控制。

三、勘查工程用途分类

根据使用目的和用途的不同，可将勘查工程分为基本工程和专用工程两类。

（一）基本工程

基本工程是根据各勘查阶段的任务要求，为揭露和控制全区的基本地质情况而普遍布置的勘查工程。在煤炭地质勘查中，基本工程担负着探煤层、探构造和探水文等正常的目的任务。基本工程是按已确定的勘查类型、工程线距和总体布置形式而进行比较规则的布置。

（二）专用工程

专用工程是指在勘查工作过程中或勘查后期，按原设计的勘查工程施工后，发现尚有局部地质问题未能彻底查清或矿井初步设计中必需的资料不足时，而专门布置的勘查工程。这类工程多用于探查断层、岩浆岩体、采空区和陷落柱，用大口径钻孔或钻孔群采取大煤样，探查井筒和水平运输大巷的工程地质，探查煤层的各种技术边界线等。专门工程一般不受既定的勘查工程线距、工程密度和勘查工程布置系统的限制。

四、勘查工程布置的原则

勘查工程布置的基本原则是，用尽可能少的勘查工程量取得尽可能好的地质效果，以保证不同勘查阶段地质研究工作的顺利进行，满足探矿权人的要求，为煤矿设计和建设提供必要的地质资料。在具体工程布置时，要根据各勘查阶段的地质任务、工作区的构造特征、含煤特征、地貌特征及经济技术条件统筹考虑。

（1）勘查工程的布置应在详细研究已有地质资料的基础上，综合选择各类勘查工程。勘查工程选择的基本原则是：

①凡裸露地区和半裸露地区，应首先选择坑探工程及必要的其他地面物探方法配合，进行地质填图，尽量搞清地表地质情况。

②凡地形、地质和物性条件适宜的地区，应以地面物探结合钻探为主要手段，配合地质填图等进行各阶段的地质工作。

③凡不适用于地面物探、坑探的地区，钻探工程是唯一的勘查工程，钻探工程的基本线距应按煤矿床的勘查类型合理选择。所有钻孔都必须进行测井工作。

（2）若已有的地质资料较少，可首先布置少量主导勘查线并优先施工，以便初步了解勘查区的地质特征，而在此基础上再布置全区的勘查工程。

（3）勘查工程的布置要兼顾整个勘查区。做到中部密、边缘稀；浅部密、深部稀。同时前期布置的工程，要便于后期加密。

（4）尽量减少重复工程，做到一孔多用，尽量使取样孔、水文孔、构造孔与探煤孔结合起来。

（5）勘查线上工程控制的煤层斜长，不应大于控制相同地质可靠程度资源/储量的勘查线间距。

（6）勘查区内褶皱、断层的位置及规模，煤层形态及其变化，煤质及其变化，水文地质、工程地质开采技术条件等，均应按各勘查阶段的工作程度布置相应的工程予以查明、控制或了解。

（7）对于勘查阶段的工程布置，要充分征求探矿权人及煤矿设计部门的意见，增强勘查工程的针对性。

五、勘查工程的布置方法

根据煤矿床的勘查类型及所处的勘查阶段布置好勘查线之后，具体工程的布置一般是布置在勘查线上，根据地质构造形态、煤层情况及地质目的确定工程点的位置。

（一）单斜煤层的控制

煤层的控制是以相邻两工程见煤点煤层层面斜长为准，布置工程时必须考虑煤层倾角的大小。煤层倾角越大，相邻两工程见煤点的煤层斜面距离越大。所以，控制单斜煤层，线上的工程间距均应小于线距。煤层倾角越大，线上的工程间距越小。此外，钻探工程施工时，由于地质或钻探工艺方面，随着钻进深度的增加经常会发生孔斜，导致相邻两工程见煤点煤层层面距离增大，这也是要求线上工程间距小于线距的原因之一。

（二）褶曲构造的控制

褶曲形态不同，工程布置也应不同。当褶曲面直立时，为了准确地控制褶曲形态，除在两翼布置钻孔外，还应在轴部布置钻孔。当轴部煤层埋藏过深时，轴部钻孔可以在穿过开采深度以内的煤层后终孔。轴面斜歪的褶曲，应特别注意控制各主要煤层的实际转折部位，不要在地表褶曲轴的位置布置钻孔，它起不到控制深部主要煤层实际转折部位的作用。在褶曲变化畸形的部位，主要煤层底板等高线出现突然转折或怀疑有断层存在的地段，可布置T形排列的加密控制孔，以探明其变化情况。布置T形加密控制孔的实质是在原有两条勘查线之间加密一条辅助线，但布孔时应尽量使其与相邻勘查线上的钻孔形成线型联系，为必要时绘制走向剖面图提供方便。箱形褶曲的核部宽平、两翼陡峻，两翼应用斜孔控制，同时在深部（箱底部分）两侧布置钻孔，配合两翼斜孔控制转折部位。

（三）断层的控制

走向断层的控制比较简单，通过在主导勘查线上加密钻孔，可以揭露并控制断层的位置和落差。配合基本勘查线，可以控制断层走向的延伸方向和断层的长度。应当注意，当走向断层较多且断层性质又相近时，各勘查线上所确定的断层可能会出现对比连接的错误。因此，需仔细分析各工程所揭露的各断层的性质和产状落差等，不能简单草率地连接。

在倾向断层存在的地区，由于断层走向与勘查线夹角很小或平行，当线距较稀时无法揭露和控制断层。此时，应设计几条孔距较密的走向主导勘查线，以揭露和查明倾向断层。对于任何一条按规定应查明的断层，其延伸情况、断层面的产状及落差，均应有三个以上的工程控制。在布置控制断层的工程时，应充分研究地表露头及地面物探资料，才能使所布置的工程发挥最佳作用。

（四）煤层变化性的控制

煤层厚度、结构、煤质等的变化，在一般情况下用基本勘查线即可控制，并可用插入法确定各种边界线的位置。对于古河床冲刷、构造挤压变形、岩浆岩吞蚀、岩溶陷落柱等因素造成的煤层局部变化，应在分析其形成机制的基础上，尽可能用钻孔控制其大致范围，或者预测后利用钻孔加以验证。这些造成煤层局部变化的现象，在勘查过程中很难用工程十分准确地进行控制，故无须投入过多的工程量，只需在矿井地质工作中进一步查明。

（五）煤层露头的控制

控制覆盖层下主要煤层露头的位置，是勘查工作的一项重要内容。追索和控制煤层露头的过程，就是对构造形态及煤层变化深入研究的过程。准确地控制煤层露头并通过采样化验，可以提高地质研究程度和浅部煤炭资源/储量的地质可靠程度，有助于矿井设计时采区和开采水平的安排。

控制煤层露头常采用点线结合的方法。在充分利用地面物探成果的基础上，可在勘查线上加密布置钻孔，也可在勘查线间布置加密追索煤层露头的钻孔，以便搞清煤层露头赋存的位置。在详查阶段，应控制主要可采煤层的露头位置。在勘查阶段，要严密控制先期开采地段或初期采区的煤层露头位置，煤层露头在勘查线上的平面位置应控制在75m以内。

（六）多煤层的控制

在多煤层发育的勘查区，煤层在剖面中的位置是影响钻孔布置的主要因素。当煤层间距较小，布置钻孔时可分段选取主要可采煤层或煤组为对象，在节省工程量的前提下，合理选定工程位置，保证煤层或煤组的浅部和深部有钻孔控制，并使其勘查深度大致相等。当主要可采煤层位于煤系下部，而上部为不稳定煤层时，由于初期开采的是上部不稳定的煤层，此时应对上部煤层进行加密控制，以提高浅部煤层的地质可靠程度。

（七）资源/储量地质可靠程度的控制

勘查区资源/储量地质可靠程度的分布情况，是影响勘查区工程总体布置的一个重要因素。无论在哪一个勘查阶段，均应根据其勘查程度所要求的资源/储量不同类别地质可靠程度的比例，确定其合理的分布范围，然后根据勘查区地质情况，确定与不同地质可靠程度资源/储量相适应的工程密度，并按此密度布置钻孔。

（八）开采水平及运输大巷位置的控制

在勘查阶段，当探矿权人与设计部门确定了分水平方案及运输大巷的标高和位置之后，应沿该水平的等高线走向加密钻孔进行控制，一般要求把煤层底板等高线的标高误差控制在10m以内。控制开采水平及运输大巷的钻孔，其孔位和孔间距均不受所选定的勘查线距的限制。

第四节 勘查工程施工及"三边"工作

一、勘查工程的施工

合理安排勘查工程的施工，是优质、高效、低成本进行地质勘查的重要因素。在一个勘查区中，一般要布置几十个甚至上百个勘查工程点，如果施工安排不当，不仅造成忙、闲不均和工作混乱，还会影响工作效率、时间进度、勘查成本和勘查质量。因此，科学合理地安排好施工项目和施工顺序，对勘查工作的顺利进行有着非常重要的作用。

（一）施工依据

勘查工程施工要做到有根有据和有的放矢，绝不能盲目进行。其施工依据主要是勘查设计和施工中所获得的地质资料。

1.勘查设计

勘查设计是在勘查工作进行之前，根据探矿权人的勘查任务书，由承担勘查工作的地质勘查单位在分析已有地质成果资料获得结论性认识的基础上制定的。勘查设计的内容包括：勘查工作的任务和期限，勘查区地质情况，勘查工程布置系统，勘查工程的种类位置、数目、地质目的、工程量、施工顺序、时间安排，资源/储量估算和各种工作的技术要求等。勘查设计是整个勘查工作的作业方案，各项勘查工作原则上均要按设计的要求进行。因此，勘查设计是勘查工程施工的重要依据。

2.勘查工程施工中获取的新资料

在勘查施工过程中，会获得许多新的地质资料，通过对新资料的分析研究，有时会改变原来对勘查区地质构造的认识和判断。因此，要依据新的认识对未施工的工程预想地质设计进行修改。如发现原来的认识有重大的偏差，除对勘查设计修改外，还应变动工程位置、增减工程个数及工程量。

（二）勘查工程的施工顺序

合理的施工顺序是顺利地进行地质勘查的重要环节。安排勘查工程施工顺序时，一定要遵循先地表后地下，先简单后复杂，先稀后密，由已知到未知的原则。在具体安排施工顺序时，应注意以下5点。

（1）在暴露或半暴露地区，应先进行地质测量，施工探槽、探井工程。若在地表地质现象未作深入分析之前就布置钻孔施工，常会使钻孔达不到设计意图，造成损失。在掩盖地区，应先开展地面物探工作，并在此基础上布置施工钻孔。

（2）在地质勘查设计的各类钻孔中，应先安排施工主导勘查线上的钻孔，然后施工基本勘查线上的钻孔，辅助勘查线上的工程一般应安排在后期施工。

（3）同一勘查线上钻孔施工的顺序，原则上应先施工浅孔，然后施工中深孔。但在掩盖地区先施工浅孔有可能落空，故应先施工中深孔，利用中深孔所获得的有关煤层产状和煤层深度的资料，推断覆盖层下煤层露头的位置，再布置施工浅孔。

（4）物探及测井的参数孔，应最早安排施工。个别孔深特别大的深孔，生产周期较长的专门水文孔、专门取样孔等，为避免拖延提交地质报告的时间，可提前安排施工。

（5）在不影响地质要求的前提下，应尽量考虑地形、交通、水源、气候等因素，为施工创造方便条件，以利于提高生产效率。例如：交通方便、水源充足的孔位可先安排施工，利用该孔施工的时间，可为其他钻孔的施工做准备，提高时间的利用率；北方如在冬季施工，可考虑安排较深的钻孔，以减少搬家的次数；高寒山区的钻孔，尽量安排在夏季施工，以减少钻场保暖的费用；东北沼泽地区的钻孔，尽量安排在冬季大地封冻时施工，以避免夏季施工时钻场安装、设备搬运、物资供应方面的困难；在山地丘陵地区施工时，雨季应安排山上的钻孔施工，以便防洪；冬季安排山沟的钻孔施工，以便防寒；南方山区的坑探工程应安排在旱季和农闲时施工，以防止工程坍塌和便于联系劳动力；农田中的钻孔最好安排在收割后施工，避免给农作物造成损失。

（三）勘查工程的施工方法

施工方法是指对所设计的各种勘查工程具体安排施工顺序的方法。常用的施工方法有依次施工法、平行施工法和平行依次施工法三种方法。影响施工方法选择的因素有三个方面：一是勘查任务所要求的工期；二是地质构造的复杂程度；三是勘查单位的人力、物力及工作区的施工条件。

若勘查任务要求的工期紧迫，就必须安排大量的勘查工程同时施工；反之，则可分批分次逐个施工。若勘查区的地质构造简单、煤层稳定，地质资料的收集、整理与编录比较容易，就可以在全区安排大量工程同时施工。当地质构造复杂，煤层稳定性差，地质分析研究比较困难时，为避免施工的盲目性，只能分批分次依次施工。若地质勘查单位的施工设备充足、技术人员素质较高，有能力对大量地质资料进行及时处理，工作区的其他施工条件能够满足大量工程同时施工的需要，则可安排大量工程平行施工。否则，只能分批次依次施工。

1.依次施工法

将所有勘查工程排列成一定的先后次序，依次逐个施工的方法称为依次施工法。依次施工时，后施工的工程是在先施工的工程所提供的地质资料的基础上确定位置并安排施工的，故地质依据充足，施工把握性大，但勘查周期较长，影响煤炭资源的早日开发利用，因此在实际工作中尽量少用。只有在掩盖地区预查阶段，由于地质资料较少，工作的探索性强，为使勘查工程的布置和施工做到有的放矢，可采用这种施工方法。在详查和勘查阶段，为追索煤层可采边界、追索断层，在勘查区的有些地段也可采用这种方法。

2.平行施工法

将所有设计的勘查工程同时施工的方法称为平行施工法。平行施工法要求所有勘查工程的布置合理有据，一经布置则再无修改的余地。按这种施工方法组织施工，勘查周期短，但必须要有和勘查工程数目相同的施工设备和地质勘查技术人员。实践证明，这种施工方法在煤炭地质勘查中是不可取的。煤矿床的规模一般较大，一个勘查区有的会有上百个钻孔，一般煤炭地质勘查单位不可能有上百台钻孔，若从其他单位调借钻机施工，远道而来只为了施工一个钻孔，会大大提高钻孔的无效工作费用，在经济上也是极不合理的。在市场经济条件下，这种施工方法更不可取。

3.平行依次施工法

根据勘查工作的设计目的和地质勘查单位的技术设备条件，将勘查工程分为几批，在各批工程之间采用依次施工的方法进行施工，每批工程内采用大致同时平行施工的方法，称为平行依次施工法。这种施工方法的优点在于前批施工的勘查工程能为后批勘查工程提供地质依据，也便于根据勘查单位的实力安排勘查工作。因此，在煤炭地质勘查中，绝大多数都采用这种施工方法。

二、勘查施工过程中的"三边"工作

(一)"三边"工作的意义

煤炭地质勘查的过程，是对客观地质和矿产情况进行调查研究和逐步深入反复认识的过程。由于地质现象十分复杂，又受着暴露程度和人们认识能力的限制，所以在编制地质勘查设计时，对某些地质情况和变化因素很难全部认识准确。因此，还必须随着勘查施工的进展，不断分析研究新获得的地质资料，根据新的情况作出新的判断，并及时调整与修改原勘查设计中不合理的部分，以保证勘查工作的顺利进行和勘查成果的质量。

做好"三边"工作，也可为编制地质勘查报告奠定可靠的基础。若对"三边"工作重视不够或未及时做好，该发现的问题没有发现，可能会造成不该打的钻孔打了，应该打的钻孔没打，施工结束后，遗留的地质问题很多，只好再次补充勘查，工程量一补再补，不仅拖延了时间，而且造成很大的浪费。即使没有遗留地质问题，由于"三边"工作没有及时跟上，平时对区内地质情况也未及时分析归纳，仅有一堆原始资料，而施工结束后一切地质分析工作都要从头做起，势必会影响地质勘查报告的按时提交。

(二)"三边"工作中的资料整理与研究

地质资料及时的整理与研究是"三边"工作的核心。随着勘查施工的进展，对不断获得的地质资料应及时进行综合整理与分析研究，并从中寻找地质规律，作出正确判断，以便有效地指导勘查工作。其工作内容包括以下几个方面。

1.原始资料的审查与校对

对原始地质资料进行全面细致的审查和校对是搞好"三边"工作的基础，要重点检查原始资料是否完整齐全，各项内容是否有遗漏和错误。例如，在检查钻孔原始资料时，要以原始班报记录为基础，对各种表格中的回次进尺、岩煤心采取率及采样质量、见煤深度、止煤深度、煤层厚度、孔斜和煤层综合资料的内容和数据等，应分别逐项进行审校。如发现问题，要及时追查清楚，并认真改正。钻孔资料的检查应从钻孔终孔前开始，钻孔终孔时就应提交经钻孔地质技术人员初步审查的资料，供测井时参考。钻孔终孔后，现场地质负责人应会同钻孔地质技术员对钻孔地质原始记录和钻探实物（岩心）再次进行现场核对后，方可认为该孔施工结束。所有工程的原始地质资料经项目技术主管最终审查确认无误后，应分类整理，妥善保存。

2."三边"图件的编制

"三边"工作中的图件，根据用途和内容的不同，大致可分为综合研究图件和勘查施工调度图件两类。

（1）综合研究图件：各种综合研究图件是在勘查施工过程中，为了随时研究分析勘查区的地质情况而编制的分析图件。这类图件是将各种勘查工程不断揭露获取的新资料，及时补充到图上，并根据判断修改图面内容，得出新的认识，用以指导勘查工作的顺利进行。在煤炭地质勘查中，常用的综合研究图件有地形地质图地质剖面图、岩煤层对比图、煤层底板等高线图和各种专题研究图件等。这些图件在"三边"工作结束时，基本上可作为编制地质报告的基础图件。

①勘查区地形地质图。勘查区地形地质图上要附勘查工程布置（掩盖区在图上反映的是基岩地质与地形的综合）。对于暴露区或半暴露区，该图的地质内容随着勘查施工进行不会有大的变化，变化的只是工程点的位置。在掩盖区，随着施工的进行，要根据新获得的地质资料，而修改煤层露头线和其他地质界线。

②地质剖面图。"三边"工作中的勘查线剖面图最初只是用已往地质资料编制的。当其余钻孔陆续施工后，随时将新获得的地质资料填绘在剖面图上，并重新修改剖面图中的地层分界线标志层、煤层及构造等内容，为下一步施工的钻孔提供开孔层位、见煤深度、断层深度和钻孔深度等编制钻孔地质设计的资料。

③岩煤层对比图。通过岩、煤层对比图，可以了解煤系的岩层、煤层和标志层等在勘查区内的变化规律，为正在施工或尚未施工的钻孔正确判定岩层、煤层和标志层的赋存位置、厚度变化提供依据，以便准确地下达见煤预告。若发现原设计钻孔不能满足地层对比的需要，还可根据对比结果调整未施工钻孔的孔位或加密工程。

④煤层底板等高线图。煤层底板等高线图是利用已有勘查工程地质资料编制而成的。随着施工的进展和新资料的不断补充，要随时研究构造形态的变化，修改原有煤层底板等高线，为指导勘查施工提供依据。

⑤专题研究图件。在勘查过程中，需要对勘查区某些突出的地质问题进行专题研究，并编制各种专题研究图件，为指导勘查施工和提交地质报告奠定基础。常用的专题图件有：煤层顶、底板岩性变化及等厚线图岩浆岩分布图、煤层等厚线图、煤层间距等值线图、煤层冲蚀分布图、煤质等值线图、煤类分布图构造体系图、基岩面等深线图及古地理图等。总之，要善于根据勘查区的主要地质问题及煤矿建设的需要，编制反映单项或多项内容的综合研究图件，找出其各自规律，为指导勘查施工或编写地质勘查报告提供基础资料和依据。

（2）勘查施工调度图：在"三边"工作中，为了便于掌握和指导各项工作的施工，通常要编制各项工程施工及工作进程的调度图。

①勘查工程施工调度图。勘查施工调度图是以地形地质图为底图，图上标有勘查线、各类勘查工程的位置、施工顺序、时间、工程进度和质量情况等，是管理人员对勘查

工程实施指挥调度的重要依据。对于钻探工程，在施工安排上一般应做到"打一、备二、考虑三"，即钻机在施工一个钻孔时，同时要做好第二个钻孔的运输、供水、供电、安装和开钻的准备工作，还要考虑第三个钻孔的施工方案。施工调度图主要用以掌握施工顺序、工程进度和质量情况，它可使勘查工作人员做到心中有数，有利于推动勘查工程的顺利进行。

②采样工作调度图。采样工作调度图是根据勘查设计中采样方案的要求，在图上标有采样前后的点位、样品种类、数量、采样方法、化验（或实验）项目、结果等的工作用图，它是评价煤质确定煤类、圈定可采边界和安排增减采样工程量的重要依据。此外，根据工作需要还可以编制出其他工程的施工调度图。

3.正式成果材料

在"三边"工作过程中，应尽早积累和编制各种内容的正式成果材料，如地质报告编写提纲、地质报告附图、附表部分章节的文字说明和插图等，以便保证在施工结束后及时提交地质报告。

（三）勘查设计的调整与修改

在"三边"工作过程中，通过对已施工工程所获得的地质资料的整理与研究，如发现勘查区局部或全部地质情况与原来预想的有新的变化，应对勘查设计进行相应的调整和修改。在修改设计前应先提出准确的地质资料依据和修改方案，并向探矿权人或有关部门汇报，经批准后方可对设计进行修改。勘查设计的调整与修改，因其变动的程度不同，可分为以下3种情况。

1.单个勘查工程地质设计的修改

单个勘查工程地质设计的修改是在工程施工过程中进行的。如某钻孔在钻进过程中，发现所见地质情况与原来的预想不符，经对新的情况分析判断后，应对未钻进孔段的预想地质柱状进行修改，以便准确确定岩、煤层的层位和见煤深度，为未钻进孔段的钻探施工提供地质依据。单个工程地质设计的修改由该工程地质技术人员负责，并及时向项目负责人请示汇报，经研究同意后方可实施。

2.工程布置的变动

在勘查施工过程中，根据新的地质认识，部分勘查工程的位置和数量可按情况进行合理的调整或增减。若发现地质情况较原来预想复杂，原来的线距和孔距不能保证勘查程度要求时，可根据需要补加钻孔和加密勘查线。工程布置的变动往往牵扯到投资的变动，若变动的幅度在原设计机动工程量之内，勘查单位可自行变动并把变动情况向探矿权人汇报。若变动超过机动工程量的范围，则应请示探矿权人，共同研究工程布置变动的方案。

3.设计方案的变动

地质勘查设计方案的变动，多数是由于地质情况复杂或已往地质资料失真导致地质情况判断错误引起的。因此，地质勘查单位在编制勘查设计前必须对原有地质资料进行认真的研究，使设计尽量做到符合地质实际，避免设计方案变动造成的经济损失，真正认识到地质勘查的风险性。设计方案的变动必须征得探矿权人同意后，方可重新编制勘查设计。

第五节　开采技术条件的勘查工作

一、勘查区（井田）水文地质条件勘查工作

勘查区（井田）水文地质勘查工作应与地质勘查工作结合进行。水文地质勘查根据勘查区的水文地质特征进行水文地质勘查类型的划分，并按不同的类型布置水文地质勘查工程。煤矿床的水文地质勘查的一般要求如下：

（1）水文地质勘查工作应在研究地质和区域水文地质条件的基础上，把含水层的富水性、导水性、补给排泄条件及向矿井充水途径视为一个整体而进行勘查和研究。对于水文地质条件复杂的大水矿区（每昼夜涌水量超过100000 m³的井田），工作范围宜扩大为一个完整的水文地质单元。

（2）水文地质勘查工作必须根据煤矿床水文地质类型和勘查区的具体条件，明确本次工作应着重研究的问题，因地制宜地综合运用各种勘查技术手段（包括钻孔简易水文地质观测、工程地质观测、水文地质测绘、水文物探、水文地质钻探、抽水试验、长期观测与采样及其他有效手段）。

（3）对各类充水矿床一般都应进行动态观测。水文地质条件复杂的大井田（矿区）应建立地下水动态长期观测网。

（4）勘查阶段的抽水试验钻孔，应结合矿井建设的需要，重点布置在初期采区或先期开采地段范围内直接充水含水层富水性强和断裂比较发育的地段或补给边界附近。

（5）大流量、大降深的孔组（群孔）抽水试验，应在地下水自然流场已经控制的条件下，布置在强富水地段。观测孔的布置应控制不同的边界条件、来水方向、强径流带及各径流分区，并注意在区域上的控制。

（6）断裂带抽水试验，应根据井田（勘查区）断裂构造发育情况及水文地质特征，

一般布置在主要井巷穿过重要断层带部位，井田内可能沟通各主要含水层或沟通地下水与地表水的主要断裂带附近，以及对井田水文地质条件有重要的补给边界断裂两侧。

（7）矿井涌水量的预算，应按下列要求进行：

①勘查阶段应根据井田水文地质特征，分析边界条件和矿井充水方式，合理选择参数及计算方法，预算第一水平正常涌水量和最大涌水量，预测矿井涌水量的变化趋势。对含水性弱的小型井，可以预算全井田正常涌水量和最大涌水量。水文地质条件简单至中等的井田，区内或邻近有水文地质条件相似的生产矿井时，一般可用比拟法预算矿井涌水量。

②预算矿井涌水量时，应充分估计到开采后自然流场的变化，某些岩层的渗透性能的改变等因素。开采浅部煤层时，要考虑大气降水、地表水及老窑水沿塌陷区的渗入对矿井充水的影响。

③对矿井地下水的综合利用的可能性和途径进行研究和评价，估算其可供利用的水量。

二、工程地质勘查工作

工程地质勘查的任务是查明勘查区（井田）的工程地质条件，评价煤层顶、底板工程地质特征井巷围岩或露天采矿场岩体质量和稳（固）定性，预测可能发生的工程地质问题。其工作要求如下：

（1）工程地质勘查应进行必要的工程地质观测及钻孔工程地质编录，还应充分发挥地面物探和数字测井的作用，有针对性地布置采样测试工作。工程地质测绘应与水文地质测绘同时进行。除探矿权人另有要求外，测绘的比例尺应与同阶段水文地质测绘相同。

（2）详查阶段一般应选择2~3条倾向剖面和1条走向剖面上的钻孔取心，做工程地质观测。在主要可采煤层顶板以上30m至底板以下20m的范围内，系统地分层采取岩样，进行物理力学性质试验。

（3）勘查阶段应根据探矿权人的要求，在第一水平或初期采区范围内，布置2~4条工程地质剖面，并结合矿井的设计方案，在主要运输大巷、石门及其他主要井巷工程附近，布置一定数量的工程地质钻孔，进行工程地质观测与编录，确定不同岩组的岩石质量指标。在主要可采煤层顶板以上30m至底板以下20m的范围内，系统地分层采取岩样，进行物理力学性质测试。区内或附近有生产矿井资料可利用时，可酌情减少采样及测试工作。

（4）露天边坡勘查工作的重点是先期开采地段中的长久性边帮地段。

（5）露天边坡勘查和剥离物强度勘查，均应结合地质、水文地质勘查进行，以充分利用地质、水文地质勘查钻孔，做到一孔多用。只是在没有地质、水文地质钻孔可供利用时，才布置专门勘查钻孔。露天工程地质勘查应综合使用工程地质测绘、钻孔工程地质观测、岩石物理力学性质试验、物探测井等手段，综合研究各种物性参数和物理力学试验指标之间的关系。建立工程地质—水文地质综合柱状图（表），而进行岩石强度、弱层、弱面的分析对比。在地形条件复杂的地区，应调查滑坡、崩塌等物理地质现象，研究自然边坡的稳定性。

三、环境地质工作

（一）环境地质工作的任务

环境地质工作的任务是在综合研究勘查区（井田）的自然地理、地质环境现状的基础上，对在煤矿建设和生产过程中可能产生的生态环境问题及环境污染进行预测和评价。

（二）各勘查阶段的环境地质工作

（1）普查阶段要调查区域及勘查区的自然地理及地质环境现状，了解区域性历史地震及地震烈度、新构造活动，了解已有工业对环境的影响程度，必要时可对污染源（物）采取少量代表性样品进行分析化验。

（2）详查阶段应结合水文地质、工程地质勘查，了解勘查区内环境污染的主要因素及其危害程度，并对勘查区内已有污染源（物）采取代表性的样品进行分析化验。对勘查区环境地质作出初步评价。

（3）勘查阶段应进行以下工作：

①区域稳定性调查，应着重收集矿区附近历史地震资料，调查矿区（井田）地震烈度和新构造活动特征，对区域稳定性作出初步评价。

②详细调查井田内的滑坡崩塌、泥石流（洪水泛滥）等自然地质灾害，对开采后可能产生的滑坡、崩塌、地面下沉、水位下降、海水入侵、污水倒灌及生态环境改变等环境地质问题及其发展趋势进行定性预测，提出防治建议。

③基本查明井田内地表水、地下水，以及煤层、矸石和围岩中的有害物质的含量，对已存在的污染，应查明污染源和污染途径，采取一定数量的样品进行化验，对其污染程度进行评价，提出防治建议。

④当井田内有热水（气）时，应当调查其分布、水质、水温、水量、水中气体及其化学成分，了解热水（气）的补给、径流、排泄条件及其成因。

四、与煤矿安全生产有关的环境地质工作

（一）煤层瓦斯

（1）各阶段对煤层瓦斯的勘查研究工作，既要为煤矿设计和建设提供瓦斯地质资料，对煤与瓦斯突出的可能性进行预测，又要将煤层瓦斯作为重要的气体能源资源进行勘查和研究，并作出相应的评价。

（2）普查阶段应有两条勘查线上的钻孔，分别在不同深度采取各可采煤层的瓦斯煤样，测定煤层的瓦斯成分和含量，初步划出各主要可采煤层二氧化碳—氮气带的下限。

（3）详查阶段应在不少于3条勘查线上选择钻孔，系统采取各可采煤层的瓦斯煤样，测定各煤层的瓦斯成分和含量，初步确定各主要可采煤层的二氧化碳—氮气带氮气—沼气带与沼气带的分界，了解煤层瓦斯成分和含量在垂向上的差异。采样点的密度一般应为 0.2 点 $/km^2$ ~ $0.4/km^2$。

（4）勘查阶段的瓦斯工作应根据不同情况分别对待：

①详查阶段初步确定属二氧化碳—氮气带各种气体成分的总量不超过 $5m^3/t$ 煤的井田，勘查阶段基本可不再补充采样工作。

②详查阶段初步确定属氮气—沼气带的井田，勘查阶段在井田倾向上的控制应不少于3条勘查线，采样点密度为 0.5 点 $/km^2$ ~ 1.5 点 $/km^2$ 采样点应着重布置在第一水平。

③详查阶段已初步确定属沼气带的井田、氮气—沼气带与沼气带并存的井田及二氧化碳含量大于 $5m^3/t$ 煤的井田，应对其沼气（或二氧化碳）含量高的重要可采煤层严格加密取样控制，采样点数应占见煤钻孔数的50%以上，采样点应着重布置在第一水平。

④属氮气—沼气带的井田、沼气带的井田、氮气—沼气带与沼气带并存的井田及二氧化碳含量大于 $5m^3$' $/t$ 煤的井田，勘查阶段应详细研究各主要可采煤层的瓦斯成分、含量及其变化梯度，进一步划分瓦斯带，结合井田构造、含煤地层岩性、煤层厚度及煤质、水文地质、地温及其他地质条件，分析影响瓦斯赋存的地质因素，对其中主要的含瓦斯煤层，以及背斜轴部、主要构造带附近、厚煤包等适于瓦斯富集的地段，应适当加密采样，必要时应采取煤层直接顶、底板样，了解围岩中瓦斯赋存情况。

（二）煤尘爆炸性的鉴定

在勘查阶段各可采及局部可采煤层，均应有2~3个样品进行煤尘爆炸性鉴定，测定其火焰长度及最低岩粉用量，作出有无爆炸危险性的明确结论。有生产矿井可供利用的煤层，可酌情少做采样试验工作。

（三）煤的自燃趋势试验

在勘查阶段各可采和局部可采煤层，均应采取3～6个样品，确定煤的自燃等级。结合井田内或毗邻生产矿井或小煤矿的有关资料，对煤的自燃趋势和引起自燃的因素作出评价。

（四）地温

1.地温的测量

地温测量是用测温仪器，通过测量钻孔中不同深度的井液（泥浆或清水）的温度，或在巷道中打测温钻孔测量围岩的温度而获得的。

（1）钻孔测温：在钻进过程中，由于钻头与岩石摩擦生热和井液的循环冷却使围岩的原始地温受到干扰，停钻后立即测温，所测井液温度不能代表钻孔的岩温。若要测量真实的原始地温，必须在停止孔内一切操作后，静置一段时间，待井液温度与围岩温度完全达到平衡时，所测井液温度才能代表原岩温度。前者为瞬态测温曲线，后者为稳态测温曲线。停止孔内一切操作后，静置一段时间，但井液温度与围岩温度未完全达到平衡时，所测井液温度曲线为准稳态测温曲线。

非稳态测温（瞬态、准稳态）时，钻孔内深度不同，温度也不同。上段井温比原始地温高，下段井温比原始地温低。上下两段之间的过渡带，称为中性段或中性点，此处井液温度基本和围岩地温相平衡。钻孔测温的方法有稳态测温和瞬态测温。

①稳态测温。指井液温度与围岩温度已达到平衡。具体要求是，停钻后每天测温一次，一直测到最后两次测温曲线重合为止。稳态测温资料可靠，但费时多，需套管护壁，因此只能在极少数控制钻孔中进行。

②瞬态测温。中间停钻或终孔后短时间内的测温。具体要求是，测出2条以上的钻孔瞬态测温曲线，这2条曲线有一个共同的交点，即为中性点的温度。测量时，两次测温间隔不少于12h，测点间距为20m。

（2）巷道测温：巷道内打浅孔直接测定各个地点及不同深度岩石的初始温度。巷道内测温钻孔宜选在受通风冷却或者加热影响最小的地方，如岩石掘进工作面及回采工作面的回风巷道，在这些地方利用炮眼或深约1m的浅孔就可测得岩层的初始温度。一般情况下，孔内温度在成孔后20～30min趋于稳定，而此时测温数值是该位置岩石的温度。对于比煤和泥岩坚硬的岩石，钻头摩擦生热大，所需时间要长一些。

2.测温资料的整理

钻孔测温后，首先对观测资料进行分析研究，然后根据测得的数据绘制垂直深度与温度变化曲线。对于瞬态测温的钻孔，如果各层段的岩性相差不大时，可把孔底、中性点和恒温点三个特征点连接而成近似真实的井温曲线。

3.矿区地温预测及分级

（1）矿区地温预测指利用浅部测温资料预测深部的地温条件，它是在对矿区地质构造及矿区地温场特点具有正确认识的基础上进行的。因此，地质基础资料和矿区浅部实地测温资料是进行矿区地温预测工作的重要基础资料，从而决定预测的精确程度。矿区地温预测图件有地温剖面图、水平地温等值线图、煤层地温等值线图及地温梯度等值线图等。地温预测图件是煤矿开拓、开采与通风设计的地质依据。

（2）矿区地温的分区分级：根据地温梯度的大小，将矿区地温划分为地温正常区与地温异常区。地温正常区：指平均地温梯度小于3℃/100m的地区。地温异常区：指平均地温梯度大于3℃/100m的地区。依据原始岩温的大小，可将热害区分为二级。一级热害区：指原始岩温在31℃～37℃之间的地区。二级热害区：指原始岩温大于37℃的地区。

4.各勘查阶段的测温工作

（1）普查阶段应收集和分析区内有关地温资料，根据具体情况选择少部分钻孔进行简易测温。测温钻孔的分布应尽量考虑对不同构造部位和深度的控制。

（2）详查阶段应在地温异常区或可能出现高温的地区，选择不少于50%的钻孔进行简易测温，并在其中选择2～4个钻孔进行近似稳态测温。普查阶段未发现地温偏高，条件类似的相邻地区亦未发现有高温生产的矿井，且煤层埋藏深度小于500m时，本阶段一般可以不做地温工作。

（3）勘查阶段的地温工作，应根据不同情况分别对待：

①前阶段已确定为无高温异常的地区，一般不再做测温工作。

②前阶段已初步确定属于地温梯度正常为背景的高温地区，应在井田深部少数钻孔以及选择部分穿过断层或见岩浆岩的钻孔进行简易测温，并选择少量有代表性的钻孔隙近似稳态测温，进一步了解地温变化。

③在以地温异常为背景的高温区，勘查钻孔一般应做简易测温，并选择2～3个钻孔隙近似稳态测温，以查明区内不同深度以及各构造部位的地温变化和地温梯度，并圈定高温区的范围。

④由地下热水引起高温的地区，应结合水文地质勘查工作，了解热水的水量、水质、水温及其补给、径流和排泄条件等。

⑤测温钻孔一般应布置在向斜或背斜轴部、大断裂两侧、含煤地层基底的隆起部位、岩浆侵入体边缘和勘查区深部等不同部位，并注意在面上的控制和编制地温剖面图、等温线图等的需要。

第六节　露天煤矿的勘查工作

一、露天煤矿勘查条件

（1）在详查或相当于详查工作程度的基础上，认为适于露天开采的地区，在勘查阶段，可在规划为露天煤矿的范围内，按露天煤矿要求进行勘查。

（2）煤层埋藏浅，其厚度大、倾角小，利用露天方式开采在技术上经济合理。

露天煤矿的勘查界和开采边界，是按深部境界剥采比的要求划定的。在地质勘查过程中，无法直接获得真正的深部境界剥采比，只能按深部境界附近的钻孔资料求得岩煤比，视为近似的境界剥采比，并以此会同煤矿设计部门和探矿权人，确定露天煤矿深部的勘查边界和开采边界。

二、露天煤矿勘查工作程度要求

鉴于露天煤矿开采的特殊性，在进行地质勘查时，除按照勘查阶段的工作程度要求外，还应符合下列条件：

（1）复煤层按分煤层基本对比清楚。

（2）严格控制先期开采地段煤层露头的顶底界面及煤层露头被剥蚀后的形态，露天开采的最下一个煤层露头，其底板深度的误差应控制在5m以内。

（3）详细查明先期开采地段内落差大于10m的断层，控制褶曲的产状，褶曲轴部的标高应控制在10m以内。查明作为露天边界的断层，以及露天境界以外可能影响露天边坡稳定性的断层。

（4）详细查明各煤层的夹矸层数、厚度、岩性，对不能分层剥离的夹矸和在开采时可能混入煤中的顶底板岩石，均应了解其灰分、硫分、发热量和真密度及视密度等质量特征。

（5）基本查明剥离岩层中赋存的其他有益矿产，对具有工业价值的其他矿产，应提交必要的地质资料。

（6）详细查明露天开采的最下一个可采煤层顶板以上各含水层，以及煤层底板以下的直接充水含水层的分布、厚度及水文地质特征，计算露天开采第一水平的正常涌水量和最大涌水量，评价露天疏干的难易程度。

（7）基本查明露天边坡各岩层的岩性、厚度、物理力学性质、水理性质，详细了解软弱夹层的层位、厚度、分布及其物理力学特征，评价影响边坡稳定性的主要地质因素，基本查明露天剥离物的岩性、厚度、分布及其物理力学性质。

三、露天煤矿勘查工程布置的原则

露天煤矿的生产方式和矿井生产截然不同，故在勘查工程布置时，必须根据露天开采的特点，按其特定的要求进行。露天煤矿勘查工程布置的原则是：

（1）按勘查阶段煤矿床的勘查类型确定基本勘查线距，勘查工程的布置除满足勘查阶段对构造、煤层、煤质和开采技术条件控制程度的一般要求外（不包括矿井开采的特殊需要），还应满足露天开采的特定要求。

（2）对于露天煤矿的初期采区内，应采用平行等距削面进行加密控制，其剖面间距可为井田勘查阶段先期开采地段基本线距的1/2。

（3）必须按要求进行露天边坡及剥离物的勘查。

四、露天边坡的分类及勘查工程的布置

（一）露天边坡的分类

按构成露天边坡岩层的岩性、物理力学性质和结构面的发育程度，露天边坡可分为三类。

1.第一类松散岩石类

（1）一型：岩性比较单一，不含水或者虽含水但易疏干。

（2）二型：岩性组合比较复杂，各岩层的渗透性能差别较大，含水不易疏干，泥岩遇水极易软化变形。

2.第二类半硬岩石类

（1）一型：岩性比较单一，构造简单，岩层不含水，或者含水但易于疏干，软弱夹层不甚发育。

（2）二型：岩性组合比较复杂，含多个软弱夹层，各类结构面发育，岩层含水，水压较高。

3.第三类坚硬岩石类

（1）一型：岩层倾角平缓，种类结构面不发育，地下水位深，含水不丰富，软弱夹层（面）较少。

（2）二型：岩层倾角较陡，种类结构面发育，含水层含水丰富，水压高，软弱夹层

（面）发育。

（二）露天边坡勘查工程的布置

（1）第一类第二类边坡地区，可垂直非工作帮走向布置勘查剖面，其中一型地区可布置1~2条剖面，二型地区2~3条剖面，每条剖面上一般可布置2~3个钻孔。垂直于端帮可布置1~2条勘查剖面，每条剖面上布置2~3个钻孔。边坡勘查钻孔深度，一般应超过最下一个可采煤层底板50m，并有适量钻孔布置在地表边坡线以外，以控制上覆松散沉积物及非工作帮煤层底板岩层的露头地段。

（2）第三类边坡地区，非工作帮可布置一条勘查剖面，或沿非工作帮走向布置3个钻孔，端帮布置2~3个钻孔。

五、露天剥离物的分类及勘查工程的布置

（一）剥离物的分类

按剥离物岩层的岩性和物理力学性质，可将剥离物分为三类。

1.第一类松散岩层及软岩类

岩石抗压强度一般小于6MPa，可以采用连续开采工艺。

2.第二类中硬岩类

（1）一型：剥离物强度比较均一，岩层（岩组）对比比较容易，岩层强度在平面上变化较小，或者具有明显规律性。

（2）二型：剥离物强度不均一，岩层（岩组）对比比较困难，岩层强度在平面上变化较大，且硬岩含量较高。

3.第三类硬岩类

岩石的抗压强度一般均在15MPa以上，不能采用连续开采工艺。

（二）露天剥离物勘查工程布置

勘查线应沿岩石强度变化的主导方向布置，勘查线距应根据岩石强度的均匀程度来决定。在先期开采地段内，第一类地区可选择少量地质、水文地质钻孔取心，进行采样试验，必要时组成工程地质剖面。二类一型地区线距为800~1200m；二类二型地区线距400~800m。三类地区线距2000~3000m。

第七节　小煤矿勘查工作

小煤矿是指年生产能力在9万t以下的煤矿（不含9万t）。对于煤炭资源贫缺的地区，为了地方经济的发展及充分开发煤炭资源，对宜于建设小煤矿的井田，而进行必要的地质勘查工作。小煤矿的地质勘查可以按以下要求进行。

（1）小煤矿勘查应在大比例尺地质填图或普查的基础上，无须再按勘查阶段进行地质勘查，可按照一次勘查完毕的原则进行，提交小煤矿勘查报告。

（2）小煤矿勘查的工作程度，应根据探矿权人的实际需要，参照普查最终的工作程度研究确定。计算推断的和预测的资源量，其中推断的资源量的比例一般可为20%～50%。推断的资源量应分布在浅部和首先开采的地段。普查（最终）工作程度的一般要求是：

①基本查明井田的构造形态和初期采区内的主要构造，详细了解井田的构造复杂程度。

②初步查明可采煤层的层数、层位、厚度、结构和可采范围，适当加密控制初期采区范围内煤层的可采边界。

③初步查明可采煤层的煤质特征，基本确定煤类及其分布，详细了解其他有益矿产的工业价值。

④水文地质条件及其他开采技术条件等方面的勘查程度，应根据井田的具体情况参照勘查阶段工作程度的相应要求进行。

（3）地质填图是小煤矿勘查的基础工作。在岩层裸露或覆盖层不厚的地区，应配合槽井探、浅钻，以及老窑和生产矿井调查等，充分地进行地面地质研究。地质填图的比例尺一般为1∶5000，在没有对地面地质进行充分研究之前，不应开展钻探和坑探等工作。

（4）凡地形和地质条件适宜的地区，应以坑探作为小煤矿勘查的重要手段。坑探的布置应考虑以后能否为小煤矿开发所利用（浅井或斜探井在小煤矿开发建设时可以作为生产井口）。

（5）钻探工程的布置，应根据小煤矿勘查的特点，有针对性地布置在煤层浅部的先期开采地段或井口位置附近，以加大对煤层和构造的控制。

（6）对于拟建年产3万t以下小煤矿的井田，一般只进行地面地质工作。确有必要时，可以布置少量控制性钻孔。

（7）所有勘查钻孔中的可采煤层均应采取煤心煤样，并应从探井或已有小煤矿中采取煤层煤样。煤样的测试项目主要是原煤和浮煤的工业分析、全硫、发热量、浮煤的黏结指数、胶质层以及密度等，必要时可增测其他项目。一般不作筛分浮沉或试验，确有必要时，可采取简易可选性试验煤样。

（8）小煤矿勘查的水文地质工作，应根据勘查区的具体情况确定。一般应进行水文地质测绘（比例尺为1∶5000）。勘查钻孔应进行简易水文地质观测。必要时，可选择有代表性的井、泉和小煤矿进行长期观测。一般不做抽水试验，确有必要时，可对直接充水含水层进行1～2次抽水试验。

（9）对其他开采技术条件的研究，应充分利用邻近的老窑和已有小煤矿的资料。确有必要时，可在先期开采地段的钻孔中采取顶、底板岩石的物理力学试验样、煤层的瓦斯样及其他样品。

第五章 泥炭、煤层气及其他有益矿产的勘查与评价

第一节 泥炭的地质勘查

一、泥炭的概念与特点

泥炭是高等植物遗体在沼泽过湿和缺氧环境中不完全分解而形成的富含水、有机质和腐殖酸的松软地质体。

泥炭的颜色棕到棕黑色、疏松、水分含量35%~45%。泥炭中的有机质称为腐殖物质，含量一般在50%~80%，它包括变化程度不等的植物残体和很细的无定形物质。此外，泥炭中还含一定量的矿物质，含量多少与泥炭形成条件有关。泥炭的化学组成复杂，泥炭的有机质通过系统分离可以得到沥青、腐殖酸、易水解的化合物（如糖类）、纤维素和木质素等。其中，腐殖酸含量大都在50%左右。泥炭中有机质的元素组成主要是碳、氢、氧、氮和硫。通常泥炭的分解程度越高，碳含量越大，氧含量越小。

二、泥炭的勘查方法

（一）泥炭预查

依据区域地质资料或预测资料，进行初步野外观测和极少量工程验证后，提出可供普查的地区。有足够依据时，可估算预测的资源量。

（二）泥炭普查

1.目的

初步查明泥炭资源的分布、资源量和质量，为进一步详查提供依据。

2.任务

（1）初步查明区内泥炭的分布面积、矿层层数及其厚度、质量情况。

（2）初步了解泥炭赋存的地质、地貌及水文地质条件和泥炭的成因类型。

（3）估算推断和预测的资源量，其中规模较大的矿床推断的资源量所占比例一般不少于70%。

（4）初步评价泥炭的开采利用技术经济条件。

3.工作方法

（1）收集资料。查阅前人有关工作成果，研究区域地质、水文地质和第四纪地质及航片、卫片等有关资料，确定成矿远景区。

（2）访问、踏勘、了解泥炭资源的分布和开发利用情况，编制普查工作设计。

（3）野外工作底图，一般可选用1：50000的地形图（有条件地区可选较大比例尺）或水文地质图、第四纪地质图。较大矿区要圈定范围。

4.勘查手段和施工要求

（1）必须从地质目的和经济效果出发，根据地质、地形及泥炭埋藏条件矿层厚度，因地制宜选择探矿工具和手段。

（2）根据野外具体情况和取孢粉、^{14}C样品等需要，可布置适当的探坑与探井。有条件的地区可采用遥感技术，配合一定的地面工程，提高普查工作的速度。

（3）泥炭勘查工程控制程度要求。根据泥炭矿床规模、形态特征、埋藏状况以及圈定矿体的难易程度等，划分为两种勘查类型：简单型和复杂型。

①简单型：矿区规模大，矿体裸露地表或埋藏浅，形态规则，结构简单，矿层为水平层状，厚度稳定。

②复杂型：矿区规模较小，矿体探埋，形态不规则，结构复杂，矿层厚度变化大。在研究地质特征的基础上，综合分析各种因素，确定勘查类型和相应的工程网度。对于较大矿点，可视其所处的地形、分布面积及矿体形态，首先布置穿越矿体中心的纵、横两条勘查线，然后按工程网度进行施工。钻探施工时，遇到矿层变化大，可采用插入法或结合地形特征补打追索孔，以基本查明矿体变化和圈定矿体边界为原则。

5.取样和样品分析

（1）取样数量。含矿面积小于0.5km²的矿点取1～3个，含矿面积大于0.5km²的矿点不应少于3个，以能确定泥炭质量及进行综合利用初步评价为原则。对含矿面积小于0.1km²

的矿点，如有参考数据或经肉眼鉴别大致能确定泥炭质量的，一般可以不取样，但要注意样品的代表性。

（2）取样方法。据具体情况可采用探坑（井）刻槽或钻孔取样，并要作详细的取样记录。对较薄的矿层（小于1m），可取混合样。当矿层较厚、质量变化较明显时，应进行分层取样。取孢粉、^{14}C样品以探坑（井）为宜。必须保证样品的质量，切忌污染。

（3）样品质量。现代沼泽中的裸露泥炭，湿样质量不应少于2kg；埋藏泥炭样质量不应少于1kg。

（4）包装与送样。样品包装一般用塑料袋或其他不易污染的材料，样品标签放于两层塑料袋之间或折扎于样品袋上部，并在外面贴上有编号的胶布。理化分析样要阴干后及时送交分析化验。

（5）泥炭样品的采样数量和一般分析项目。主要根据综合利用评价的需要而定。普查阶段所取的泥炭样品，一般应进行物化性质分析测试。一般分析项目包括：颜色、自然含水量吸湿水、干容量、纤维含量、pH值（水浸盐浸）、全硫、发热量、粗灰分、有机质、总腐殖酸、全氮、全磷、全钾。为了合理利用泥炭，在普查区内还应选择少量有代表性的样品进行硫成分、灰成分（Si、Al、Fe、Ca、Mg、K、Na等的氧化物）分析，有机组成（总腐殖酸、黄腐酸、棕+黑腐酸、沥青A、纤维素、半纤维素、木质素）分析，微量元素光谱半定量分析及元素组成（C、H、N、O、S）分析。此外，还应选择有代表性的少量剖面系统采样进行孢粉、植物残体分析，有条件的应尽可能进行^{14}C年代测定。

（三）泥炭详查

对普查圈定的详查区，通过大比例尺地质填图及多种勘查方法和手段，进行比普查阶段密的系统取样，对详查区泥炭资源作出是否具有工作价值的评价。必要时，圈出勘查范围，并估算控制的推断的和预测的资源/储量，其中控制的资源/储量所占比例一般不少于30%。

（四）泥炭勘查

1.目的

在泥炭详查圈出的范围内，详细查明矿体的规模、储量和质量，作出综合评价。为开采提供必要的技术设计资料。

2.任务

（1）详细查明泥炭分布范围、面积和矿层厚度、层数及泥炭质量变化规律。

（2）详细查明泥炭赋存的地质地貌及水文地质特征，确定泥炭的成因类型和形成时代。

（3）准确圈定矿体边界，控制矿层变化，估算探明的、控制的、推断的资源/储量，其中探明的资源/储量所占比例一般不少于30%。

（4）评价泥炭开采利用技术经济条件。

3.工作要求

（1）地形地质测量选用地形底图比例尺一般以1∶5000至1∶10000为宜（有条件的可选用更大比例尺），通过地质填图基本查明矿区地层层序、岩性组合、层位时代，观察点密度以能基本控制地质体为原则。

（2）进行水文地质调查工作，查明地下水和地表水的补给、排泄条件，计算涌水量。

三、泥炭资源的评价

（一）泥炭资源/储量估算

1.泥炭品级和资源/储量

泥炭品级取决于有机质的含量，分为有机质含量30%～50%的准泥炭和大于50%的泥炭两个品级。根据泥炭矿产资源本身的特殊性，其资源/储量分类条件（按地质研究程度）如下：

（1）探明的。指矿区开采设计依据的资源/储量，其条件为：

①控制矿体形状、产状及厚度变化，能准确圈定边界。

②划分泥炭品级，掌握泥炭质量变化规律。

③查清影响矿体储量的夹层。

④查明覆盖层的厚度、岩性和岩相变化。

（2）控制的。指确定进一步部署勘查和制定泥炭资源开发利用规划为依据，其条件为：

①基本控制矿体的形状、产状以及矿层厚度变化，主矿体边界必须用工程控制。

②基本确定品级和质量变化。

③应查明对影响矿体较大的泥沙、腐木等夹层。

④初步了解覆盖层的厚度、岩性和岩相变化。

（3）推断的。为进一步布置地质详查和矿山建设所探求的远景规划量，要求对矿体范围、矿层厚度、产状和质量有初步了解。

（4）预测的。对具有赋存泥炭资源的地区经过预查，有足够的资料数据估算出的资源量。泥炭资源/储量分类可行性研究程度和经济意义，参照煤炭的资源/储量分类中的相关内容。

2.资源/储量估算的一般规定

（1）估算指标。泥炭有机质含量不小于30%。切忌将有机质含量小于30%的腐泥、腐殖土、黑土等列入泥炭。泥炭层厚度为裸露泥炭（不包括现代沼泽地表的草根层）不小于0.3m；埋藏泥炭层厚度不小于0.5m；剥采比应小于3。

（2）复杂结构矿体资源/储量的估算：当夹层不小于0.1m，应当剔除，并分层估算资源/储量。

（3）泥炭资源/储量是按实际探得的资源估算的，估算不包括采空区。

（4）估算单位以干重（万吨）计。

（二）资料编录、综合研究和报告编制

（1）原始资料编录工作的基本要求如下：

①按勘查设计的要求和有关规程的规定，各种勘查工程的原始记录和数据资料必须齐全、准确、真实、可靠。

②对自然露头和各种勘查工程所处地的地质、水文地质现象，都必须按规定的内容和要求进行观测、鉴定和描述。各种观测、测量记录资料，都应及时进行处理、解释和整理。

③原始资料编录的工作程序、格式、内容、表达形式、术语等，均应符合有关标准的规定。

④各种原始记录、原始编录资料以及岩心、样品、标本等实物资料，必须按有关规定的要求妥善保管，建立完整的原始资料档案。

（2）按照"边勘查施工，边分析研究资料，边调整修改设计"的原则，对各种勘查技术手段所取得的资料，均应进行及时且充分的分析研究和利用。地质报告应综合反映各种勘查技术手段和研究方法所取得的成果。

（3）各阶段地质报告的编制，原则上应按有关地质报告编写规范规定的要求进行。在实际编制工作中，应根据勘查区（井田）的实际情况，对有关规定的要求进行适当的调整和补充，以使报告内容重点突出，方便使用。

第二节 煤层气的地质勘查

一、煤层气的勘查方法

由于煤层气藏的特殊性和煤层气开发项目经济状况的不确定性，为了合理、有效地开发一个地区的煤层气资源，因此特别需要有正确的策略和工作步骤。煤层气田（藏）储层具有不均质性，其含气性和产能等也是有差别的，宜实行滚动勘查开发。通常，一个煤层气开发项目的实施，要经过开发潜力的初步评价、小型试验性开发、项目可行性论证、大规模工业性开发等不同阶段。将大规模工业性开发前的各项工作统称为煤层气勘查阶段。

（一）煤层气勘查

煤层气勘查是指在充分分析地质资料的基础上，利用钻井、地震、遥感以及生产试验等手段，调查地下煤层气资源赋存条件和赋存数量的评价研究和工程实施过程。煤层气的勘查可分为选区和勘查两个阶段。

1.选区

选区主要根据煤炭地质（或其他矿产地质）勘查（或预测）和类比、野外地质调查、小煤矿揭露，以及煤矿生产所获得的煤资源和气资源资料进行综合研究，以确定煤层气勘查目标为目的的资源评价阶段。根据选区评价的结果，可以估算煤层气推测资源量。

2.勘查

在评价选区范围内实施煤层气勘查工程，通过参数井或物探工程获得区内关于含煤性和含气性的认识，通过单井或小型井网开发试验，从而获得开发技术条件下的煤层气井产能情况和井网优化参数的煤层气勘查实际实施阶段。可以根据勘查结果，计算煤层气储量。

（二）煤层气的勘查方法

煤层是赋存煤层气的储层，煤炭地质勘查程度和认识程度既是煤层气勘查部署的重要基础，也是煤层气资源/储量评估的重要依据。因此，在煤炭地质勘查的各个阶段必须同时对煤层气进行勘查评价。预查阶段，应开展野外和邻近矿井煤层气地质调查，了解煤层割理发育情况及方向，调查邻近矿井瓦斯情况，对煤层气勘查研究的重点在普查阶段。煤层气的勘查评价工作应与煤的普查同时部署，同时进行。要着重了解勘查区内煤层气赋存的基本特征，并对其进一步工作的前景作出评价。当发现勘查区主要可采煤层的煤层甲烷含量等于和大于8m³/t时，应选择钻孔对主要煤层进行试井，测试煤层的渗透率、储层压力及地应力，并采取煤心进行含气量测定、镜煤反射率测定和吸附试验，以获得煤层甲烷地面开发可能性的数据。必要时还应进行泥浆录井（气测井）工作，如发现具有一定资源前景的煤层气时，应在地质报告中加以评述，必要时应提交煤层气勘查的专门性地质资料。

1.选区阶段

（1）目的和任务：选区阶段的任务是对勘查地区煤层气的生产潜力进行初步评价，主要进行地质评价。利用地质评价所获得的数据和资料，可以估计煤层气资源的前景。目的是从不同勘查区的评价结果中选择开发有利的目标区。

（2）基本工作方法：①资料收集及地质评价。收集资料、野外调查、样品化验、数据测试、编制相应的分析图件，进行地质评价。如收集区内和邻区的地质、水文、物探、航空和航天遥感资料、各种地质报告、科研报告和专题论文等，进行野外踏勘、取样，对邻近矿井煤层气进行地质调查，了解煤层内孔隙和节理发育情况及邻近矿井的相对瓦斯涌出量和绝对瓦斯涌出量。进入煤炭地质勘查的普查阶段后，通过采样及样品化验，从而得出煤的孔隙率、裂隙率、节理发育的主要方向、煤层气含量、煤层气压力等参数，并编制出有关的相应地质图件。地质评价的主要内容有：区域地质分析包括地层构造、岩浆岩、地质发展史及水文条件等。煤储层的几何形态包括煤的沉积盆地类型和沉积环境、煤储层的几何形态。煤岩和煤质包括煤岩、煤质、煤级等。

②煤层气资源量估算。在相关的分析图件的基础上（如煤层气含量等值线图），确定计算参数、选择计算方法、确定采收率等。煤层气资源/储量估算的参数有：有效含煤面积煤层厚度、煤层视密度、煤炭储量、煤层气含量。资源/储量计算方法有：容积法、气藏数值模拟法、物质平衡法。确定采收率的方法有：类比法、等温吸附曲线法、气藏数值模拟法。

2.勘查阶段

（1）目的和任务：煤层气勘查阶段的目的是为煤层气的工业实际开发打下前期基础，其主要任务是：

①通过测试井（参数井）或物探工程获得区内含煤性和含气性的综合资料。

②通过测试井（单井或小型井网）开发实验，获得煤层气开发的气井产能情况和井网优化参数。

③计算区内的煤层气储量。

（2）基本工作方法：勘查阶段主要包括测试井（单井或参数井）勘查评价和小型井网试验性开发两个阶段。

①测试井勘查评价。在地质评价的基础上，选择具有开发潜力的地区，布置施工一些单独的煤层气测试井。利用这些测试井进行勘查评价的目的：一是直接获得煤层厚度、质量、气含量等重要参数，以尽可能详细地确定煤层气资源量；二是进行试井（包括地层测试和生产试验），以便初步评估煤层气资源的生产潜力。为了实测一些重要的煤储层参数，特别是取得气含量和渗透率等的实测数据，测试井设计应考虑在主要层段进行取心和试井测试。

测试井施工的一般要求。测试井应在主要含煤层段进行取心，岩心采取率一般不得低于80%；煤心采取率要达到90%，且层位要准确。为了较精确地进行气含量测定，应尽可能快地将煤心从井下提到地面，在条件允许的情况下，优先使用绳索取心钻探方法。为了获取高质量的数据，钻井的井径应规整，尽可能避免扩径和缩径现象。每百米孔斜不能超过1°，因此要求以较慢的速度钻进。钻井液类型及性能要求严格，即应尽可能低地污染煤储层，所形成的泥皮的强度不能高，同时又必须确保孔壁稳定，避免孔垮落。从不污染煤储层的角度，在煤层段应采用清水钻进。实践表明，对于某些煤层，清水钻进不能维护孔壁的稳定，以至于无法继续钻进和进行取心及试井作业。这时，要选用其他合适的钻井液。

进行测试井试气的目的是定性地评价目标层段的生产潜力。在数据采集后，在试验、分析的基础上，对测试井实施增产强化措施，进行采气试验。一般情况下，测试井都是单井试验，不会有井间干扰的影响，所以测试井的产气动态不能代表气田大规模开发后的动态。因此，测试井一般都只进行短时期的产气试验（2周至6个月），这种试验可评价煤层的渗透率，比试井所获得的渗透率更客观。在多煤层的测试井中，应尽可能地对各主要目标煤层（段）进行单独试验，以评价不同煤层（段）的生产潜力。

在数据采集和产气试验的基础上，利用煤层气藏模拟系统，对有关数据和生产试验结果进行历史拟合，从而对每个主要目标层段建立起完全的储层描述。这些经历史拟合"校正"过的储层描述，可用来评估每口测试井附近地区煤层气藏的开发潜力。如果评估结果能显示某地区具有较高的经济开发潜力，就可以考虑进行小型试验性开发，以进一步评价该地区的生产潜力。

②小型井网试验性开发。当煤层气测试井所提供的资料不足以作出大规模井组开发的决定时，就应该通过小规模的井组试验以获取足够的信息，即进行小型井网试验性开发。根据国内、外的勘查开发实践，这一阶段是必需的。小型试验性开发的主要目的是确定煤层气藏气体的产出能力，其次是明确测试井所获得的气含量和渗透率数据，以及评价井间干扰效果对产量动态的影响。另外，由于煤层渗透率的变化非常大，根据单井试验所

预计的产量其推测性也很大，所以通过小型试验性开发就可以减少由很大的推测性带来的风险。

如果地质评价和测试井勘查评价资料显示有利于开发，为了进一步评价生产潜力，就要设计并实施小型试验性开发。由于煤层气生产的变化性很大，并受井间干扰的强烈影响，所以试验性开发井应布置成井网（如方格网式、三点式或五点式），以便较准确地评价煤储层的生产潜力。小型试验性开发的主要目的是确定目标层段气体的可采性，其次是进一步证实测试井所获得的气含量和渗透率数据。

在2～3口井中对主要煤层段采取煤心，以便实测气含量和等温吸附特征，进行煤质分析。这些资料也可用来建立标定测井曲线数据库。在每口井对所有主要含煤层段进行地球物理测井。应尽量根据煤心试验结果来标定测井曲线，以便在未来工业性开发井中利用测井曲线对关键的储层参数进行评估。至少在1口井中对主要目标层段进行试井和原地应力试验，以获得渗透率和压裂设计所需要的力学性质参数。同时，在1～2口井中进行压裂后试井，以便定量评估压裂效果。

采气试验的目的是从试验井中获得有用的产量数据。采气试验持续的时间大致为6～12个月，或者直到产生明显的井间干扰效果。为了收集到有意义的数据，保持作业的连续性和尽量减少停顿及间断是十分重要的。需要收集的数据要有产量、流动压力和液面高度。对每口井都应单独定期计量和观测。为了分层确定产量，应至少在两口井中安装隔离封隔器，其目的是获得可以改进历史拟合单值性的数据，并确定应对哪一个目标层（段）进行增产强化措施。试井和采气试验所获得的数据将用于建立一个经过"校正"的气藏模型，这个模型能精确地代表被试验的气藏特征。在此基础上可以进行参数分析，评估气藏特征变化对产量的影响。

利用气藏模拟软件系统为潜在的开发区建立一个完善的气藏描述，用于规划一个项目的工业性开发。通过对试验井网数据的历史拟合，可以对难以确定的气藏参数进行估计，从而能够精确地预测气井产量的长期动态。这些难以确定的气藏参数包括：渗透率及其不均一性，相对渗透率及其变化，联通裂隙系统的孔隙率，孔隙压缩系数和原始水饱和度。对试验井网的数据进行历史拟合，也可以帮助解决关键储层数据的不精确性。例如，等温解吸附和气含量数据的不精确，是由于测量误差和数据的离散引起的。用校正过的气藏描述和试验井周围地区主要储层性质的分布特征进行参数分析。参数分析又叫敏感性分析，其目的是对预期的气、水产量范围进行划分归类，评估主要储层性质的变化对未来气井生产动态的影响。

二、煤层资源/储的计算与评价

（一）相关概念

1.煤层气资源

煤层气资源是指以地下煤层为储集层且具有经济意义的煤层气富集体。其数量表述分为资源量和储量。

2.煤层气资源量

煤层气资源量是指根据一定的地质和工程估算的赋存于煤层中，当前可开采或未来可能开采的，具有现实经济意义和潜在经济意义的煤层气数量。

3.煤层气地质储量

煤层气地质储量是指在原始状态下，赋存于已发现的具有明确计算边界的煤层气藏中的煤层气总量。

4.原始可采储量

原始可采储量（简称可采储量）是地质储量的可采部分。它是指在现行的经济条件和政府法规允许的条件下，采用现有的技术，预期从某一具有明确计算边界的已知煤层气藏中可最终采出的煤层气数量。

5.经济可采储量

经济可采储量是原始可采储量中经济的部分。它是指在现行的经济条件和政府法规允许的条件下，采用现有的技术，预期从某一具有明确计算边界的已知煤层气藏中可以采出，并经过经济评价认为开采和销售活动具有经济效益的那部分煤层气储量。经济可采储量是累计产量和剩余经济可采储量之和。

6.剩余经济可采储量

剩余经济可采储量是指在现行的经济条件和政府法规允许的条件下，采用现有的技术，从指定的时间算起，预期从某一具有明确计算边界的已知煤层气藏中可以采出，并经过经济评价认为开采和销售活动具有经济效益的那部分煤层气数量。

（二）煤层气资源/储量的分类与分级

1.分类分级原则

煤层气储量的分类以在特定的政策法律、时间以及环境条件下生产和销售能否获得经济效益为原则，在不同的勘查阶段通过技术经济评价，根据经济可行性将其分为经济的、次经济的和内蕴经济的三大类。分级以煤层气资源的地质认识程度的高低作为基本原则。根据勘查开发工程和地质认识程度的不同，将煤层气资源量分为待发现的和已发现的两级。其中，已发现的煤层气资源量，又称煤层气地质储量，根据其地质可靠程度又分为预测的、控制的和探明的三级。可采储量可根据所在的地质储量确定相应的级别。

2.分类

（1）经济的。在当时的市场经济条件下，生产和销售煤层气在技术上可行、经济上合理、地质上可靠，并且整个经营活动能够满足投资回报的要求。

（2）次经济的。在当时的市场经济条件下，生产和销售煤层气活动暂时没有经济效益，是不经济的，但在经济环境改变或政府给予扶持政策的条件下是可以转变为经济的。

（3）内蕴经济的。在当时的市场经济条件下，由于不确定因素多，尚无法判断生产和销售煤层气是经济的还是不经济的，也包括当前尚无法判定经济属性的部分。

3.分级

（1）预测的。初步认识了煤层气资源的分布规律，获得了煤层气藏中典型构造环境下的储层参数。因没有进行排采试验，仅有一些含煤性、含气性参数井工程，大部分储层参数条件是推测得到的，煤层气资源的可靠程度很低，储量的可信系数为0.1~0.2。

（2）控制的。基本查明了煤层气藏的地质特征和储层及其含气性的展布规律，开采技术条件基本得到了控制，并通过单井试验和储层数值模拟，了解了典型地质背景下煤层气地面钻井的单井产能情况。但由于参数井和生产试验井数量有限，不足以完全了解整个气藏计算范围内的气体赋存条件和产气潜能，因此煤层气资源可靠程度不高，储量的可信系数为0.5左右。

（3）探明的。查明了煤层气藏的地质特征、储层及其含气性的展布规律和开采技术条件（包括储层物性、压力系统和气体流动能力等），通过实施小井网和/或单井煤层气试验或开发井网证实了勘查范围内的煤层气资源及可采性。煤层气资源的可靠程度很高，储量的可信系数为0.7~0.9。

关于剩余的探明经济可采储量的分类、分级参照天然气储量规范。剩余的探明经济可采储量可以根据开发状态，分为已开发的和待开发的两类：已开发的是指从探明面积内的现有井中预期采出的煤层气数量；待开发的是指从探明面积内的未钻井区或现有井加深到另一储层中预期可以采出的煤层气数量。

（三）可采储量计算方法

（1）数值模拟法。数值模拟法是煤层气可采储量计算的一个重要方法，这种方法是在计算机中利用专用软件（称为数值模拟器）对已获得的储层参数和早期的生产数据（或试采数据）进行拟合匹配，最后获取气井的预计生产曲线和可采储量。

①数据模拟器选择：选用的数值模拟器必须能够模拟煤储层的独特双孔隙特征和气、水两相流体的三种流动方式（解吸、扩散和渗流）及其相互作用过程，以及煤体岩石

力学性质和力学表现等。

②储层描述：对储层参数的空间分布和平面展布特征的研究，是对煤层气藏进行定量评价的基础。描述应该包括基础地质储层物性、储层流体及生产动态四个方面的参数。通过这些参数的描述，建立储层地质模型用于产能预测。

③历史拟合与产能预测：利用储层模拟工具对所获得的储层地质和工程参数进行计算，将计算所得气、水产量及压力值与气井实际产量值和实测压力值进行历史拟合。当模拟的气水产量动态与气井实际生产动态相匹配时，即可建立气藏模型获得产气量曲线，预测未来的气体产量，并获得最终的煤层气累计总产量，即煤层气可采储量。根据资料的掌握程度和计算精度，储层模拟法的计算结果可作为控制可采储量和探明可采储量。

（2）产量递减法。产量递减法是通过研究煤层气井的产气规律、分析气井的生产特性和历史资料来预测储量，一般是在煤层气井经历了产汽高峰并开始稳产或出现递减后，利用产量递减曲线的斜率对未来产量进行计算。产量递减法实际上是煤层气井生产特性外推法。运用产量递减法必须满足以下4个条件：

①有理由相信所选用的生产曲线具有气藏产气潜能的典型代表意义；

②可以明确界定气井的产气面积；

③产量—时间曲线上在产气高峰后，至少有半年以上稳定的气产量递减曲线斜率值；

④必须有效排除由于市场减缩、修井或地表水处理等非地质原因造成的产量变化对递减曲线斜率值判定的影响。产量递减法可以用于探明可采储量的计算，特别是在气井投入生产开发阶段，产量递减法可以配合体积法和储层模拟法一起提高储量计算精度。

（四）储量报告

煤层气田或区块申报储量时，应编写正式报告。储量报告的编写要求参照以下内容：

1.报告正文

（1）前言。煤层气田名称、地理位置、登记区块名称和许可证号码、已有含气面积和储量、本次申报含气面积和储量申报单位等。

（2）概况。勘查开发简史、煤田勘查背景，煤炭生产概况，煤层气勘查所实施的工作量、勘查单位、资料截止日期和取得资料情况等。

（3）地质条件。区域构造位置、构造特征、地层及煤层发育特征、水文地质特征、煤层气勘查工程的地质代表性储层特征、含气性及其分布特征等。

（4）排采试验与产能分析。单井排采或小井网开发试验的时间、生产工艺，单井和井网产能及开发生产动态特征等。

（5）储量计算。储量计算方式与方法选择、储量级别和类别的确定、参数确定、计算结果、可采储量计算和采收率确定方法与依据，以及储量复算或核算前后储量参数变化的原因和依据。

（6）储量评价。规模评价、地质综合评价、经济评价、可行性评价等。

（7）存在问题与建议。

2.报告附图表

（1）附图：气田位置及登记区块位置图含气面积图、煤层底板等高线图、煤层厚度等值线图煤层含气量等值线图、主要气井气水产量曲线图、确定储量参数依据等的有关图件。

（2）附表：气田地质基础数据表、排采成果表、储层模拟成果表储量参数原始数据表、主要气井或分单元储量参数和储量计算表、开发数据表、经济评价表。

3.报告附件

附件可包括：地质研究报告、煤储层描述研究报告、储量参数研究报告关键井单井评价报告试验生产报告等（该项为非必备材料）。

第三节　其他有益矿产的勘查与评价

一、与煤共生的其他有益矿产

与煤共生的有益矿产是指在聚煤盆地环境内，伴随着成煤作用过程而同时生成的具有开采和利用价值的矿产。包括两个方面：一是赋存在煤层中的，如煤层气、硫铁矿等；二是赋存在煤系地层之中的，如铝土矿、油页岩、稀土矿、放射性矿产等。对此，均应当在煤炭地质勘查的同时，进行相应的勘查。在煤炭开采的同时有计划地对有益矿产进行开采，不得丢弃和浪费。在含煤地层及其上覆或下伏地层中，经常发现与煤共生或伴生的各种有工业利用价值的矿产和元素。其中，有些矿产的经济价值甚至超过煤炭本身。为了综合开发利用各种矿产资源，在煤炭资源勘查各阶段均应按照"以煤为主、综合勘探、综合评价"的原则，做好与煤共伴生的其他矿产的勘查评价工作。煤系常见的共伴生矿产有菱铁矿、褐铁矿、黄铁矿、耐火黏土、铝土矿、油页岩、石膏、石灰石以及锗、镓、硒、钍、铀等元素。此外，还应根据资源条件和实际需要做好煤层气、泥炭、煤矸石、煤灰渣和石煤等的评价工作。对所发现的各种有益矿产应在地质报告中加以评述，对已证实具有较大工业远景的有益矿产，必要时应提交专门性地质资料。

（一）菱铁矿和褐铁矿

菱铁矿是在内陆湖泊的弱还原环境下形成的，故广泛分布于含煤岩系。我国各地质时代煤系均或多或少含有这类矿产，尤以侏罗纪煤系最为常见。菱铁矿常集中于一个或几个层位，一般呈分散的结核状产于泥质岩中或成层产出，矿层薄、层数多、品位较高。如甘肃、新疆等地侏罗纪煤系中均有产出。

褐铁矿（有时包括部分赤铁矿）主要产于我国北方石炭二叠纪煤系的最低部，习称山西式铁矿。矿体形态极不规则，或呈扁豆状、似层状产于G层铝土层位中，或呈洞穴状、裂隙状产于奥陶纪灰岩中。以上两种沉积式铁矿均具有规模小、分布广的特点。当其呈层状、透镜状或结核状产出时，是一种易采、易选、易熔的富铁矿石，它们虽为铁矿床的主要工业类型，但却是发展地方小型炼铁工业的良好原料。矿床规模分类如下：储量大于1.0亿t为大型矿床；储量1.0亿～0.1亿t为中型矿床；储量小于0.1亿t为小型矿床。

（二）黄铁矿

黄铁矿为闭塞水流盆地中的沉积矿产，常呈结核状，单个晶体或分散状赋存于煤层及其上下的海湾相泥质岩层中。我国不同地区、不同时代的不少海陆交替相含煤岩系中均有较丰富的黄铁矿赋存。黄铁矿主要用于提炼硫和制造硫酸，是发展农业、工业和国防工业的重要矿产资源之一。据统计，世界各国每年的硫产量有一半是从黄铁矿中提炼的。我国的硫产品几乎全部来源于黄铁矿，其中大部分为煤系中的沉积式黄铁矿。黄铁矿工业指标如下：工业品位为含硫S≥12%，边界品位为含硫S≥8%。矿石品级划分为3级：I级品含硫大于30%；II级品含硫为20%～30%；III级品含硫为12%～20%。

有害组分允许含量如下：$Pb+Zn \leq 1\%$、$F \leq 0.05\%$、$As \leq 0.5\%$、$C \leq 8 \sim 12\%$。最低可采厚度一般为1.0m。当矿层倾角大于45°时最低可采厚度为0.5～0.7m。夹石剔除厚度为2.0m。在黄铁矿短缺而又急需的地区，可根据矿山建设的需要适当降低对含硫量和最低可采厚度的要求。

（三）高岭土

煤系高岭土又称高岭石黏土岩，俗称"瓷土"，是一种与煤共伴生的硬质高岭土。高岭土矿物是一类由Si-O四面体和Al-O（OH）八面体按比例交替层叠的层状硅酸盐矿物。利用其特殊的物理工艺性能如耐火性、电绝缘性、化学稳定性、分散性等开发后可用于造纸、橡胶油漆、化工、建材、冶金、陶瓷、玻璃、电瓷、石油等行业，是许多工业部门不可缺少的矿物原料。一般煤系高岭土Al_2O_3含量较高（35%～38%），可用作生产铝盐的原料，进一步深加工可生产氧化铝、纳米级氧化铝等高附加值产品。其中生产铝盐过程中所产生的残渣主要成分为SiO_2，可用来生产硅酸钠、白炭黑等。另外，煤系高岭土还可直接加碱合成4A沸石并在此基础上合成3A和5A沸石等。

煤系高岭土是我国独具特色的资源，储量占世界首位。80%以上的煤系高岭土赋存于华北晚古生代石炭二叠纪煤系中，以煤层中夹矿、顶底板或单独形成矿层独立存在，如山西大同、怀仁、朔州，内蒙古准格尔、乌达，安徽淮北，陕西韩城，河北唐山、邢台，河南焦作、平顶山，山东兖州、淄博，江苏徐州等地。

（四）耐火黏土

耐火黏土是耐火度为1580℃～1770℃的黏土（分为硬质黏土、软质黏土和半软质黏土）和耐火度大于1770℃的铝土矿的工业名称。耐火黏土和铝土矿在成因上有着密切联系，植物遗体分解产生的酸有利于铝的氧化物呈胶体搬运、迁移，当胶体进入碱性盆地时，其中的酸被中和，铝则沉淀富集成为耐火黏土矿或铝土矿。因此，耐火黏土特别是湖沼型耐火黏土，常作为煤层顶底板或夹石层出现。耐火黏土广泛应用于冶金工业、陶瓷工业和其他工业部门。在冶金工业中它是制造耐火材料（如耐火砖等）的矿物原料。某些成分最纯、含染色氧化物最少的耐火黏土可作为制造瓷器的原料。根据工业用途不同，可将耐火黏土划分为高铝黏土、硬质黏土、半软质黏土和软质黏土四种类型。耐火黏土的矿床规模可分为：大型（储量大于1500万t）、中型（储量1500万～100万t）、小型（储量小于100万t）三种。

（五）铝土矿

铝土矿是富含铝矿物（铝的氢氧化物）的沉积岩，常呈豆状及土状、块状或具层理。在地层剖面中，不论是在垂向上还是在侧向上铝土矿和耐火黏土矿均为互相过渡。铝土矿在全球的重要成矿时代为新生代古近纪始新世，而我国为古生代且主要与含煤岩系的形成有关。按成因我国含煤岩系中的铝土矿可分为浅海型和湖沼型两类。其中，前者的工业价值最著。如我国北方位于石炭二叠纪煤系底部奥陶纪灰岩侵蚀面上的G层铝土，当某些地段的氧化铝含量增高时即可转变为具有工业价值的铝土矿床，如河南巩县和山东淄博的铝土矿就是这类矿床的著名代表。铝土矿是炼铝的主要矿石原料，在国防工业和人民日常生活用品、水泥和耐火材料等方面有极为广泛的用途。铝土矿一般规模较大，有重要工业价值。

（六）油页岩

油页岩是一种高灰分（灰分含量通常大于50%～70%）的腐泥煤，主要由藻类等低等植物遗体或少部分水生动物遗体转变而成。油页岩可形成于内陆湖盆，常与煤层共生于含煤岩系中，以独立的矿层或煤层夹层形式出现。我国陕北的油页岩储量十分丰富，大部分产在三叠纪瓦窑堡煤系中。油页岩可用于低温干馏，也可用于直接燃烧或气化。用于低温干馏时其主要评价指标是焦油产率，直接燃烧时其主要评价指标是发热量。

（七）稀有分散和放射性元素

在含煤地层中常赋存稀散和放射性元素如锗、镓、铀等且常比地壳中平均含量高，尤其在劣质煤、煤层夹矸及煤层顶、底板岩石中较为富集。这些元素对发展原子能、航空、电子等工业以及近代尖端技术有极大重要意义。稀有分散和放射性元素的一般工业品位要求如下：锗（Ge）与煤伴生时为0.002%（20g/t）；镓（Ga）与煤伴生时为0.003%～0.005%；铀（U）与煤伴生时为0.02%。

（八）煤矸石

煤矸石，一般是指在开采时混在毛煤中的含碳岩石和其他岩石。煤矸石主要由夹在煤层中的夹矸分层构成，也包括煤层的伪顶和伪底。煤矸石一般具有一定发热量，有时还比较高，可作为低热值燃料使用。当煤矸石中含有硅酸盐、铝硅酸盐、硫化铁等化合物和锗、镓等稀有分散元素时，又是很好的水泥、砖瓦等建筑材料和化工原料。我国煤矿每年排出的煤矸石数量巨大，占用大片良田又污染环境，因此充分利用煤矸石就成为一个十分重要的问题。

（九）石煤

石煤，是中泥盆世以前主要由浅海或半深海中藻类、菌类等低等植物形成的一种变质程度较高、发热量在3.3mJ/kg以上、近似或相当于腐泥无烟煤的黑色可燃有机岩。主要分布于我国苏、浙、皖、闽、粤、桂、赣、鄂、湘、川、黔、陕和豫西南等省区。石煤的颜色呈黑灰色，光泽较暗淡，与碳质页岩或某些深色石灰岩相似，相对密度和硬度大，优质石煤为1.7～2.2，劣质石煤可达2.8，石煤含硫高、灰熔低，灰分一般在50%～80%，石煤通常还含有钒、钼、铜等伴生元素。

石煤是一种低热值燃料能源，它可直接燃烧、发电和气化，还在建材、冶金、化工、农业等方面有广泛应用。此外，它还可以用来烧砖瓦、烧石灰、制水泥、烧制石煤渣碳化砖以及提取五氧化二钒和制造石煤渣肥等。

（十）煤层气

煤层气又称煤层甲烷、煤层瓦斯，是指保留在一定深度煤层内的煤成气。煤层气的组分以甲烷（CH_4）为主，通常占80%以上，其余为少量氮、二氧化碳和不等量的重烃类，有的煤层内还含氢、一氧化碳、硫化氢和微量惰性气体。

（十一）石膏

石膏在我国北方某些石炭二叠纪煤田（如山西）的奥陶纪灰岩中时有分布，亦可见于含煤建造上覆红色建造中。石膏和硬石膏可用于水泥缓凝剂、建筑制品、模型、医用、食品工业、制作硫酸和农药等。

（十二）石灰石（石灰岩）

石灰石广泛分布于我国南、北方晚古生代煤系中及其下伏或上覆各地质时期的碳酸盐岩地层中。石灰石在冶金工业中用作熔剂，在化学工业中用于制作电石、碱漂白粉等，在建筑工业中用于生产水泥、石灰和石材等。

二、有益矿产的勘查原则及方法

（一）勘查原则

其他有益矿产的勘查原则是随着煤的勘查阶段和程序进行而进行，利用各种探煤工程，必要时可布置专门勘查工程。

（二）勘查方法

（1）预查阶段和普查阶段，应在详细研究区内和邻区有关资料的基础上，对已知的矿层和可能具有某种工业意义的岩层进行描述、鉴定和采样分析化验，大致了解有益矿产的种类及其分布范围、厚度和品位。对具有含矿特征的岩层和可能用作建筑材料的岩层、松散沉积物等，进行详细的分层描述，并采取样品进行分析试验。选择部分探槽、探井、小煤矿和少量钻孔，对所有煤层（包括夹矸和顶底板）、炭质泥岩进行系统采样，先做光谱分析，然后根据微量元素的含量进行定量分析。还应选择1~2个钻孔，对所有岩层分别采样进行光谱分析，发现有价值的元素进行定量分析。

（2）在详查阶段，对已初步确定达到工业品位的矿产，利用自然露头、小煤矿和钻孔，布置一定数量的采样点进行采样分析，初步查明其厚度和品位变化，作出有无工业价值的初步评价。

（3）在勘查阶段，对具有工业价值的有益矿产，应根据探矿权人的要求，有针对性地进行采样试验，圈定符合工业品位和可采厚度要求的范围。根据实际达到的工作程度，估算其资源/储量，并对开发利用的可能性和途径作出评价。

三、有益矿产的评价

勘查过程中，对所发现的各种有益矿产，均应在相应煤炭地质勘查阶段所提交的地质报告中加以评述。对已证实具有较大工业远景的有益矿产，应提交专门性地质报告。对有益矿产的地质评价和经济评价等，应按照相应矿种的有关规范要求进行。

第六章　地球物理勘探

第一节　重力勘探

重力勘探的基础是研究地表重力场的分布，由于岩石密度的差异，引起地表重力加速度的变化，从而产生重力异常。通过地面或航空重力仪来测定这种异常，用以推断出不同密度岩石的分布及地质构造等。重力勘探主要用于圈定和划分区域性隆起、坳陷和断裂，并可根据煤系基底石灰岩或结晶基底顶面的起伏变化，分析、推断煤系埋藏深度等。

一、重力勘探

重力勘探是地球物理勘探方法之一，是利用组成地壳的各种岩体、矿体间的密度差异所引起的地表的重力加速度值的变化而进行地质勘探的一种方法。它是以牛顿的万有引力定律为基础的。只要勘探地质体与其周围岩体有一定的密度差异，就可以用精密的重力测量仪器（主要为重力仪和扭秤）找出重力异常。然后，结合工作地区的地质和其他物探资料，对重力异常进行定性解释和定量解释，便可以推断覆盖层以下密度不同的矿体与岩层埋藏情况，进而找出隐伏矿体存在的位置和地质构造情况。

（一）重力数据的处理和解释

对野外获得的重力数据做进一步处理和解释才能解决所提出的地质任务，主要分三个阶段：野外观测数据的处理，并绘制各种重力异常图；重力异常的分解（应用平均法、场的变换，频率滤波等方法），即从叠加的异常中分出那些用来解决具体地质问题的异常；确定异常体的性质、形状，产状及其他因素。

解释分为定性的和定量的两方面内容。定性解释是根据重力图并与地质资料对比，初步查明重力异常性质和获得有关异常源的信息。除某些构造外，对一般地质体重力异常的解释可遵循以下一些原则：极大的正异常说明与围岩比较存在剩余质量；反之，极小异常是由质量亏损引起的。靠近质量重心，在地表投影处将观测到最大异常。最大的水平梯度异常相应于激发体的边界。延伸异常相应于延伸的异常体，而等轴异常相应于等轴物体在地表的投影。对称异常曲线说明质量相对于极值点的垂直平面是对称分布的；反之，非对称曲线是由于质量非对称分布引起的。在平面上出现几个极值的复杂异常轮廓，表明存在几个非常接近的激发体。定量解释是根据异常场求激发体的产状要素建立重力模型。一种常用的反演方法是选择法，即选择重力模型使计算的重力异常与观测重力异常间的偏差小于要求的误差。

由于重力反演存在多解性，因此，必须依靠研究地区的地质、钻井、岩石密度和其他物探资料来减少反演的多解性。

（二）重力异常和重力改正

观测重力值除反映地下密度分布外，还与地球形状、测点高度和地形不规则有关。因此，在做地质解释之前必须对观测重力值做相应的改正，才能反映出地下密度分布引起的重力异常。重力改正包括自由空间改正、中间层改正、地形改正和均衡改正。观测重力值减去正常重力值再经过相应的改正，便得到自由空间异常、布格异常和均衡异常。在重力勘探中主要应用布格异常。为研究地壳均衡，地壳运动和地壳结构也需要应用均衡异常和自由空间异常。在平坦的地形条件下，常用自由空间异常代替均衡异常。

（1）依据研究范畴的不同，异常与正常具有相对性，因而异常的划分不存在"唯一"的标准；

（2）在异常求取过程中，因为采用了不同的外部校正方法，从而可获得不同需要的重力异常类别，对重力勘查方法来说，主要应用的是布格重力异常；

（3）岩、矿石及地层之间的密度差异最大为2～3倍，而不像岩、矿石磁性差异可达上千倍。因而重力异常与磁异常相比就比较平滑、清晰，但"异常"与"正常"值之比却极其微小；

（4）研究固定台站上重力随时间变化的重力固体潮是理论地球物理学中研究地球内部结构与弹性等方面的重要手段；

（5）随着空间技术的发展，人们可以从卫星测高技术、卫星轨道的摄动等，结合地面上重力测量数据，从地球引力位的球谐函数级数形式出发，进而建立不同的地球重力场模型，利用重力场模型的位系数，可计算出全球范围的重力异常、大地水准面高程度异常以及重力垂直梯度异常等，这可为研究全球的板块构造、地幔内物质的密度差异、地幔流的分布等提供重要依据。

（三）重力勘探应用

重力勘探使用的条件是：被探测的地质体与围岩具有显著的密度差异，存在着明显的密度分界面，其差值最好不小于0.2～0.3g/cm³；当含煤岩系的岩性、岩相变化大时，同一岩层密度分布不稳定，不利于使用重力勘探，而且对任何一种物探方法都是很不利的；还要求密度分界面具有明显的产状变化和较大面积内埋藏深度小于3000m上覆松散沉积物分布均匀、地形平坦等。

在区域地质调查、矿产普查和勘探的各个阶段都可应用重力勘探，要根据具体的地质任务设计相应的野外工作方法。而应用重力勘探的条件是：被探测的地质体与围岩的密度存在一定的差别，被探测的地质体有足够大的体积和有利的埋藏条件，干扰水平低。重力勘探解决以下任务：研究地壳深部构造；研究区域地质构造，划分成矿远景区；掩盖区的地质填图，包括圈定断裂、断块构造、侵入体等；广泛用于普查与勘探可燃性矿床（石油、天然气、煤），查明区域构造，确定基底起伏，发现盐丘、背斜等局部构造；普查与勘探金属矿床（铁、铬、铜、多金属及其他），主要用于查明与成矿有关的构造和岩体，进行间接找矿；也常用于寻找大的，近地表的高密度矿体，并计算矿体的储量；工程地质调查，如探测岩溶、追索断裂破碎带等。

（四）岩石、矿石的密度

地壳内不同地质体之间存在的密度差异是进行重力勘查的地质—地球物理前提条件，有关的密度资料是对重力观测资料进行一些校正和对重力异常作出合理解释的极为重要的参数。根据长期研究的结果，认为决定岩石、矿石密度的主要因素为：组成岩石的各种矿物成分及其含量的多少；岩石中孔隙度大小及孔隙中的充填物成分；岩石所承受的压力等。

1.火成岩的密度

它主要取决于矿物成分及其含量的百分比，在酸性-中性-基性-超基性岩中，随着密度大的铁镁暗色矿物含量的增多，密度逐渐增大；此外，成岩过程中的冷凝、结晶分异作用也会造成不同岩相带的密度差异；不同成岩环境（如侵入与喷发）也会造成同一岩类的密度有较大差异。

2.沉积岩的密度

沉积岩一般具有较大的孔隙度，如灰岩、页岩、砂岩等，孔隙度可达30%～40%，因此这类岩石密度值主要取决于孔隙度大小，干燥的岩石随孔隙度减少，密度值呈线性增大。孔隙中如有充填物，则充填物的成分（如水、油、气等）及充填孔隙占全部孔隙的比例也明显地影响着密度值。此外，随着成岩时代的久远及埋深的加大，上覆岩层对下伏岩层的压力加大，这种压实作用也会使密度值变大。

3.变质岩的密度

对这类岩石来说，其密度与矿物成分、矿物含量和孔隙度均有关，这主要由变质的性质和变质程度来决定。通常区域变质作用的结果是使变质岩比原岩密度值加大，如变质程度较深的片麻岩、麻粒岩等要比变质程度较浅的千枚岩、片岩等密度值大些。经过变质的沉积岩，如大理岩、板岩和石英岩比其原岩石灰岩、页岩和砂岩更致密些。而如果是受动力变质作用，则会因原岩结构遭受破坏、矿物被压碎而使密度值下降，但若同时使原岩硅化、碳酸盐化以及重结晶等，又会使密度值比原岩增大。由于变质作用的复杂性，所以这类岩石的密度变化显得很不稳定，要具体情况具体分析。

二、重力勘探的地质任务、比例尺与精度评价

（一）地质任务

金属矿重力勘探要与其他物探方法相配合，圈定成矿带、含矿带；在有条件时，可以探测并描述控矿构造，圈定成矿岩体；或者直接发现埋藏较浅、体积较大的矿体或对已知矿体进行追踪等。

（二）工作比例尺的确定

在金属矿勘探中，工作比例尺应根据地质任务、探测对象的大小及其异常特征来确定。对普查金属矿产来说，要求以不漏掉最小的、有工业开采价值的矿体产生的异常为原则，即至少应有一条测线穿过该异常。而在相应的工作成果图上，线距一般应等于一厘米所代表的长度，允许变动范围为20%，据此就可以定下比例尺。点距应保证至少有2～3个测点处在矿体异常的宽度范围内，一般为线距的1/2～1/10。

关于测网的形状：金属矿重力勘探一般要求建立比较规则的测网。对于走向不明或近于等轴状的勘探对象，宜采用方形网，即点线距相等；对于在地表投影有明显走向的勘探对象，应用矩形网，测线方向与其走向垂直。

重力勘探的测区范围，应根据上级下达的任务和工作区的地形、地质、矿产及物探工作程度等情况合理确定，并应兼顾到施工方便、资料完整及布点经济成本。应使探测对象或主要异常处在测区的中央，为此，在施工过程中可能要调整测区范围。测区边界应尽量规则，以便于数据处理。测区范围或边部一般应包括必要的正常场值或区域背景场值。测区范围应尽可能包括某些地质情况比较清楚或进行了较多工作的区段。

（三）精度要求及误差分配

确定重力异常的精度，一般用异常的均方误差来衡量，它包括重力观测值的均方误差和对重力观测值进行校正时各项校正值的均方误差。重力异常的均方误差应根据地质任务和工作比例尺来确定。例如，在金属矿重力普查时，通常取最小的、有意义的异常幅值的 $1/2 \sim 1/3$ 作为异常的均方误差。对于不同比例尺的重力测量，有关规范和手册均给出了可供选择的精度要求及误差分配值，施工前可参照它们编写技术设计书。在满足重力异常精度要求的前提下，可以根据仪器性能、工区地形情况、测地工作技术条件等合理地分配重力观测值均方误差与各项校正的均方误差。误差分配合理，可以使野外施工提高工效，降低生产费用。

三、重力仪的准备

（一）重力仪的检查与调节

（1）重力观测使用的重力仪，在投入野外作业前，均应参照仪器说明书进行检查与调节。石英弹簧重力仪应进行测程、光线灵敏度和水准器的检查与调节；金属弹簧重力仪（Lacoste & Romberg简称LCR）应进行光线灵敏度、正确读数线、横水准器的检查与调节，以及进行电子读数零位、检流计零位、电子灵敏度的检查与调节；CG-5型自动重力仪应进行漂移改正调节、倾斜传感器零点调节。

（2）野外工作期间应定期对重力仪进行各项检查与调节，石英弹簧重力仪的光线灵敏度、水准器的检查与调节至少每半个月进行一次；LCR重力仪的光线灵敏度、正确读数线、横水准器、电子读数零位和检流计零位、电子灵敏度等项检查与调节至少每月进行一次；CG-5型自动重力仪的漂移改正和倾斜传感器零点至少每月检查、调节一次，必须保证重力仪处于正常工作状态。当仪器长途搬运后，应及时进行检查与调节。

（二）重力仪性能的试验

重力仪的性能试验一般包括静态试验、动态试验和多台仪器间的一致性试验，以及调节测程后读数稳定时间试验。

1.静态试验

重力仪的静态试验结果是了解仪器静态零点位移性能的主要资料，用于生产的（含备用）仪器，均应进行静态试验。试验过程中，要求试验时间不短于24h，环境温度应力求变化不大，观测地点应稳固无振动干扰；通常每隔30min观测一次，取得一个读数，同时记录观测时间和温度变化；CC-5型自动重力仪读数间隔时间不少于10min，对静态观测结果应进行固体潮校正（CG–5除外）和绘制静态零点位移曲线，以了解静态位移特点。

2.动态试验

重力仪的动态试验是了解仪器动态零点位移和观测可能达到的精度的一种重要试验，应开工前进行，其后野外工作期间每三个月进行一次，野外工作结束后再进行一次。野外工作中如仪器受震或经检修亦应进行动态试验。要求试验时间不短于10h，试验点间重力差大于3×10^{-5}m/s²，两点间单程观测时间间隔小于20min。在观测的同时应记录观测时间和温度变化。对于动态观测结果应进行固体潮校正（CC–5仪器除外）和绘制动态零点位移曲线，并根据该曲线计算出仪器的动态零点位移率和零点位移线性部分的持续时间。

应对动态观测精度进行统计，用于基点（或测点）观测的仪器，其动态观测均方误差应小于设计的基点（或测点）重力观测均方误差的二分之一。

（三）重力仪的使用与维护

（1）应建立严格的重力仪使用与维护责任制，仪器的主管单位和使用者应对仪器安全负全面责任，交接仪器时，双方应现场检验，并办理交接手续，未经主管单位和使用者本人同意，他人不得随便动用仪器。

（2）重力仪应放置在干燥、安全的室内，严禁碰撞和大角度的倾斜、卧置、倒置；严禁在松摆的情况下搬运LCR重力仪；长距离运输时要由使用者负责护送，应将重力仪放入防震桶（箱）内，注意尽量减震。

（3）仪器的配件和工具应随仪器妥善保管，不得随意弃置或改作他用。对仪器桶的提把、背带和仪器的保护带应随时检查，以保证安全。

（4）工作中拿取、安放重力仪时应轻拿轻放。仪器置于脚架盘后，操作员不得随意离开仪器，以防意外事故发生，操作仪器应按说明书或操作规程执行，并应采取有效措施防止阳光直接照射仪器和防止雨淋。有恒温装置的重力仪，应随时注意电池的充电。CC–5型自动重力仪在野外工作期间，每天回到驻地后要将仪器接在充电器上，并放置在安全干燥的地方。

（5）工作中重力仪发生故障时，应带回驻地，由具有一定检修经验的人员在力所能及的范围内检修。当处理不了时，应及时送厂家或检修单位检修。

（6）每天工作后应将仪器擦拭一次。目镜应用擦镜纸或软毛刷轻轻擦拭，不得用代用品。仪器的面板应经常保持清洁，对脚架螺丝应每周清洗、润滑一次。

（7）应建立仪器使用簿，记录仪器的检查、调节、使用和维修，以及配件、工具等情况，作为档案随仪器妥善保存。

四、重力勘探基、测点的建立、观测与精度评价

（一）基点的建立、观测与精度评价

1.基点网的作用

由于重力仪本身存在着无法消除的零点漂移，随着观测时间的延长，零点漂移积累越大，且往往不是与时间呈线性关系。因此，用重力仪在测点上进行观测时，需要有一些精度更高、重力值已知的点来控制，这些点称为基点。重力基点在观测时都要联成封闭的网络，这些网叫作基点网。任一测段的重力普通点观测均应从基点开始，并终于基点。基点网的作用在于：控制重力普通点的观测精度，避免误差的积累；检查重力仪在某一段工作时间内的零点漂移，确定零点漂移校正系数；推算全区重力测点上的相对重力值或绝对重力值。

2.基点网的建立

基点网按闭合网布设，并一次建成。对于上百平方千米的重力测量，重力勘探基点网一般应与国家重力基本点、国家重力一等点（85网）或区域重力调查的基点网进行联测。所以基点网的建立不仅可以推算绝对重力值，还可以使测量结果作为全国重力测量的一个组成部分。当测区面积较大时，可建立两级重力基点网。Ⅰ级基点网用于传递重力值或得到相对于总基点的重力差值，以及控制Ⅱ级基点网的重力联测。Ⅱ级基点网除用于传递重力值外，还供测点重力观测时作检查和校正重力仪混合零点漂移之用。当测区面积较小时，可只建立Ⅰ级基点网。在详查性小范围工作时只可用一个基点。

基点网的分布密度应根据测区内地形、交通条件、仪器性能及测点重力值均方误差等因素妥善布设。要求分布均匀，符合测点观测时按规定就近闭合的要求。测区内末级基点对高程应有选择，尽量保证从该基点出发不调测程就能完成附近全部测点的观测。基点应避开陡崖、土坎、湖边以及重力水平梯度较大的地方。

基点网中应包括一个作为测区重力值起算的总基点。总基点的重力值可以是假设的。总基点的高程可采用实测高程或假设高程，测区内各观测点相对高程均以总基点高程起算。必要时可设引点（主要对Ⅰ级基点而言）或支基点。Ⅰ级基点的支基点只能由Ⅰ级基点按支线发展1个；Ⅱ级基点的支基点可由Ⅱ级基点按支线发展1个。联测的独立增量数应比一般边段多一倍。

总基点应埋设固定标志水泥台，其顶面积规格为30cm×30cm。Ⅰ级基点是否埋设水泥台由设计书规定，Ⅱ级基点一般应埋设三个牢靠的木桩，以便固定重力仪脚架的位置，并应保证在整个工作期间，其空间位置（平面及高度）不变。固定标志（水泥台）上应明显标出"重力基点"字样，并标明基点编号、日期和建点单位。

3.精度评价

重力基点网联测后需进行基点网平差。平差要分级进行。独立Ⅱ级基点网平差一般应在Ⅰ级基点的控制下进行。平差时可采用条件平差法，以各边段的独立增量数为权进行。平差后应计算各基点重力值的均方误差及基点网的重力联测均方误差。

（二）测点、检查点的布设、观测与精度评价

1.测点的布设与观测

测点又称普通点，是测区内为获得探测对象引起的重力异常而布设的观测点。它们应按设计书中提出的测网形状、点线距等均匀布设在全区。测点可尽量选择在地形平坦、近区地形影响较小的地方，测点上应有临时标志，标出其点、线号，以便后续的质量检查。布点时若因地物、地形限制，测线或测点均允许偏离，一般不得超过设计的点线距的20%，最大不超过40%。

测点的观测一般可采用单次观测。在利用已知基点网的前提下，应从某一个基点出发，经过一些测点测量后回到该基点或到另一个基点进行闭合观测。闭合时间的长短可根据仪器性能确定，当仪器性能较差或观测精度要求较高时，应缩短闭合时间，对不恒温仪器，在气温变化梯度大的时间内观测时，要适当缩短观测的闭合时间。每个闭合段的零点漂移值，应根据每台仪器的动态、静态试验结果，在设计书中分别加以规定，一般不大于测点重力观测设计精度的2~3倍。

2.检查点的布设与观测

为了检查测点观测的质量，需要抽取一定数量的点做检查观测。

检查点的布设应在时间与空间上都大致均匀，即每天的观测和某一条测线上都应有检查点。检查观测应贯穿野外施工全过程，遵循同一点位、同一高程和不同时间、不同仪器、不同操作员的原则。检查点应占普通点总数的5%~10%，在大面积的区域调查中也不应少于3%。当在施工过程中发现了重力异常，或可能是我们寻找的目标异常时，有时需要布置补充观测。补充观测的布置可以另外选择垂直异常走向或穿过异常区的测线；可以在原测网基础上进行测线、测点的加密；还可以在原测线上延伸。补充观测应保证重力异常的可靠、明显和完整。

五、重力勘探的测地工作

为了进行重力测量以及对测量结果进行各项校正，需进行一定工作量的测地工作。这项工作是在重力测量之前完成，而且其精度直接影响重力异常的精度。测地工作主要包括下面内容：按照技术设计要求布设重力测网，提供野外重力测点的位置；确定重力测点的坐标，以便对重力测量结果进行正常场校正和展点绘图；确定测点的绝对或相对高程，以

便对重力测量结果进行高度和中间层校正；当测区内需要进行地形校正时，需作相应比例尺的近区地形测量。

由于各项内容的精度要求与地形图绘制并不一致，因此根据不同的重力技术设计要求按照当地的地形条件和测地工作成果的不同，分别采用不同的方法来完成。这些方法主要包括：利用地形图直接定点、读高程；利用经纬仪定点，利用水准仪定高程；利用全球定位系统（GPS）等。由于测地工作量大，技术要求高，所以需由专门从事测绘技术人员来完成。

六、重力梯度测量

重力梯度异常的固有优势在于它是重力异常的变化率，反映了地下的密度突变引起重力异常的变化，因此它具有比重力异常更高一级的分辨率。常规重力仪只测量重力场的一个分量，即铅垂分量，而一台重力梯度仪能够测量九个重力场梯度张量分量中的五项；梯度仪测量中多个信息的综合应用能够加强应用重力数据做出的地质解释。常规重力仪一般在地面静止条件下进行测量，而梯度仪可在运动（例如船和飞机上）环境下进行测量。

目前在没有实际测量的梯度值情况下，人们就应用理论公式或频率域方法，把重力异常变换为各次导数，在重力解释中加以利用。

近50年来，重力二次导数法作为从叠加异常中分离局部异常的主要方法之一，一直在石油及金属矿勘探中用于突出局部构造或岩体、矿体引起的局部异常，以发现它们的水平位置。重力梯度异常是寻找断裂的主要根据，这是因为其具有垂直位移的断裂可以看作一个台阶，而重力梯度对于台阶的棱边特别敏感。根据重力剖面向上延拓值水平二次导数的零点位置的横向偏移，在已知模型上顶面深度的条件下，可以求出水平板模型斜截面的倾角，水平厚度及位置。重力异常梯级带清楚地显示出大断裂的水平位置，然而一些控制矿体的次级断裂被较大的构造所掩盖。应用重力铅垂二次导数的相关分析，能有效地发现次级断裂。

利用理论公式将重力异常变换为各种高次导数或重力梯度值，与重力异常相比已经显示出较好的优越性。但是，计算值毕竟不是实测值，与实际测量值相比，计算值有两个缺点。第一，理论模型计算表明，由一些理论公式计算出的重力高次导数比模型理论值小许多，无法用于定量解释。与实际值相比，计算结果比较光滑、规整，缺少实际地质体引起的异常细节。第二，利用重力异常在频率域内变换重力高次导数实际上是一种高通滤波器。这个滤波器除了突出叠加异常中的局部异常外，还放大了比探测目标小的地质体所引起的重力效应及观测误差，即高频干扰，计算出许多虚假的导数异常。这是重力数据处理与解释中经常面对的难题。

七、井中密度测量

（一）井中重力测量

井中重力测量主要测量穿越岩石的垂向密度变化及井周围岩石的横向密度变化。该变化是由地下密度不均匀体的垂向及横向位置的变化引起的。对于一口井而言，重力垂直分量的变化主要是由仪器与地下密度不均匀体之间垂向距离的变化，以及密度不均匀体与围岩之间的密度差引起的，因此井中重力测量可以提供垂向的密度变化。钻井中的重力测量必须采用井中重力仪。限于井孔的直径与环境条件，要求钻井重力仪直径小、可承受较高的温度及压力的变化，并在与铅垂线有一定偏离的条件下进行测量。

井中重力测量的重力效应中，90%是由与测点相距在五倍测点（垂直方向）间距内的岩石引起的，因此其探测范围（即侧向深度）较大，能够确定大体积岩石或地层的原地密度。

在利用重力仪进行井中重力测量时要注意以下3个问题：

（1）要准确地确定测点的深度，因为深度测量误差是钻井重力测量中最大的误差来源。

（2）防止操作时的噪声干扰，要使仪器保持固定，即使是轻微的振动也要注意。

（3）注意测点与点距的选择。在不考虑地质体与井的距离时，测点的间距越小，深度的分辨率越高。点距一定要等于或小于要求的深度的分辨率。测点最好选在地层（即密度）分界面附近，从而使测出的地层平均密度更加真实。

为了比较精确地计算出岩层密度值，必须通过一些校正消除实测钻井重力值包含的各种外界影响。其中包括仪器的格值校正、地形校正、潮汐重力变化校正、自由空气梯度校正、仪器零点漂移校正、钻孔倾斜校正、井径变化校正以及井中流体、水泥等引起的井眼影响校正等。

（二）地层密度测井与岩性密度测井

密度测井是利用岩层对伽马（γ）射线的吸收性质来研究钻井剖面上岩层密度的变化，进而研究岩层地质特点的测井方法。

γ 射线在物质中的吸收是光电效应、康普顿—吴有训效应和形成电子对的综合作用。但是，在不同的 γ 射线能量范围内，三种效应起不同的作用，在一定能量下，每一种吸收效应的相对重要性，也随着吸收物质的原子序数（Z）值而有所不同。对于大多数构成造岩矿物的元素，当 γ 射线能量在 $0.25 \sim 2.5 \text{MeV}$ 时，γ 射线的吸收几乎完全是由康普顿—吴有训效应造成的。在这种情况下，伽马射线的吸收与介质的密度呈现一定的函数关系，利用这种效应进行的测井称为地层密度测井。而光电效应与介质的原子序数有密切关系，利用因光电效应造成的射线衰减可以研究介质的岩性，这种测井被称为岩性密度测井。地层密度测井可对井壁岩层的密度进行测量，而岩性密度测井通过体积光电吸收截面指数来了解岩性的变化。

地层密度测井的井下仪器中安装有 γ 射线探测器和 γ 射线源。通过测量散射 γ 射线强度，来了解地层密度。密度测井仪在测量时，井内泥浆影响很大，需采用贴井壁的工作方式。为了消除泥饼影响，采用带两个探测器的"补偿密度"测井仪进行测量，利用这种仪器可以估计出泥饼和仪器与井壁之间因接触不好而存在的泥浆夹层的影响。岩性密度测井需对散射 γ 射线进行能谱测量，并利用低能段确定地层岩性特征。

八、重力异常的处理

重力异常是由从地面到地下数十千米甚至到上地幔内部物质密度的不均匀引起的。这一方面说明它可以应用于不同深度的探测目的；另一方面又说明异常的复杂性，它给寻找地下矿体和探明地下构造带来一定的困难。因此，在重力资料解释之前，一般需要对异常进行处理。但对于不同的勘探目的，所要保留的异常成分也不同。异常的处理就是将异常场分解为两个或几个不同的部分，把需要的保留下来，不需要的消除掉。

（一）重力异常的多解性

重力异常的多解性是由重力异常的复杂性和反问题解释的非单一性决定的。

1.重力异常的复杂性

重力异常的复杂性是多种地质因素综合影响的一种反映。同时也说明，从地表到地下深处，只要存在密度差异，就能引起重力异常。综合起来，由深到浅引起重力异常的主要地质因素有：地壳厚度变化及上地幔内部密度不均匀性；结晶基岩内部构造和基底起伏；沉积盆地内部构造及成分变化；金属矿的赋存以及地表附近密度不均匀等。所以，任何测点的观测值，虽然经过了各种校正，但它们仍代表了从表层以下许多具有密度差异的物质分布的叠加效应，即来源于不同深度。这样，只有用某种方法把来自不同深度的异常成分区分开来，才能着手进行解释。

2.重力异常反问题解释的非单一性

在重力解释中，根据已知矿体（或地质体）的产状研究它引起的异常特点、分布范围等称为解释中的正问题；而把根据异常特点及变化规律研究矿体（或地质体）的产状问题称为解释中的反问题。

对已知物质分布，计算确定它产生的重力异常是较为容易的，因为正问题的解是单一的。而反问题的解却较困难而且存在多解性。多解性的原因是由重力场的等价性决定的，即地下不同深度、形状、密度的地质体在地表面可引起同样的重力异常。以上情况给重力异常的解释带来一定困难。因此，在重力资料解释中，必须强调与地质和其他地球物理资料的综合解释，方可缩小解释的多解性，使最后的解释与实际情况更加符合。

（二）区域异常和局部异常

在重力资料解释中，通常把实测重力异常看作由区域异常和局部异常组成。区域异常是指由分布范围较大的、相对深的地质因素引起的重力异常。这种异常一般幅值较大，另常范围也较宽，但异常变化梯度较小，具有"低频"的特征。局部异常是指比区域地质因素较小的矿体、岩体或局部构造引起的范围和幅度均较小的异常；异常梯度相对较大具有相对"高频"的特征。

局部异常是从布格异常中去掉区域异常后的剩余部分，所以又称为剩余异常。实测重力异常是由地下所有密度不均匀体引起的叠加异常。为了根据实测异常求某个场源体，首先必须从叠加异常中分离出单纯由这个场源体引起的异常。现有的大部分异常分离方法都有一个共同的应用前提，即不同的异常成分在空间"频率"上都有差异，这种差异越大，分离的效果越好。如果差异小，不同地质因素引起的叠加异常就很难分开，这就为异常的反演带来了困难。

（三）重力异常的划分

1.图解法

该方法是一种传统的手工方法。具体做法是根据布格异常形态，利用区域异常和局部异常特征上的差异，特别是参照已知的地质情况，凭解释者的经验估算区域异常的大小及变化，徒手画出直线、曲线或它们的平面组合线，用这些线分别表示剖面或平面上的区域异常形态，然后从测点的异常值中减去其区域异常值，便得到局部异常值。

显而易见，图解法简单易行。但划分效果的优劣，很大程度上取决于解释人员对测区中异常变化趋势的认识和了解。为了便于正确分析区域异常，测区的范围必须较局部异常的范围大得多。此外，还要求解释人员了解、掌握测区的地质情况。

2.平均场法

平均场法又叫数学分析法。其基本原理是：在一定剖面或平面范围内的区域异常可视为线性变化，因而该范围内的重力异常平均值可作为其中心点处的区域异常值；求平均异常时所选用的范围应当大于局部异常的范围。然后用中心点处异常减去区域异常便可得到该点的局部异常。该方法没有解释者的主观偏见，但过程死板，没有考虑可能影响解释的已知地质因素。根据用于平均的原始数据点的分布，平均场法可分为以下三种方法。

（1）圆周法又称多边形法，是一种广泛采用而且效果较好的方法。实际上该方法是偏差值法在处理平面异常上的一种推广。它是采用一定形式（如正方形、六边形、八边形等）的图板，求出均匀分布在图板边缘上若干点的重力异常平均值，并把它作为图板中心点（位于测点上）的区域异常值。然后用中心点异常减去区域异常值便得到该点的局部异常值。以平均场法划分异常，其效果首先取决于区域场的变化特征，若区域场沿某水平方向呈线性或近于线性变化时，则会取得较好的效果。此外，还与计算窗口（即半径r）的大小有关。通常要求计算半径r大于局部异常分布范围。当不知道局部异常范围时，应通过试验确定。试验方法如下：在重力异常平面等值线图中，挑选几个有局部异常的地区，分别用不同半径的圆周，取得相应的平均异常值。

（2）网格法：将布格异常平面图以一定的网度分成正方形网格状，网格半径一般为重力测网点距的数倍至十几倍；然后以每个网格中各结点重力异常平均值作为网格中心点的区域异常值。依据各网格中心点区域异常值可以勾绘出区域异常等值线图。从而各测点区域异常便可用内插法求得，相应的局部异常也就可以获得。另一种计算办法是采用同一网格的滑动方法求出各结点上的区域异常和局部异常。一般来讲，窗口越大，滑动平均值反映的地质体越深。因此，应按需要压制的区域异常范围大小来选择窗口。这种方法最适用于计算机处理，因而应用较为广泛。

（3）趋势分析法：该方法实质是用一个多项式拟合区域场。当以二阶多项式（或二次曲面）拟合区域场时，则称为二阶趋势分析；而以高阶多项式拟合区域场时，即为高阶趋势分析。趋势分析与圆滑法的数学实质都是函数拟合。但二者间却存在明显的差别。趋势分析是利用全测区（或整条测线）中的所有测点的异常数据，而异常圆滑利用计算点附近一定范围内的数据。也就是前者是整体拟合，后者是局部拟合。

使用趋势分析法应注意以下几个问题：划分异常的效果主要取决于区域场的分布特征及其与数学模型的近似程度；原则上讲，区域场复杂时应选高阶多项式，但阶数过高会造成局部异常对区域场的影响过大。通常对不太复杂的区域场取2~3阶多项式。对复杂的区域场也只选4~5阶多项式，在划分异常时，往往在局部异常附近出现符号相反的"虚假异常"。

3.解析延拓法

重力异常是随着场源深度的变化而变化的，当叠加异常的场源来自不同深度时，它们随着观测平面高度的变化而增减的速度也不同。浅部地质因素所引起的异常随观测平面高度的变化具有较高的敏感性；而深部地质因素却显得比较迟钝。因此，在异常的划分中，人们提出用异常的空间换算方法来划分不同深度的叠加异常。具体计算是根据地面实测重力异常值计算出场源以外其他空间位置的重力异常值，此过程称为异常的解析延拓。常用的解析延拓方法有向上延拓和向下延拓两种。向上延拓是将地面实测异常换算为地面以上另一高度观测面上的异常；而向下延拓是根据地面实测异常求取地下某一深度（场源深度以上）观测面上的异常。解析延拓对于划分来自不同深度的场源异常特别有用。

（1）解析延拓的作用。向上延拓具有"低通滤波"的特性，它的主要作用是使异常变得更为平滑，相对突出了区域异常的特征。有时用几个不同高度上的异常联合，或绘制 xoz 断面上空间等值线图，用来提高解某些反问题的能力。

向下延拓则是向上延拓的逆过程，具有"高通滤波"的特性，其作用是相对突出了浅部（局部）异常，分解在水平方向叠加的异常，定性估计场源的深度，以及由于下延使延拓面更接近场源，异常等值线圈闭的形状与场源体水平截面形状更为接近，因而可用来了解复杂异常源的平面轮廓。

（2）解析延拓的计算。上延计算在理论上是严密而且可以实现的，计算误差主要是有限的积分范围所致。当积分范围一定时，延拓高度越高则误差越大。等值线网格化时取值点密度及计算延拓值时插值误差也会造成影响。

下延计算属于不确定问题，引力位在场源体外和场源体内分别满足拉普拉斯方程和泊松方程，场源深度又属未知的；因而在理论上未能解决其计算方法，只能用插值公式进行外推。外推的深度越大，下延值的误差越大。由于下延计算的高通滤波性质，局部干扰和误差会被放大，使下延计算可能失败，因而在处理实际资料时下延深度不能太大，而且每下延一次要对这个深度的下延值进行平滑处理，然后再继续下延。

（3）在某个高度（深度）处的上延（下延）值相当于把观测面移到这个高度（深度）处得到的值；也相当于保持观测面不动，把场源体向下（上）移动了一个等于这个高度（深度）的距离，在原观测面上得到的异常值。了解这些对应关系，有助于增加解释的手段。

（4）解析延拓尚有两个问题需要解决：进行上延计算时，由浅部场源体引起的"高频"异常随高度增加而衰减的同时，所求的由深部场源体引起的宽缓的"低频"异常也随高度衰减；进行下延计算时，由浅部场源体引起的"高频"异常随下延深度增加而增大的同时，由深部场源体引起的"低频"异常也得到放大。上延高度是决定上延效果的一个关键参数，而且在进行上延计算时必须首先给定。迄今为止，还没有一种确定上延高度的有效方法。

第二节 磁法勘探

一、概述

（一）计算磁性体磁场的意义和条件

野外磁测的最后成果是磁异常的等值线平面图和剖面图。磁测的根本目的是要解决地质问题，这需要对磁测资料进行定性、定量解释和地质解释。为此，必须先了解各种地质现象与磁异常的对应规律和本质联系，以及磁异常特征与各种磁性地质体形状、产状等的定性和定量关系，以便根据测得的磁异常推断出地下的地质情况。

为了更好地利用磁测方法解决实际问题，先要在理论方面了解地质模型简化出的规则磁性体磁场，进行数学、物理的解析，从中找出其规律，以作为地质解释推断的数理依据。根据已知磁性体计算其磁场分布，在场论或数学中称为正演问题；而根据已知的磁场分布确定磁性体的磁性参量和几何参数，叫作反演问题。显然，正演问题是反演问题的基础。磁异常要比同形状物体的重力异常更复杂。由已知模型计算重力异常，仅仅取决于物体的几何形状及其密度差，而磁异常的形态与更多的因素有关。为了根据磁异常的分布变化特征了解地下磁性岩层、岩体的分布特征、构造特征和矿产特征，就要研究不同形状、产状、大小和磁化特点的地质体的磁场，从定性和定量两方面研究磁性体与磁场的关系，了解和掌握磁性体特征和磁异常特征间的规律，以此作为解释推断的理论依据。这就是计算磁性体磁场的意义所在。自然界的地质现象是复杂的，岩体或矿体的形状多是不规则的，磁性是不均匀的。对各种复杂情况，常难以用数学方法去计算其磁场分布。但我们知道，了解简单是认识复杂的基础。另外，规则和不规则、均匀和不均匀的概念都是相对的，是随条件而变化的。因此，在计算磁性体磁场中，常作如下假设：

（1）磁性体为简单规则形体；

（2）磁性体是被均匀磁化的；

（3）只研究单个磁性体；

（4）观测面是水平的；

（5）不考虑剩磁。

　　除少数情况外，实际地质条件并不符合，上述假设条件，从理论上讲，只有二次曲面形体才能被均匀磁化。由于磁法主要是研究被掩盖的磁性地质体，当其有一定的埋藏深度时，形态不规则和磁性不均匀的地质体引起的磁场，可近似为均匀磁化的规则形体的磁场，因此这些假设条件具有一定的实际意义。

（二）地球磁场

　　地球就像一个巨大磁铁，周围存在地磁场，有N极、S极，磁力线由南极（S）到北极（N）。人们对地磁场的成因作过各种各样的探讨，创立了众多的假设。由于它与地球演化、地球内部的能量和运动，以及天体磁场来源的密切关系而成为地球物理学重大理论难题之一，至今尚未有满意的结果。地磁场的球谐分析，从理论上肯定了地磁场的源在地球内部，并且地磁场在时间上具有稳定的空间磁偶极特征，在漫长的地质史上，磁偶极磁场曾经历过多次反向（从统计意义上讲，正、反极性的概率相等），这些都是地磁场起源理论要解释的主要现象。而地磁场长期变化的西向漂移现象的研究，提供了估计这种运动状态和量级的一种可能，这就是20世纪40—50年代发展起来的"发电机理论"。这种理论刚刚问世的时候，尚不能解释地磁场反向的事实，后来又有"非稳定的发电机理论"，可以解释地磁场反向的现象。这在很大程度上提高了"发电机理论"的声誉。目前它被认为是地磁场起源理论中最为合理的和最有希望的一个。实际上，地球内部的三个圈层（地核、地幔、地壳）都是在运动的，由于各个圈层的物质组成差别很大，造成它们运动的速度各不相同，这就会产生摩擦生电，再由电磁理论，电能会变成磁，也就是现在的地磁场。这一过程不是一成不变的，由于地球各层的运动速度的改变，导致地球磁场也在不停地改变。

　　2.磁场随时间的变化

　　（1）长期变化：主磁场随时间的缓慢变化称为地磁场的长期变化。从伦敦、巴黎和罗马的资料可以推测，磁偏角的变化周期约为500年，磁轴绕子午线转动，也就是出现磁偏角变化，典型时出现倒转（S、N互换）。同时磁偏角、磁倾角和地磁场强度都有长期变化。此外，偶极子磁矩逐年也有微小的改变。长期变化的主要特征是地磁要素的"西向漂移"，偶极子场和非偶极子场都有西向漂移。且偶极子磁矩的衰减和非偶极子场的西向漂移都具有全球性质。

　　（2）短期磁场：地球的变化磁场是指起源于地球外部，并叠加在主磁场上的各种短期地磁变化。变化磁场可以分为两类：一类是连续出现的，比较有规律且有一定周期的变化；另一类是偶然发生的，短暂而复杂的变化。前者称为平静变化，来源于电离层内长期存在的电流体系的周期性改变。后者称为扰动变化，是由磁层结构、电离层中电流体系及太阳辐射等的变化引起的。平静变化包括太阳静日变化和太阴日变化两种。太阳静日变化是以一个太阳日为周期的变化。其特点是：白天比夜晚变化幅度大，夏季比冬季变化幅度大，平均变化幅度为数纳特至数十纳特。太阳静日变化按一定规律随纬度分布，在同一磁纬度圈的不同地点，静日变化曲线形态相同，且极值也出现在相同的地方上。太阴日变化依赖于地方太阴日，并以半个太阴日作为周期。太阴日是地球相对于月球自转一周的时间（约25h）。太阴日变化的幅度很微弱（Z和H的最大振幅仅1～2nT），磁测时已将它包括在太阳静日变化内，故不再单独考虑。太阳静日变化是以一个太阳日为周期的变化。其特点是：白天比夜晚变化幅度大，夏季比冬季变化幅度大，平均变化幅度为数纳特至数十纳特。太阳静日变化按一定规律随纬度分布，在同一磁纬度圈的不同地点，静日变化曲线形态相同，且极值也出现在相同的地方时上。太阴日变化依赖于地方太阴日，并以半个太阴日作为周期。太阴日是地球相对于月球自转一周的时间（约25h）。太阴日变化的幅度很微弱（Z和H的最大振幅仅为1～2nT），磁测时已将它包括在太阳静日变化内，故不再单独考虑。扰动变化包括磁扰（磁暴）和地磁脉动两类。地磁场常常发生不规则的突然变化，叫作磁扰。强度大的磁扰又称为磁暴。磁暴是一种全球性效应。磁暴发生时，地磁场水平分量强度突然增加，垂直分量强度相对变化较小。磁暴可持续数天，幅度达数百纳特至上千纳特。地磁脉动是一种短周期的地磁扰动，周期一般为0.2～1000s，振幅为0.01～10nT。研究地磁脉动可以推测地壳上部的电导率状况，从而解决某些地质或地球物理问题。除此之外还有年变化、日变化。一年当中，不同季节0Z不同，冬季与夏季差10nT左右；一天当中，中午较少，早、晚相对较大，但两者差值很小。

2.磁异常

实践证明，在消除了各种短期磁场变化以后，实测地磁场与作为正常磁场的主磁场之间仍然存在差异，这个差异就称为磁异常。磁异常是地下岩、矿体或地质构造受到地磁场磁化以后，在其周围空间形成的，并叠加在地磁场上的次生磁场，因此它属于内源磁场（仅是其中很小的一部分）。磁异常中由分布范围较大的深部磁性岩层或区域地质构造等引起的部分，称为区域异常；由分布范围较小的浅部磁性岩、矿体或地质构造等引起的部分，称为局部异常。

但是在磁法勘探中磁异常和正常磁场的概念只具有相对意义，可根据欲解决的地质问题和探测对象来确定。例如，在地质填图中，若要在磁性岩层中圈定非磁性岩层，则磁性岩层上的磁场为正常磁场，而磁性岩层上磁场降低的部分为磁异常；反之，若要在非磁性岩层中圈定磁性岩层，则正常磁场和磁异常的定义必须反过来。又如在磁性岩层中寻找磁铁矿时，磁性岩层的磁场属于正常磁场，而对应矿体的磁场增高部分则是磁异常了。

岩、矿石磁性的强弱主要取决于铁磁性矿物，如磁铁矿、磁黄铁矿等的含量。一般来说，铁磁性矿物含量越高，岩石的磁性越强，但二者并不是简单的线性关系，因为还有许多其他因素，如铁磁性矿物颗粒的形状、大小及它们在岩石中的相互位置，都能影响岩石的磁性。此外，岩石磁性还与它们形成时的环境和各种地质作用有关，例如，火山岩磁性较强，是因为岩石形成时岩浆冷却得很快，保留了较大的剩磁。年轻的岩层往往比古老的岩层磁性强，是因为岩石剩磁随时间的延长而逐渐减小。变质作用会使岩石的铁质成分再结晶成为磁铁矿，因此，尽管原生沉积岩磁性很弱，但沉积变质形成的含铁石英岩却有很强的磁性。应力作用使岩石磁性沿应力方向减弱，所以构造破碎带上磁性往往偏低。氧化还原作用可使岩石中的铁质还原成磁铁矿，这就是燃尽的煤层上常出现较强磁性的原因。

二、磁测方法与要求

地面磁测的主要目的是通过对磁异常的观测来分析并解释地质构造问题或寻找矿藏问题。磁法勘探工作按其观测磁异常方式的不同，分为地面磁测、航空磁测、海洋磁测、卫星磁测及井中磁测；按其测量参数的不同分为垂直磁场、水平磁场、总场、三分量及各种梯度异常测量等。它的基本方法是利用磁力仪在指定的地区按一定的测网、测线逐点进行测量，从而得到一系列观测数据，再经过消除误差和干扰，便可绘制成各种类型的磁异常曲线图。这些图件是用来进行地质解释的重要资料。以下扼要介绍有关磁法勘探各阶段的工作概况。

（一）测区的选择

磁测工作首先遇到的问题是选择合适的测区和测网。测区的选择是根据任务在地质条件有利地区内布置和安排磁测工作，这里的地质条件指的是以下三个方面：

（1）所研究对象的磁性（磁化强度）与其围岩有明显的差异，于是存在磁异常；

（2）研究对象的体积与其埋藏深度的比值要足够大，否则因引起的磁异常太小而观测不出来；

（3）由其他地质体引起的干扰磁异常不能太大，或能够设法消除其影响，因为这样才容易把研究对象从复杂的背景中识别出来。

这些地质条件是根据已有的地质、物探资料和现场采集标本并测定其物性等情况来确定的。当测区确定之后，就要按照一定的密度布置测点。通常是以一定数量的点组成测线，以一定数量的线组成测网。测线的方向要尽量选取与磁异常长轴垂直的方向。点距和线距的大小要视磁异常规模的大小而定，要使每个磁异常范围内的测点数能够反映出磁异常的形状和特点。

在工程上可不按比例尺，有针对性地、适当加密探测点，但测区要有完善性，要有完善的异常，要求在图上不漏掉1cm×1~2mm²地质体。为此，图上每1cm都应有观测线，点距为线距离的1/10~1/2，一般要有3~5条穿过异常体，在不知异常体时，全部测定，到异常明显时，可适当加密。在具体选择测网时，要考虑如下因素：矿体的长度和密度、矿体的埋深、矿体与围岩的磁性差异、异常干扰值的大小。

（4）基点的确定：磁测结果是相对值，而不能测绝对值，为便于对比，一般一个地区要选择一个固定值，而固定值不要轻易改变，该点称为基点。基点分三类：总基点、主基点、分基点。

①总基点是全区异常的起算点，在选择总基点时符合如下要求。

位于正常场内；磁场水平梯度与垂直梯度较小，在半径为2m、高差0.5m的范围内的磁场变化不超过总设计均方误差值的1/5；附近没有磁性干扰物，远离建筑物和工业设施；所在点长期不被占用，有利于标志的长期保存。一般选择时，从小比例航磁图上选正常场，到实地做长磁测剖面，在相对梯度比较小的一段即可选定。

②主基点是测区内某一地磁异常的起算点，能用来检查、校正仪器性能，又称为校正点。要求位于平稳场内，靠近驻地，具有使用方便、梯度小、无干扰等特点。

③分基点是辅助主基点检查仪器用，一般临时或短时间能保存的点，要求主基点基本相同。基点选择后要连测，并进行平差。

（二）野外磁测

野外磁测的要求随着磁测精度的差别而异。现在简要介绍野外磁测的基本内容。首先，在各测点上开始观测之前，要设立基点与基点网。由于所用的磁力仪是作相对测量的仪器，故获得的结果是各测点与事先约定好的标准点（基点）之间的差值，基点是一个测区磁异常的起算点，即将基点的磁场视为测区磁场的零点，所谓磁异常的强弱、正负，都是和测点与基点相比较而言的。基点应选在测区的正常场上，每天工作之前都要到基点上去读数，以便得出每台仪器在当天的基点读数，然后再开始观测各测点的读数，最后就可求出各点的磁异常值；这里还需考虑到地磁场随时间的变化和仪器本身性能的变化（统称为"混合变化"），必然会影响到磁测的读数。其中地磁场变化主要指地磁日变化，而仪器性能的变化主要是仪器随温度变化的影响和仪器的零点漂移。为了消除混合变化对磁测结果的影响，在进行实地测量时，每隔1～2h或数小时就要返回基点重新读数一次，这也称为"对基点"。这样可以从两次重复读数中找出混合变化的数值，然后再利用这些数值对各测点的观测值进行改正。

在一个测区内测量时，为了方便对基点，通常要设置多个基点：一个总基点和若干个分基点，称为基点网。总基点一般设在正常场上。各分基点相对于总基点的磁异常值，一般都要在大面积测量开始之前用多台仪器进行多次往返读数，并取平均值的方法精确地测定出来。

（三）磁测精度评价

不同的地质任务有不同的观测精度要求。观测精度是指所允许的均方根误差的范围。磁测精度，用观测值误差大小来衡量，按性质不同分为有系统误差、偶然误差、均方误差等。

磁测精度的选取主要取决于地质任务的要求程度和磁异常的强弱，一般来说，在详查阶段，要求的精度要比普查阶段的高一些，测量弱异常所要求的精度比强异常的高一些。确定磁测精度的原则是应能保证发现有工业意义的最小矿体或埋藏较深矿体的异常，通常规定其均方根误差应小于最弱异常的极大值的1/6~1/5。

根据误差理论，一般误差分为系统误差和偶然误差两种，前者有规律地出现，可以改正和加以消除，后者无明显的规律，无法消除。质量检查与评定时，要评价单点观测方法技术的质量及专门抽查统计误差。前者包括：转向差、稳定性、零点位移、原始记录质量、定点误差等，均匀地抽若干点进行检查。一般要求：

（1）野外边测边查，不许全区测定后再查；

（2）采用"一同三不同"（同点位、不同操作员、不同仪器、不同时间）的原则，抽查工作量不少于总工作量的10%，绝对点数不少于30个；

（3）对曲线上下不连续点、跳跃点进行重点检查；

（4）在计算均方误差之前，选作分布曲线，看是否存在系统误差。

针对磁测精度问题，在施工的各环节通常考虑如下5个方面：

①仪器一致性均方差；

②基点的选择及基点网联测的均方差；

③野外观测的均方差；

④各项改正的均方差；

⑤整理计算的均方差。

（四）磁测数据的整理

磁测工作根据一定的测网进行，所获得的数据要经过一系列整理计算，消除各种干扰因素，才能得到所需的各测点上的磁异常值。整理计算分以下步骤。

1.求出测点相对于基点的磁场差值

这个差值可以是正值或负值。

2.日变改正

日变改正是从日变曲线上直接查得的，而日变曲线是由实际观测得来的。在磁测工作中，在一般野外测线上观测的同时，还需要用另一台灵敏度较高的磁力仪在一个事先已选好的较平静、阴凉、无磁性干扰的地方进行连续的日变观测，作出日变曲线。如果在附近数十千米至一百千米范围内有地磁观测台，也可以向地磁台直接索取日变曲线。进行日变改正时，以上午磁力仪在基点读数时刻的日变值为零值，并通过该点作平行于横坐标的直线作为改正的零值线，然后即可按野外观测点工作时间逐点从曲线上查得相应的改正值。

3.零点改正

仪器的零点漂移一般可看作呈线性变化，即漂移的格数和使用时间的长短成正比。零点改正值可从仪器的零点漂移曲线上查得。而零点漂移曲线是由基点控制得来的，即两次到基点去重复读数之差，经过日变改正和温度改正后，得到最大零点漂移，然后再以时间为横轴绘出一条线性变化曲线，按时间比例将这个最大漂移值分配到该段时间内所测的各个测点上，作为各测点上的零点改正值。

4.纬度改正

当测区沿南北方向分布范围较大时，地磁场的正常变化就会对磁异常值产生影响。因此需要进行正常梯度改正，方法是以总基点为标准，量取各测点相对于总基点沿磁南北方向的距离，与纬度改正系数相乘，就得到了纬度改正值。

（五）磁测数据的图示

为了能直观地反映测区磁异常的特点和规律，将上述整理计算所得的各测点的磁异常数据，按一定比例绘制成各种磁异常图。这些图件便作为对磁测结果进行最后推断解释的依据。磁异常图的种类很多，最常用的基本图件有磁异常剖面图、磁异常平面剖面图和磁异常平面等值线图等。

1.磁异常剖面图

以测线为横坐标，在纵坐标上标出各测点的磁异常值，将这些磁异常连成曲线，即为磁异常剖面图。另外，在磁异常曲线下面，一般还绘有地形、地质剖面、磁参数资料和剖面方位等，以便于对比分析。

2.磁异常平面剖面图

磁异常平面剖面图是由各条测线的磁异常剖面图按一定的线距拼在一起而构成的。磁异常平面剖面图不仅能反映磁场沿测线方向的变化特点，也能反映磁性地质体的走向变化等特点，是面积性解释的基本资料。

3.磁异常平面等值线图

在测区平面图上将具有相同磁异常值的测点用曲线连接起来就构成了磁异常平面等值线图。磁异常平面等值线图能较好地反映磁异常平面展布的总体特征，即适合表现大而简单的异常形态，但往往对小的磁异常或叠加场反映不明显，小的变化易在勾绘等值线时被圆滑掉，其受主观因素影响较大。为此，在描绘平面等值线时常参照磁异常平面剖面图和相应的地质图。

四、磁异常的解释

（一）异常特征的描述及分类

磁测的目的是根据磁异常与磁性体的关系来分析、描述实测的异常，大致确定磁性体的形状、产状、范围等，异常平面、剖面曲线是定性解释的主要依据，对于异常特点，一般可根据如下4个方面进行描述。

（1）磁异常的形态：二度或三度异常，异常的走向、宽度及正、负异常的分布范围，如球形体，地表磁力线由南向北，在球体上方出现即上边为"-"，下边为"+"；板状体，北边为负，南边为正。

（2）异常的强度，异常极大值、极小值和一般值。异常体大小与埋深有关，浅部异常大，但范围小，而深度异常小而范围大，当然与地下磁性体的形态有关。

（3）磁异常梯度，即沿剖面方向单位距离上异常的大小，平面图等值线的疏密，剖面图异常的陡缓，都反映了异常的梯度。

（4）各类异常体之间的关系，如干扰场、深部与浅部异常的叠加等。如有些地区有上、下两层铁矿，磁测图等值线很密，当浅部挖空后（当时认为是赤铁矿，没有磁性），并没有磁铁矿大面积赋存，就是与浅部的叠加造成的。根据其特征，结合测区的地质情况，可以将测区内异常分为几类，并编号，大致区分出有关的异常。如地形引起的异常（陡坎边测量）、大块岩引起的异常、构造矿体引起的异常等，以便有重点地进行分析或解释。

（二）决定磁异常特点的因素

（1）磁性体的赋存状态：①形状和大小：磁性体的形状和大小对磁异常的特征影响比较明显，它直接影响异常在平面上的分布特征，具有明显走向的磁性体，其磁异常平面等值线也有明显走向；没有固定走向的磁性体，如球状等，其磁异常平面等值线呈近似圆状异常，称为等轴异常。

②埋深：磁性体的埋深主要影响异常极值大小、宽度及梯度变化。当埋深加大时，异常极大值减小，宽度增大，曲线圆滑，梯度变小。

③宽度、倾向和延深：磁性体的水平宽度主要影响磁异常宽度，倾向和延深主要影响曲线形态和磁化强度方向。

（2）磁性体磁化强度的大小和方向：磁化强度的大小只影响幅值，而方向会影响曲线的形态、对称性、幅值及负异常的分布。磁化强度的大小和方向直接影响到磁异常的解释，一般有如下四个途径来确定：

①根据当地磁场的方向，求出磁性体有效磁化强度方向，可不考虑剩磁；

②用标本统计的感磁和剩磁大小和方向，用投影合成法确定有效磁方向；

③用磁异常推算有效磁化强度方向；

④实测磁异常曲线与书籍的理论曲线对比，确定有效磁化强度方向。

第三节　电法勘探

一、概述

电法勘探是应用地球物理学的主要学科之一，是电学（电磁学和电化学）领域的一门应用科学。它被广泛地应用于各种矿产普查勘探和水文地质、工程地质等方面，并取得了显著的地质效果。地壳中的岩石、矿物具有某些电学性质的差异，电法勘探（简称电法）就是以研究地壳中各种岩石、矿石的电学性质之间的差异为基础，利用电场或磁场（人工的或天然的）在空间和时间上的分布规律，来解决地质构造或寻找有用矿产的一类物理勘探方法。在电法勘探中，目前利用矿石和岩石的电学性质或物理参数主要有四种：导电性（用电阻率 ρ 表示）、介电性（用介电常数 ε 表示）、导磁性（用磁导率 μ 表示）和极化特性（人工体极化率 η 和面极化系数 λ 与自然极化的电位跃变）。由于不同的岩石、矿石电学性质（一种或数种）上的差异，都可以使电磁场（人工或天然）的空间分布状态和时间分布规律发生相应的变化。一般情况下，岩矿的电学参数值改变得越明显，则岩矿内外或空间中电磁场的相应变化也越强烈。因此，人们便可以根据这种相应的规律在探测区域内（如地下坑道或井中、地面上、空间中）通过利用不同性能的仪器对电磁场的空间分布和时间分布状态的观测与分析研究，寻找矿产资源或查明地质目标在地壳中的存在状态（形状、大小、产状和埋藏深度），以及电学参数值的大小，从而实现电法勘探的地质目的。

（一）电法勘探的分类

一般而言，电法勘探较其他物探方法具有利用物性参数多，场源、装置形式多，观测内容或测量要素多，以及应用范围广等特点。按场源形式、观测要素、工作方式及地质目标等方面的不同，电法本身又派生出许多不同的分支方法。所以，为实现不同探测目标，适应多种矿产地质条件，致使电法勘探在多年的生产实践中发展出许多分支或变种方法。目前，在实际工作中得到应用的已有20余种，处于研究阶段的也还有许多种。电法方法分支很多，但有些方法很类似，为了便于学习和研究，常将在某些方面具有一定相似性的分支方法归为一类。一般有以下六种分类方案：

1.按观测场所不同分类

将所有分支方法分为：航空电法、地面电法、海洋（或水上）电法、地下（包括矿井、坑道和钻孔中）电法。这种分类在考虑工作阶段（普查或勘探）和技术方法以及仪器设备等问题时，便于充分注意不同场所的特点。

2.按勘探地质分类

分为四类：金属与非金属矿电法、石油电法、煤田电法、水文与工程电法。这种分类便于实际工作者按照地质目标和矿产条件适当选择分支方法，以便更有成效地在方法、技术、仪器设备和资料解释中注重地质特点。

3.按场源性质分类

可划分两大类：人工场法（主动源法）、天然场法（被动源法）。两种方法各有条件：人工场法的一般特点是，场源的形式和功率可以人为地控制或改变，因此比较灵活，适用于多种不同地质目标和矿产条件；天然场法则不同，但由于不需要人工场源，则一般比较经济，而且效率高，更便于开展普查工作。

4.按产生异常电磁场的原因分类

这时可划分为两大类：传导类电法、感应类电法。前者观测和利用大地中由于传导作用产生的异常电流场（天然的或人工的，稳定的或似稳态的），目前我国应用最广泛的是电阻率法、自然电位法、充电法、激发极化法；后者观测和利用地壳中由于感应作用产生的涡旋电流场或其异常电磁场（天然的或人工的，瞬变的或谐变的），主要有脉冲瞬变场法、低频电磁法、甚低频法和无线电波法。

5.按观测内容分类

在这类分类中，将各类电法划分为两大类：纯异常场法、总合场法。在纯异常法中，观测的内容不包含人工场源的作用，如时间域激发极化和脉冲瞬变场法，都是在断去供电电流（人工场源）后观测纯异常场，又如用频率域激发极化法和电磁感应法时，供电期间观测的各种方位虚分量也属纯异常，还有各种天然场法；在总合场法中则包含人工场的作用，如各种电阻率法及频率域法中倾角法和椭圆极化法以及振幅相位法等。

6.按电磁场时间特性分类

通常可划分为三类，即直流电法或时间域电法（观测或利用稳定电场）、交变电法或频率域电法（观测或利用似稳态电磁场和电磁波）和过渡过程法或脉冲瞬变场法（观测或利用电磁场的瞬态过程）。

（二）电法勘探的技术使用

（1）密度电阻率法：它采用了三电位电极系，包括温纳四极、偶极、微分三极装置，它结合计算机技术，可广泛应用于场地地质调查、坝基及桥墩选址等。

（2）高分辨地电阻率法：该方法起初用于探测军事方面的洞体，后应用到探测废矿巷道、岩溶等地下洞。此法在探测地下洞体方面效果优于其他方法。

（3）激发极化法（IP）：它是应用范围最广和效果最好的一类电法勘探方法，在找水、找油方面取得了明显的效果。

（4）频谱激电法（SIP）又称复电阻率法。此法在金属矿床和油气勘察方面取得了明显的找矿效果。

（5）瞬变电磁法（TEM）是电法勘探分支方法，它除了具有电磁法穿透高阻层能力强及人工源方法，随机干扰影响小等优点外，TEM法还明显具有断电后观测纯二次场，可以进行近区观测，减少旁侧影响，增强电性分辨能力等优点。可用加大发射功率的方法增强二次场，提高信噪比，从而增加勘探深度；通过多次脉冲激发后场的重复测量和空间域拟地震的多次覆盖技术应用，提高信噪比和观测精度；可选择不同的时间窗口进行观测，有效压制地质噪声，获得不同勘探深度等一系列优点。其今后的发展方向可概括为：

理论方面：与实际地质构造接近的二、三维问题正反演，电磁拟地震的偏移及成像技术，瞬变电磁法的激电效应特征、分离技术和解释方法等；方法技术方面：类似于CSAMT的双极源瞬变电磁法，拟地震的工作方法技术，如时间域多次覆盖技术等；仪器方面：主要是发展大功率、多功能智能化电测系统，高温超导磁探头的研制及观测和解释方法研究；应用方面：除了通常应用于金属矿及石油资源的勘察外，还应在地下水、地热、环境及工程勘察、井中瞬变电磁法及深部构造等方面拓宽应用及研究领域。

（6）可控高频大地电磁法（CSAMT）：它是二十世纪七八十年代国际上新发展起来的一种电法勘探方法，由于该方法的探测深度较大（通常可达2 km），且兼具剖面和测深双重性质，因此颇受业内人士青睐。为了推动CSAMT法的进一步发展，应深入研究二维和三维条件下，由人工场源引起的各种复杂现象对双极源CSAMT观测结果的影响规律和校正方法，提高观测结果的解释水平。

（7）探地雷达（GPR）采用宽频短脉冲和高采样率，探测的分辨率高于所有其他地球物理手段，随着电子工艺的迅速发展，探地雷达有了轻便的仪器，它的实际应用范围也迅速扩大。

（8）岩性测深（Petro Sonde-PS）：该法在大深度上显示出高分辨率和识别油、煤、水的能力，但由于其发明公司（美国GI公司）对其原理解释缺乏说服力，其应用争议颇大。

二、直流电阻率法基础知识

电阻率法勘探是以地下岩石（或矿石）的导电性差异为物理基础，通过观测和研究人工建立的地中稳定电流场的分布规律从而达到找矿或解决某些地质问题的目的。它具有方法多样化的优点，而且由于仪器设备比较简单及工作效率较高，因此被广泛用于各种矿产的普查勘探和水文地质、工程地质、供水水源勘探等各个领域，并取得了良好的地质效果。由均匀材料制成的具有一定横截面积的导体，其电阻R与长度L成正比，与横截面积S成反比。

电阻率仅与导体材料的性质有关，它是衡量物质导电能力的物理量。显然，物质的电阻率值越低，其导电性就越好；反之，若物质的电阻率越高，其导电性就越差。在电法勘探中，电阻率的单位采用欧姆·米来表示（或记作$\Omega \cdot m$）。电阻率的倒数$1/\rho$即为电导率，以σ表示，它直接表征了岩石的导电性能。不同岩土的电阻率变化范围很大，常温下可从$10^{-8}\Omega \cdot m$变化到$10^{15}\Omega \cdot m$，其值大小与岩石的导电方式不同有关。岩石的导电方式大致可分为以下四种：

（1）石墨、无烟煤及大多数金属硫化物主要依靠所含的数量众多的自由电子来传导电流，这种传导电流的方式称为电子导电。由于石墨、无烟煤等含有大量的自由电子，故它们的导电性相当好，电阻率非常低，一般小于$10^{-2}\Omega \cdot m$，是良导体。

（2）岩石孔隙中通常都充满水溶液，在外加电场的作用下，水溶液的正离子（如Na^+、K^+、Ca^{2+}等）和负离子（Cl^-等）发生定向运动而传导电流，这种导电方式称为孔隙水溶液的离子导电。沉积岩的固体骨架一般由导电性极差的造岩矿物组成，所以沉积岩的电阻率主要取决于孔隙水溶液的离子导电性，一切影响孔隙水溶液导电性的因素都会影响沉积岩的电阻率，如岩石的孔隙度、孔隙的结构、孔隙水溶液的性质和浓度以及地层温度等，都对沉积岩的电阻率有不同程度的影响。

（3）绝大多数造岩矿物，如石英、长石、云母、方解石等，它们的导电是矿物晶体的离子导电。这种导电性是极其微弱的，所以绝大多数造岩矿物的电阻率都相当高（大于$10^6\Omega \cdot m$）。致密坚硬的火成岩、白云岩、石灰岩等，它们几乎不含水，而其矿物晶体的离子导电又十分微弱，故它们的电阻率很高，属于劣导电体。

（4）泥质一般是指粒度小于$10\mu m$的颗粒，它们是细粉砂、黏土与水的混合物。泥质颗粒对负离子具有选择吸附作用，从而在泥质颗粒表面形成不能自由移动的紧密吸附层，在此紧密吸附层以外是可以自由移动的正离子层。在外电场作用下正离子依次交换位置，形成电流。这种以泥质颗粒表面的正离子来传导电流的方式与水溶液的离子导电方式不同，称为泥质颗粒的离子导电，也称为泥质颗粒的附加导电。黏土或泥岩中泥质颗粒的离子导电占绝对优势，由于黏土颗粒或泥质颗粒表面的电荷量基本相同，所以黏土或泥岩的导电性能比较稳定，它们的电阻率低且变化范围小。在砂岩中，随着岩石颗粒逐渐变细，附加导电所起的作用将越来越大。特别是细砂岩和粉砂岩，附加导电对岩石的电阻率影响很大。

三、电剖面法

电剖面法的特点是：采用固定极距的电极排列，沿剖面线逐点供电和测量，获得视电阻率剖面曲线，通过分析对比，了解地下勘探深度以上沿测线水平方向上岩石的电性变化。在水文地质和工程地质调查中能有效地解决有关地质填图的某些问题，如划分不同岩性的陡立接触带、岩脉；追索构造破碎带、地下暗河等，并可发现浅层的局部不均匀体（溶洞、古窑等）。电阻率剖面法简称电剖面法，根据电极排列形式的不同，又分为联合剖面法、对称剖面法、偶极剖面法和中间梯度法等类型。

四、电测深法

（一）电测深法的实质和应用条件

电测深法的全称为"电阻率垂向测深法"，它是研究垂向地质构造的重要地球物理方法。同其他物探方法一样，电测深法是在勘探区布置一定的测网，测网由若干测线组成，每条测线布置若干测点。对地面上某一测点进行电测深法测量的实质是用改变供电极距的办法来控制不同的勘探深度，由浅入深，了解该测点地下介质垂向上电阻率的变化。综合每条测线的测量结果，通过定性和定量解释，可以获得每条测线的地电断面资料；综合勘探区内各测线的测量结果，可以获得地下岩石沿水平方向和垂直方向变化的综合资料。因此，正确的工作布置和解释可以达到立体填图的效果。可见电测深法较之电剖面法，工作量大，但所获资料丰富。比如沿一剖面做一个电测深剖面，其结果中将包含多个不同电极距的电剖面结果。按照传统的说法，电测深有利于解决具有电性差异、产状近于水平的地质问题。但从电测深方法的实践来看，它的应用范围已大大扩展，早已不仅限于解决水平电性分界面的问题。在生产实践中对非水平层产状、局部的不均匀地电体（如断层、溶洞等），不同地貌单元的划分等方面，做了电测深的尝试之后，都在不同程度上获得一定的地质效果。虽然在多数情况下难以得到定量的结果，但能定性地了解地电体的分布情况，提供有用的地质信息。电测深的定量解释方法存在很大的局限性，因为目前的电测深解释理论是建立在以下假设基础上的：地面水平、地下电性层层面水平、厚度较大，各层间电阻率差异明显，各层内电阻率均匀，浅部没有明显的屏蔽层（高阻或低阻屏蔽层），层次不能太多。

实际地下地质情况往往比较复杂，不可避免地会偏离上述理论条件，因此在电测深工作中按严格的电测深解释理论进行定量解释，只能解决接近上述理论条件的地质问题。为了突破上述理论的局限性，充分发挥电测深进行立体填图的特长，扩大电测深法的应用领域，在生产实践中，根据水文地质和工程地质调查的需要，可以设法改进电测深法的某些方面，根据勘探深度要求不太大（一般在100m左右，不超过200m），但分层要求细致，并需估计局部电性不均匀体的埋深等情况，采用加密极距间隔的办法进行工作，细致地勾画定性解释图件。另外，由已知钻孔的井旁电测深曲线直观地发现目的层和曲线特征的定量统计关系，然后对大致资料进行定量解释，等等。上述措施的采用，实践表明是可行的，为指导勘探和打井，积累了不少经验。对于非理想条件下的电测深解释理论的探讨还很不成熟。近年来，引进电子计算机技术，对电测深资料进行数学处理，为本方法的进一步发展和完善开辟了广阔的前景。电测深法在水文地质和工程地质调查中，能研究下列问题：

（1）查明基岩起伏情况，确定覆盖层厚度，查明基岩风化壳发育深度等。

（2）寻找层位稳定的含水层，确定其顶底板埋深，为设计勘探孔位提供依据，在地下水矿化度高的地区，圈定咸水和淡水分布范围（水平方向和不同深度）。

（3）定性地确定具有明显电阻率差异的断层破碎带、陡立岩性接触界线的存在，并大致了解其产状（走向、倾向）和范围。

（4）查找埋藏不深、规模较大、电性差异明显的地下局部不均匀体，如局部的砂层透镜体、古河道、充水溶洞和人工洞穴、古窑等。

（5）在水文地质工程地质中，查明区域构造：如凹陷、隆起、褶皱等，划分地貌单元。

（6）在寻找建筑材料勘探工作中，估算砂石料的储量。

为了用电测深法解决上述地质问题，尤其在研究区域地质构造工作中，必须仔细选择电性标准层，以便进行区域追索、对比，获得关于地下构造的完整概念。适合于做电性标准层的岩层应满足下列条件：该层在工作区内能被连续追索，控制着工作区的地质构造。该层与围岩的电阻率差异大（最好差10～20倍以上），而且该层电阻率比较稳定。该层厚度较大（最好大于或等于其埋深）。

（二）电测深资料的解释

1.电测深资料的定性解释

电测深成果解释的最终目的是把电测深法野外工作获得的全部资料变成地质语言，供水文地质、工程地质人员在解决有关地质问题时应用。电测深解释工作是整个工作过程中极重要的一环，要本着从已知到未知、反复实践、反复认识的精神，要仔细地进行工作。

一般可分为定性解释和定量解释两个阶段。定性解释是整个解释工作的基础，定性解释之前必须进行电性资料的研究。

（1）电性资料的研究：在一个测区内做电测深工作时，首先要收集该区内已知钻孔资料（柱状图）和电测井资料，同时，应在已知井旁做电测深试验工作，对所获得的井旁电测深曲线进行分析，判断哪些地质体或地层反映了哪些电性层，参照钻孔柱状图、电测井资料等，经过研究对比，确定地质体或地层与 ρ 曲线的对应关系，判断含水层与隔水层、淡水层与咸水层等在电阻率上的差异，掌握其异常特征和曲线类型。有了工区内已知资料作借鉴，便可估计区内的岩性、构造和地形等因素对电测深结果的影响，从而指导未知区的工作。这项工作是定性解释的第一步，是随着资料的不断丰富而逐步深化的。

（2）各种定性解释图件的绘制和分析，电测深定性解释的任务是了解地层结构特点、地层与电性层的对应关系，并掌握它们沿水平或垂直方向上的分布与变化情况。各种定性解释图件的绘制是定性解释的主要工作。这些图件将从不同角度、不同勘探深度上，从平面、纵横剖面上把握被测地层、地电体的空间分布和变化，可从中获知被测对象直观的、立体的轮廓。当然，这些结果都是粗线条的，还有待通过定量解释较准确地绘制地电断面的图件。

2.电测深的定量解释方法——量板法

电测深定量解释的目的是在定性解释的基础上确定各电性层的埋深、厚度和电阻率的具体数值，最后绘制各种定量图件。定量解释分为借助于量板进行对比的量板法和不需要使用量板的简捷定量解释方法。在这里我们只介绍量板法，它是电测深定量解释曲线最基本的方法，理论严整，需要熟练地掌握。量板法就是运用理论曲线对实测电测深曲线进行对比求解的方法。在已知各层电阻率和厚度的水平层状地电断面上，根据电测深的理论计算公式，计算出许多理论曲线，把它们按层数和断面类型分类组成的曲线簇及曲线册叫作"量板"。

普遍使用的有三种量板：二层量板、三层量板和辅助量板。根据实测曲线，判断它的层数及类型，分别与相应的量板上的理论曲线对比，求出各电性层的埋深、厚度和电阻率值，这就是量板法的求解过程。

五、高密度电阻率法探测

高密度电阻率法是集测深和剖面法于一体的一种多装置、多极距的组合方法，它具有一次布极即可进行的装置数据采集以及通过求取比值参数而能突出异常信息，信息多并且观察精度高、速度快，探测深度灵活等特点。我们把这种技术应用于井下直流电法测量，在预测采煤工作面的开采地质条件和水文地质条件中取得了较好的应用效果，它在工程地质勘察的水文地质勘察中有着较广阔的应用前景。

高密度电阻率法的资料解释通常分两个阶段：一是定性解释阶段，这个阶段主要进行定性分析和半定量解释，并综合分析所得数据和几何参数，结合矿井地质资料和水文地质资料，以及其他物探资料，建立起被研究区域的地电断面模型，为下一阶段的定量解释奠定基础；二是定量解释阶段，这一阶段的一部分工作是借助于计算机正演模拟技术和电解槽物理试验，对定性解释的结果进行验证，而另一部分工作是在定性解释的基础上，选择构造影响较小的典型地段，从高密度电阻率法不同极距的剖面线上转换为电测深曲线，然后进行计算机反演解释，以达到分层定厚的定量解释任务。最后用软件绘制出地质物探综合图件。

六、高分辨地电阻率法

（一）高分辨地电阻率法探测方法的选择

探测地下洞体是一项比较特殊的地质勘探任务。无论是人工造成的洞道还是天然形成的洞穴，往往规模较小，常孤立存在，形态和分布形式非常复杂。由于其规模小，造成物探异常也小。因此，在探测地下洞体选用物探方法时，最重要的一点是要有较高的分辨率。目前，用于探测地下洞体的地面物探中，有地震法中的瑞雷波法，电磁法中的探地雷达等方法，这两种方法一般情况下的探测深度在30～60m。对于更深范围内的探测，可以考虑应用直流电阻率法。直流电阻率法在理论上相当成熟，曾在寻找金属矿、非金属矿，进行地质填图、解决地质构造等问题方面发挥过重要作用。但是，当解决地下洞体的探测问题时，传统的电阻率法就显得比较粗糙了。原因之一是采样率不够，无论是在纵向上还是横向上采样点都比较稀疏，会遗漏掉有用信息。因此，在设法增加采样率获取更多的信息时，先后提出了两种方法：高密度地电阻率法和高分辨地电阻率法。

高密度电阻率法实行密集测量，提高了采样率，使获得的视电阻率曲线的形态趋于完整，在实际应用中取得了一定效果。但是，仅仅实行密集测量是不够的，其分辨率达不到要求。而高分辨电阻率法较好地解决了影响分辨率的因素（如装置本身对异常的灵敏程度视电阻率曲线的形态、装置的探测深度与地下洞体的埋深之间的确切对应关系、信噪比、采样率和地形影响），提高了分辨率，是探测地下洞体的最佳方法。

地下洞体的视电阻率异常响应不仅和洞的大小、埋藏深度、洞体与围岩的电阻率差异等地质因素有关，还与探测装置有关。因此，装置的选择是一个不容忽视的问题。为了取得高分辨率的勘探效果，我们采用的装置应对地下洞体有较明显的异常反应，视电阻率曲线应较少振荡，装置的探测深度与洞体的埋深之间应有确定的对应关系，在工作方式上能实现多次覆盖测量，还要便于施工，具有较高的工作效率。

在电阻率法的各种装置中，具有代表性的典型装置有：单极—偶极装置、施伦贝尔热装置、温纳装置、偶极—偶极装置、微分装置（其中后三种装置是在高密度电阻率法中使用的装置）。通过对洞体主剖面测线上的装置逐一分析、比较，得出以下结论：温纳四极、三极装置，偶极—偶极装置，微分装置，当洞体埋深一定时，异常幅值先是随极距的增大而增大，达到饱和值之后又随极距的增大而减小，并出现振荡。异常幅值不仅小而且宽度大。这些装置本身的探测深度、异常幅值与洞体埋深之间的关系又比较复杂，对于每一分析分辨单元不能做到"多次覆盖"，因而这些装置不适用于进行高分辨的探测。单极—偶极装置的异常幅值较大、宽度较窄，异常幅值随洞体埋深的增减而增减，其探测深度、异常反应与洞体之间有着一一对应的关系，而且其异常是单峰曲线，没有振荡出现。中间梯度装置的异常幅值还要略大于单极—偶极，宽度也略窄些。但其对地下洞体反映出来的较大异常只是理论上的一种结果，并不实用。施伦贝尔热装置的视电阻率趋向于中间梯度的视电阻率值，但当洞的埋深不变时，其异常幅值随极距的加大而逐步增大。而且，极距进一步加大后振荡又加剧，探测深度与洞体埋深之间的关系仍较复杂。综合权衡各种因素之后，高分辨地电阻率法采用了单极—偶极装置。这种方法的优点是：探测深度大，可达150m，这是地质雷达、瑞雷波等方法所不能比拟的。较普通电测深法提取的信息量大，较通常被称为高密度电法的分辨率高，所研究的成果已在实际的老窑探测工程中得到应用，取得了明显的地质效果。

（二）高分辨地电阻率法原理及装置布置

1.高分辨地电阻率法探测原理

测量时，在均匀半空间里，以电流电极为中心形成半球等位面。当所测的电位发生异常，正好反映地下等位面所构成的薄壳层里的异常（洞或其他不均匀体）。但是，单凭一个供电点所测异常还不能确定洞体的位置，必须依靠更多的信息。这就需要设计空间探测，由不同的电流电极供电，在相应的电位电极观测到异常，这样就可确定洞体的位置和大小，同时也实现了多次覆盖测量。

2.高分辨地电阻率法野外施工方法

高分辨地电阻率法采用的基本装置是单极—偶极装置。前已论述，这种装置对地下洞体反映较好，分辨率高。当采用这种装置时，电位电极相对于电流电极的最大距离，我们称之为测量半径。当其他条件满足时，测量半径就等于最大探测深度，当然这是指均匀半空间。

为了在一条测线上沿纵向（深度）和横向（剖面）来扫描地质断面，将装置沿测线密集组合，以实现空间探测，达到对地下洞体的"多次覆盖"。这里所指的多次覆盖，是不同电流电极和电位电极情况下采集同一洞体的反映资料，以便聚焦异常体的空间位置和大小。其中，单极—偶极的无穷远极是共用的，其他电流电极按一定间距埋设，电位电极是流动的。在观测时，一开始电位电极处于测线一端，由距电位电极小于或等于测量半径的电流电极顺次向地下供电，并测量对应于各电流电极供电电流的电位差。然后移动电位电极于下一测点，再顺次由电流电极向地下供电，测出相应各电流电极的电位差。这个过程循环往复进行。在这个循环过程中，随着电位电极的移动，距电位电极大于测量半径的电流电极逐步退出循环，距电位电极等于或小于测量半径的电流电极逐步加入循环，直到电位电极沿测线移动到另一端点，就完成了地电阻率一条测线的观测。

采样率是由测点间距决定的，点距越小，采样率越高，分辨率也越高，每个分析单元的边长就等于测点间距。电位电极距也与分辨率有关，极距大，分辨率低；极距小，分辨率高。总的来讲，高分辨地电阻率方法在施工中采用的是单极—偶极装置，以较小的电流电极距、较小的电位电极距、较小的测点点距，实行密集的、多次覆盖测量。但也不是极距越小测点就越密、覆盖次数越多越好。比如，覆盖次数过多，不仅增加了工作量，而且由于多次覆盖方法也相当于一个低通滤波器，覆盖次数过多，对孤立异常洞体的反映也有一定程度的抑制作用，并不能进一步提高分辨率。同样，测点点距过小，在体积效应影响范围内也不会对提高分辨率起作用；电位电极距太小，则接收信号小，不易测量。因此，在设计施工时，应根据实际探测的要求，在测点点距、电流电极间距、电位电极间距、覆盖次数及工作量之间权衡选择。根据对地下洞道的分辨能力，高分辨地电阻率的测量半径选择在160m以内，想再增大探测深度一般是难以达到要求的。对于电流电极间距，一般粗勘时为40m，详勘时为20m，相应的测点点距分别为5～10m、2～5m。每个分析、分辨单元上的测量覆盖次数为十几次。电位电极间距根据实测信号的大小确定。

（三）资料处理方法

在资料解释之前，必须对原始数据做一定的处理，以便去伪存真，得到真正反映地下洞体异常的资料。对高分辨地电阻率法来说，主要进行地表不均匀性影响的消除和地形影响的压制。

1.地表不均匀性影响的消除

在电阻率法中普遍存在着一种由地表不均匀性对观测造成的影响，这种影响将会使解释结果发生严重畸变，甚至面目全非，对于探测地下洞体这类较小的孤立异常情况来说，影响更为严重，必须加以消除。高分辨地电阻率法在进行地下洞体的勘测时，由野外采集资料的方式可知，在单极—偶极装置条件下，采用了"多次覆盖"方式，将洞体所反映的异常与地表局部不均匀体所反映的异常区分开来，进而消除地表不均匀性带来的影响。

2.地形影响的压制

地电阻率资料的解释是在水平半空间进行的。由于实际上可能存在地形起伏的影响，必须进行处理加以压制，以消除或削弱地形对观测资料的影响。

（1）利用施瓦兹-克利斯托夫变换（简称施瓦兹变换），将实际地形标高和电极坐标位置绘在平面图上，按修正的极距计算装置系数，并算出相应的视电阻率，这样就将地形的影响消除，按照水平地形的情况进行解释。最后将解释结果再还原到实测剖面上。

（2）利用"比较法"将野外实测的视电阻率曲线，逐点地除以相应的纯地形异常便得到经过比较法地形改正后的视电阻率曲线。

3.资料解释

高分辨地电阻率的资料解释方法包括：目标异常匹配滤波法和视电阻率拟断面图法。这两种解释方法的最终成果都是以灰度图或彩色图的形式将地下洞体的位置、大小及轮廓直观地反映出来。

（1）目标异常匹配滤波技术是借助一般计算机模拟许多不同的假设地下洞体的视电阻率曲线，通过互相关过程与野外实测资料比较，以确定地下洞体的位置和规模。实际解释时是将地下半空间划分为一系列小单元（分析分辨单元），假想其中某一单元为不均匀体，称为"目标单元"，利用正演公式计算该不均匀体的参数曲线，将该曲线与实测曲线做相关分析可得与之相应的"相关度"值。不同的目标单元对应不同的相关度值。当目标单元与实际地下不均匀体重合时可以获得较高的相关度值，于是由产生较大相关度值的单元确定出地下不均匀体最可能的位置。如果定义不同相关度值对应不同颜色，就可得成像图，从而将地下洞的位置和规模形象地显现出来。由图解法可知，仅使用一条实测曲线做相关分析是不够的，要有对应不同供电点的多条实测曲线做相关分析，取得相关度的平均值作为该单元的相关度值，这样才能将引起异常的不均匀体聚焦确定。目标异常匹配滤波法具有解释速度快、准确度较高和抗干扰能力强等特点，在不确定围岩电阻率和洞体电阻率的情况下仍可进行资料的解释，仅对层状介质的分辨率较差。

（2）拟断面图法是直流电法勘探中一种传统的解释方法，对于不同的装置，其制作原理不完全相同。单极—偶极装置下的视电阻率拟断面图实际上就是用计算机实现的、用灰度图表示的交汇图。拟断面图的具体做法：对地下半空间任意分析分辨单元，以剖面上某一供电点源为圆心，以异常点电位电极至电流电极的距离为半径画圆弧线，并确定此弧线在地表处的该供电点作用下测得的视电阻率，对于多个电流电极重复进行，取所有的视电阻率的平均值作为该点的视电阻率值。对地下半空间所有的分析、分辨单元都如此确定与其相应的视电阻率值，就可绘出相应的等值拟断面图或拟断面灰度图。上述过程用计算机来做，速度是相当快的，模型资料表明这种方法是有效的。除了能反映地下洞体的位置和规模，还可将层状介质反映出来。高分辨地电阻率技术中这两种资料解释方法在实际应用中，还应根据具体情况有所侧重，或两种方法配合使用以达到最佳的解释效果。当洞体埋深较浅、洞体规模较大时，匹配滤波法会有较大误差，此时应以视电阻率拟断面图法为益。

七、其他电探方法

（一）自然电场法

地下某些地质体，在一定的水文地质环境中，不需要经过人工供电，就能自行产生电流场，这种场称为自然电场。研究这种电场用以解决某些地质问题的方法，就叫作自然电场法。它应用于寻找河流、湖泊、水库底部的渗漏或补给地点，发现岩溶地区的落水洞，研究抽水下降漏斗的影响半径等，获得了一定的效果。

1.自然电场产生的原因

（1）过滤电场：由于地下水所受的压力不同，产生了地下水的流动。在地下水流动时，将会穿过多孔岩石的孔隙或裂隙，由于岩石颗粒表面对地下水中不同符号的离子具有选择性吸附作用，即一般含水层中的固体颗粒（包括岩石、矿物颗粒和胶体颗粒）大多数是吸附负离子的。因此，在岩石颗粒表层吸附了固定的负离子层，结果在运动的地下水中集中了较多的正离子，形成在水流方向上为高电位、背水流方向为低电位的电场，这种电场叫过滤电场，也有叫渗透电场。在自然界中，山坡上的潜水受重力作用，从山坡渗向坡底，因而在坡顶处见到负电位、在坡底见到正电位的自然电场异常。这种过滤电场通常又称为山地电场。在用自然电场法找矿时，是把这种山地电场作为干扰因素来考虑的。应该指出，过滤电位的强度很大程度上取决于地下水的埋深和水力坡度的大小。地下水位越浅，水力坡度越大，才能反映出足够明显的自电异常。

（2）扩散电场：当两种岩层中溶液的浓度或成分有差别时，就会在溶液之间形成离子的迁移，从而产生扩散电位差。扩散电位差的符号与迁移速度较大的离子的电荷相同。因为溶液中当浓度大的溶液的离子向浓度小的溶液迁移时，其正负离子的迁移速度是不相等的，其中必有迁移快的一种离子。于是，在较稀的溶液中就获得了迁移速度快的离子所带的电荷。扩散电场的数值很小，因为迁移快和慢的离子之间存在着吸引力，使它们之间速度变小。通常，在多孔岩石中离子的扩散现象和吸附现象总是同时发生的，有时还伴随发生水的过滤作用，所以纯扩散电场是没有的。

（3）氧化还原的自然电场：金属导体（电子导体）的氧化还原作用产生的自然电场，只有当导体处在特殊的水文地质条件下才能观测到。金属导体埋深较浅，一部分在潜水面以上，一部分在潜水面以下，这样，处于地下水中的金属导体其上部与氧化带中的地下水发生氧化作用，导体失去电子而带正电，围岩则获得电子而带负电。在金属导体下部，由于所处的还原环境使得导体的电化学反应与上部相反，即导体得到电子而带负电，围岩失去电子而带正电。在导体与围岩之间，其上部与下部就形成了符号相反的电位跳跃。这样，在导体上、下部形成电位差，产生电流，于是在导体内部形成自上而下的电流，在围岩中电流方向则自下而上。所以在导体上方的地面进行电位测量，将获得负的电位异常。

除了由于金属导体、金属矿体的存在会产生这种氧化还原电场外，石墨化岩层、黄铁矿化岩层也会产生相当强的氧化还原自电异常，在用自然电场法解决有关水文地质工程的问题时，必须注意识别它们。由于自然电场的存在，在电法勘探中，按一定形式布置测网，通过观测测点间的电位差，了解自然电场的分布状况，再结合当地具体地质环境的分析，可判断自电异常的性质，以便解决有关水文地质和工程地质问题。

2.自然电场法的野外工作方法

观测自然电位的仪器设备很简单，包括电位计（可使用前面介绍的电阻率法仪器）、不极化电极和导线及绕线架、联系用的电话等。常见的自电异常幅度在几毫伏至几百毫伏。测线或测网的布置主要根据勘探对象的大小以及研究工作的详细程度而定。基线要平行于勘探对象的走向，侧线一般应垂直勘探对象的走向，即垂直于基线。

（二）充电法

充电法多用在金属矿区的详查和勘探阶段，目的是详测电阻率比围岩低的金属矿体位置、形状、大小和相邻矿体相连的情况。在水文地质工程地质调查中，利用充电法可测定地下水流速、流向，追索岩溶发育区的地下暗河，研究滑坡等问题。

（三）激发极化法

激发极化法又称激电法，它是以不同岩矿石在人工电场作用下发生的物理和电化学效应（激发极化效应）的差异为基础的一种电法勘探方法。

（四）频率电磁测深法

频率电磁测深法是交流电法勘探的一种。它是以研究交变电磁场在地下介质中的分布规律为基础的一种构造勘探方法。近年来，交流电法在理论上和实践上都有较大的发展。频率电磁测深法在解决地质构造问题上，获得了较好的地质效果。与直流电阻率测深法相比，它的优点是生产效率高、分辨力强，而且等价现象的影响范围很小，并具有勘探高阻屏蔽层以下地层的能力。在有工业用电干扰情况下仍能工作，即便是在干燥沙漠、坚硬岩石露头区或厚层冻土区等不便搂地地区也能够应用。

第四节　地震勘探

一、方法

地震勘探的方法包括反射法、折射法和地震测井。前两种方法在陆地和海洋均可应用。研究很浅或很深的界面、寻找特殊的高速地层时，折射法比反射法有效。但应用折射法必须满足下层波速大于上层波速的特定要求，故折射法的应用范围受到限制。应用反射法只要求岩层波阻抗有所变化，易于得到满足，因而地震勘探中广泛采用的是反射法。

（一）反射法

反射法是利用反射波的波形进行记录的地震勘探方法。地震波在其传播过程中遇到介质性质不同的岩层界面时，一部分能量被反射，另一部分能量透过界面继续传播。在垂直入射情形下有反射波的强度受反射系数影响，在噪声背景相当强的条件下，通常只有具有较大反射系数的反射界面才能被检测识别。地下每个波阻抗变化的界面，如地层面、不整合面、断层面等都可产生反射波。在地表面接收来自不同界面的反射波，可详细查明地下岩层的分层结构及其几何形态。反射波的到达时间与反射面的深度有关，据此可查明地层埋藏深度及其起伏。随着检波点至震源距离（炮检距）的增大，同一界面的反射波按双曲线关系变化，据此可确定反射面以上介质的平均速度。反射波振幅与反射系数有关，据此可推算地下波阻抗的变化，进而对地层岩性做出预测。反射法勘探采用的最大炮检距一般不超过最深目的层的深度。除记录到反射波信号之外，常可记录到沿地表传播的面波、浅层折射波以及各种杂乱振动波。这些与目的层无关的波对反射波信号形成干扰，称为噪声。使噪声衰减的主要方法是采用组合检波，即用多个检波器的组合代替单个检波器，有时还需用组合震源代替单个震源，此外还需在地震数据处理中采取进一步的措施。反射波在返回地面的过程中遇到界面的再度反射，因而在地面可记录到经过多次反射的地震波。如地层中具有较大反射系数的界面，可能产生较强振幅的多次反射波，对其形成干扰。

反射法观测广泛采用多次覆盖技术。连续地相应改变震源与检波点在排列中所在位置，在水平界面情形下，可使地震波总在同一反射点被反射返回地面，反射点在炮检距中心点的正下方。具有共同中心反射点的相应各记录道组成了共中心点道集，它是地震数据处理时所采用的基本道集形式，称为CDP道集。多次覆盖技术具有很大的灵活性，除CDP道集之外，视数据处理或解释之需要，还可采用具有共同检波点的共检波点道集、具有共同炮点的共炮点道集、具有相同炮检距的共炮检距道集等不同的道集形式。采用多次覆盖技术的好处之一就是可以削弱这类多次波干扰，同时尚需采用特殊的地震数据处理方法使多次反射进一步削弱。

反射法可利用纵波反射和横波反射。岩石孔隙含有不同流体成分，岩层的纵波速度便不相同，从而使纵波反射系数发生变化。当所含流体为气体时，岩层的纵波速度显著减小，含气层顶面与底面的反射系数绝对值往往很大，形成局部的振幅异常，这是出现"亮点"的物理基础。横波速度与岩层孔隙所含流体无关，流体性质变化时，横波振幅并不发生相应变化。但当岩石本身性质出现横向变化时，则纵波与横波反射振幅均会出现相应变化。因而，联合应用纵波与横波，可对振幅变化的原因做出可靠判断，进而做出可靠的地质解释。地层的特征是否可被观察到，取决于与地震波波长相比它们的大小。地震波波速一般随深度增加而增大，高频成分随深度增加而迅速衰减，从而频率变低，因此波长一般随深度增加而增大。波长限制了地震分辨能力，深层特征必须比浅层特征大许多，才能产生类似的地震显示。如各反射界面彼此十分靠近，则相邻界面的反射往往合成一个波组，反射信号不易分辨，需采用特殊数据处理方法来提高分辨率。

（二）折射法

折射法是利用折射波（又称明特罗普波或首波）的地震勘探方法。地层的地震波速度如大于上面覆盖层的波速，则二者的界面可形成折射面。以临界角入射的波沿界面滑行，沿该折射面滑行的波离开界面又回到原介质或地面，这种波称为折射波。折射波的到达时间与折射面的深度有关，折射波的时距曲线（折射波到达时间与炮检距的关系曲线）接近于直线，其斜率取决于折射层的波速。

震源附近某个范围内接收不到折射波，称为盲区。折射波的炮检距往往是折射面深度的几倍，折射面深度很大时，炮检距可长达几十千米。

（三）地震测井

地震测井是直接测定地震波速度的方法。震源位于井口附近，将检波器沉放于钻孔内，据此测量井深及时间差，计算出地层平均速度及某一深度区间的层速度。由地震测井获得的速度数据可用于反射法或折射法的数据处理与解释。在地震测井的条件下亦可记录反射波，这类工作方法称为垂直地震剖面（VSP）测量，这种工作方法不仅可准确测定速度数据，还可详查钻孔附近地质构造情况。

二、勘探过程

地震勘探过程由地震数据采集、地震数据处理和地震资料解释三个阶段组成。

（一）地震数据采集

在野外观测作业中，一般是沿地震测线等间距布置多个检波器来接收地震波信号。安排测线采用与地质构造走向相垂直的方向。依观测仪器的不同，检波器或检波器组的数量少的有24个、48个，多的有96个、120个、240个甚至1000多个。每个检波器组等效于该组中心处的单个检波器。每个检波器组接收的信号通过放大器和记录器，得到一道地震波形记录，称为记录道。为适应地震勘探各种不同要求，各检波器组之间可有不同排列方式，如中间放炮排列、端点放炮排列等。记录器将放大后的电信号按一定时间间隔离散采样，以数字形式记录在磁带上。磁带上的原始数据可回放而显示为图形。

常规的观测是沿直线测线进行，所得数据反映测线下方二维平面内的地震信息。这种二维的数据形式难以确定侧向反射的存在以及断层走向方向等问题，为精细详查地层情况以及利用地震资料进行储集层描述，有时在地面的一定面积内布置若干条测线，以取得足够密度的三维形式的数据体，这种工作方法称为三维地震勘探。三维地震勘探的测线分布有不同的形式，但一般都是利用反射点位于震源与接收点之中点的正下方这个事实来设计震源与接收点位置，使中点分布于一定的面积之内。

（二）地震数据处理

数据处理的任务是加工处理野外观测所得地震原始资料，将地震数据变成地质语言—地震剖面图或构造图。经过分析解释，确定地下岩层的产状和构造关系，找出有利的含油气地区。还可与测井资料、钻井资料综合进行解释，进行储集层描述，预测油气及划定油水分界。削弱干扰、提高信噪比和分辨率是地震数据处理的重要目的。根据所需要的反射与不需要的干扰在波形上的不同与差异进行鉴别，可以削弱干扰。震源波形已知时，信号校正处理可以校正波形的变化，以利于反射的追踪与识别。对高频次覆盖记录提供的重复信息进行叠加处理以及速度滤波处理，可以削弱许多类型的相干波列和随机干扰。预测反褶积和共深度点叠加，可消除或减弱多次反射波。统计性反褶积处理有助于消除浅层混响，并使反射波频带展宽，使地震子波压缩，有利于分辨率的提高。

地震数据处理的另一重要目的是实现正确的空间归位。各种类型的波动方程地震偏移处理是构造解释的重要工具，有助于提供复杂构造地区的正确地震图像。地震数据处理需进行大数据量运算，现代的地震数据处理中心由高速电子数字计算机及其相应的外围设备组成。常规地震数据处理程序是复杂的软件系统。

（三）地震资料解释

地震资料解释包括地震构造解释、地震地层解释及地震烃类解释或地震地质解释。地震构造解释以水平叠加时间剖面和偏移时间剖面为主要资料，分析剖面上各种波的特征，确定反射标准层层位和对比追踪，解释时间剖面所反映的各种地质构造现象，构制反射地震标准层构造图。

地震地层解释以时间剖面为主要资料，或是进行区域性地层研究，或是进行局部构造的岩性岩相变化分析。划分地震层序是地震地层解释的基础，据此进行地震层序之沉积特征及地质时代的研究，然后进行地震相分析，将地震相转换为沉积相，绘制地震相平面图，划分出含油气的有利相带。

地震烃类解释利用反射振幅、速度及频率等信息，对含油气有利地区进行烃类指标分析。通常需综合运用钻井资料与测井资料进行标定分析与模拟解释，对地震异常做定性与定量分析，进一步识别烃类指示的性质，进行储集层描述，估算油气层厚度及分布范围等。

三、浅震的特点及应用

（1）特点：工作面积小、勘探深度浅、探测对象规模小、浅部各种干扰因素复杂；优点：精度高、分辨率高、抗干扰能力强、仪器轻便。

（2）应用：地震勘探在众多物探中发展最快、应用最多。在西方，物探投资90%以上是地震，地震成了物探代名词；在我国，地震是物探主要手段，论文最多、刊物最多、数字处理发展最快，全国95%的油田是通过地震发现的。浅震应用范围广，常用于水、工、环地质调查，岩土力学参数原位测试，人文调查，工业找矿等等。

第五节　测井

地球物理测井简称测井。它是利用各种仪器，测出反映钻孔内岩（煤）层电性、密度及放射性等物性差异的曲线，然后通过对曲线的解释，来确定煤层的赋层深度、厚度与结构，并划分对比岩（煤）层，了解煤质、断层和水文地质条件，以及孔斜、孔径、井温和岩层的产状等。在进行综合解释时，往往要参考岩心描述或判层资料（即钻探柱状），必要时进行井壁爆破取心来验证曲线解释。测井是配合钻探取得钻孔资料的重要手段，特别是当钻探打丢或打薄的煤层时，必须用测井手段来取得全部钻孔资料，以弥补钻探获取资料的不足。不取心钻进时，测井成为取得钻孔资料的唯一手段。

一、电测井

电测井是以研究钻孔中岩（煤）层的电性差异为基础，主要研究岩（煤）层导电性和电化学活动性。研究电化学活动性的测井，又称自然极化测井。电测井种类较多，常用以下五种。

（一）视电阻率法

视电阻率法是以研究岩石不同电阻率为基础的测井方法。它是通过电位仪测量人工电场沿钻孔剖面的变化来反映岩石电阻率变化，对记录的视电阻率曲线进行地质解释。视电阻率曲线的定性、定量解释效果较好，主要用于确定煤层的厚度与深度。在含煤岩系中，烟煤具高电阻的特性，可用视电阻率曲线高幅度异常定性地确定煤层，以曲线特征点确定煤层深度和厚度。配合自然电位曲线可以确定第四纪冲积层的含水层。

视电阻率法是一种行之有效的电测井方法，但也有其局限性。因为钻孔地质剖面中，除高阻煤层外，也有高阻的石灰岩和砂岩。在这种情况下，视电阻率曲线在这些岩层上都反映了高幅度的异常值，甚至反映出比煤层还高的异常值。这样，视电阻率曲线就难以从中把煤层划分出来，也就是说测井资料存在多解性，必须借助于其他不同物理参数的测井曲线进行综合解释。

（二）电流法

电流法又称单电极接地电阻法或单电极测井法。它是以供电电极的接地电阻随钻孔剖面中岩层变化而变化的原理，以电流变化的形式被记录下来，用所取得的反映电流强度变化曲线，来进行地质解释。电流曲线在高电阻岩层上的异常表现为与视电阻率曲线所反映的异常呈一对应的相反的曲线特征，具有较好的分层能力，可用以确定煤层的厚度和结构，也可进行全孔的煤（岩）层划分。当煤层厚度较大时，可用"半幅值点"或"拐点"来确定界面；当煤层厚度小时，可用"2/3幅值点"来确定界面。由于电流法探测范围小，当钻孔内岩层的电阻率很高时，测量结果受泥浆影响又很大，从而降低了其使用价值。

（三）接地电阻梯度法

接地电阻梯度法是测定放入钻孔两个电极的接地电阻之差，以所测定的岩层电阻变化的接地电阻梯度曲线进行地质解释。接地电阻梯度曲线的特点是在岩（煤）层上、下界面处出现一对反向异常尖峰，在岩（煤）层定厚解释时，对于高阻层，以接地电阻梯度曲线两个相反尖峰的间距外推半个电极距作为分界点；对于低阻层，则以两个相反尖锋的间距内推半个电极距作为分界点。这两种方法一般应用在已确定为煤层的前提下进行定量解释，定厚精度较高。

（四）自然电位法

自然电位法是测定岩层在自然条件产生电化学作用所引起的自然电位沿钻孔深度而变化的曲线，该曲线反映了岩层自然电化学的活动性，可用以进行地质解释。自然电位曲线一般以泥质岩的自然电位的显示作为曲线的基线，向右突出称为"正异常"，向左突出称为"负异常"。自然电位曲线可以在钻孔岩层剖面上划分出烟煤和无烟煤。在无烟煤地区，一般都有明显的正异常反应，而烟煤地区有正也有负。定厚解释采用"半幅值点"。

（五）电极电位法

含煤岩系中的无烟煤、天然焦及黄铁矿，接近于电子导电体，有一定的电极电位，而它们的顶、底板岩层则一般都为离子导电体，没有电极电位。因而，可通过测定电极电位沿钻孔深度的变化曲线，来确定含煤岩系中的无烟煤、天然焦和黄铁矿等电子导电层。电极电位曲线对于电子导电层表现为明显的异常，根据曲线急剧变化处（拐点），就可以比较精确地确定出矿层界面的深度与厚度，并能反映出无烟煤的结构及天然焦中的火成岩夹层。在含有石煤的早古生代浅变质岩地区，电极电位法对石煤的定性、定厚解释也有较好的效果。当无烟煤为高阻层时，电极电位就不能测定。在扩孔层段，由于不能保证电极与煤层接触良好，该法也不能使用。当孔壁不光滑时，电极与煤层时而接触，时而分开，曲线会出现一些尖刺，这种现象并非由煤层结构或夹矸引起的。

二、放射性测井

电测井方法都是从研究岩石电学性质的角度来研究钻孔地质剖面的。当高阻的煤层和高阻石灰岩互层或在剖面中同时存在高阻的石灰岩、砂岩和煤层时，由于它们的电性差异不大，用电测井方法就很难将它们区分开，这时就需要借助放射性测井方法来区分这些高阻层。

（一）γ测井法

γ测井法曾称自然伽马测井法，是以研究岩层自然放射性为基础的。岩石中含有天然放射性元素铀、钍及它们的衰变产物和钾的放射性同位素。通过沿钻孔剖面上测量岩层天然放射性元素所放射出来的r射线强度变化曲线，来进行地质解释的测井方法，就是γ测井法。不同岩（煤）层的天然放射性元素的含量是不同的，其含量一般随岩石中的泥质含量的增加而增加，在自然伽马曲线上泥质岩则显示高峰，因而可以用来划分岩性剖面。煤层在曲线上为明显的低峰，也可以对煤层定性、定厚解释，以曲线"半幅值点"确定厚度。当不同地质时代的自然放射性伽马射线强度的平均值有明显差异时，可以确定含煤岩系与新地层或其他地层的界面。近年来，其在研究煤的灰分含量方面也起到了一定的作用。

（二）γ-γ测井法

γ-γ法又称人工伽马测井法、散射伽马法或密度测井法。它通常使用^{137}Cs和^{60}Co射线源，送入钻孔后，由它放射出来的射线射入孔壁密度不同的围岩，有的被吸收，有的被散射，散射γ射线由探测器转换成电脉冲，经电子线路放大后被传输到地面仪器而被记录下来，用所取得的γ-γ曲线进行地质解释。

上述各种地球物理测井方法在使用上均各有其特点和局限性，应根据各地区岩（煤）层具体的地球物理性质，选用最有效的测井方法。同时，每个施工钻孔一般要测定两种或两种以上的地球物理参数，以便进行对比和综合解释。测井曲线一般采用1∶200的放大曲线比例尺作深度解释，用1∶50解释煤层厚度及结构。

三、孔内技术测井

根据煤田地质勘探与测井资料解释的需要，对钻孔本身的一些参数，如钻孔的孔斜、直径等，都可以用测井的方法获得，现简介如下。

（一）孔径测量

由于岩石物理性质的不同，有的岩石易被泥浆溶解，如岩盐、石膏；有的岩石疏松、易于坍塌，如破碎带；有的岩石容易膨胀，如黏土岩、凝灰质泥岩，因此用同一尺寸的钻头钻进，钻出的孔径也会产生大小不一致的情况，有时甚至相差很大。当钻孔孔径变化很大时，为了估计它对测井资料解释的影响及准确地估计封孔时灌注水泥的用量，必须进行孔径测量。孔径测量是通过井径仪进行的。一般采用的滑动电阻式井径仪，其基本原理是它的滑动头在移动过程中随着孔径变化而相应地缩胀，从而将孔径的变化转换为电阻的变化，随之产生电位差，由于该电位差与滑动头位置有关，故而反映了孔径的大小。

（二）孔斜测量

在煤田普查与勘探过程中，一般要求钻孔垂直地面往下钻进（有时为了特殊需要也打定向斜孔），但是由于地质条件与钻进技术的一些原因，钻孔常打歪斜，利用这样的钻孔资料来计算煤层厚度及见煤点的坐标就会产生误差，因此必须加以校正才能使用。为了检查钻孔在钻进过程中的歪斜情况，就要进行孔斜测量。

表述钻孔歪斜的两个参数是顶角与方位角。在钻进过程中，当顶角和方位角发生变化时，利用井斜仪使用点测法进行测定，可直接读出顶角和方位角数值。采用点测试的测斜仪测量钻孔顶角的误差为 $\pm 0.5°$，方位角的误差为 $\pm 0.5°$。

第七章　找寻隐伏矿床的勘查地球化学方法

第一节　岩石测量

一、概述

岩石测量是以基岩为采样对象，通过对测区内基岩样品的系统采集和分析，研究成矿时赋存于基岩中的不同尺度的原生晕的分散模式，用于指导地球化学勘查。岩石测量的应用范围在不断扩大。根据不同的工作目的，可分为：区域岩石测量、局部岩石测量和钻孔测量等类型。区域岩石测量是以较低的采样网度，研究与区域岩浆活动有关的喷气分散晕。其目的在于发现有找矿意义的地球化学省、大的成矿区带和含矿构造。局部岩石测量是在各类找矿靶区内或异常区内，按中、大比例尺进行系统的岩石测量，研究测区内潜在矿田（矿床）的原生分散晕，用于缩小靶区，追索隐伏矿床，指导工程的布置。

钻孔测量：用较密的网度，研究矿体的原生晕。主要是利用矿体原生晕的分带特征，借以发现钻孔之间或已知矿体下部的盲矿体。样品主要从钻孔岩心中或井下坑道中采集，采样点距一般为1～5m。

岩石测量的优点是：所采样品的地质背景明确、所得的地球化学信息直接，能够与样品所代表的地质体的其他地质特征联系和对应，有利于对资料进行地质和地球化学相结合的综合研究；所得元素异常和测区内的背景分布均无空间位移；元素含量也因未遭受表生作用而产生贫化和富集的现象，元素之间保持原有的共生组合关系，有利于研究元素之间存在的共生组合规律，因此，岩石地球化学测量所揭示的空间分布特征和共生组合规律，不仅可以为解决测区内的基本地质问题提供有意义的地球化学信息，而且还可以排除由于表生作用和人为污染因素造成的假异常，为地球化学找矿提供更为直接可靠的信息。另一方面，由于矿化受岩石构造裂隙的控制，又未遭受表生作用的均匀化作用，元素在不同地质体中的含量与分布特征往往存在突变性的差异，给岩石地球化学测量的采样理论和测量的方法技术带来许多问题。诸如采样布局、采样密度、样品构成、样品代表性以及采样效率等。

岩石测量找隐伏矿的理论基础是：矿床周围发育有比矿床大若干倍的成矿元素和伴生元素的原生分散晕，根据岩石测量所探测到的原生分散晕特征，可指导隐伏矿的追索。

二、工作方法

主要有丛聚法采样、简单随机采样、规则网格法采样、分层随机采样、目标追踪采样等方法。各国地球化学勘查工作者致力于岩石测量采样方案的研究，其目的在于：提高样品的代表性，抑制矿质组分分布不均所造成的离差，加大对隐伏矿的探测深度和降低成本等。采集各种组合样，既可提高样品的代表性，抑制采样误差，改善异常的连续性，又可以减少样品的采集和分析，降低勘查成本。在岩石测量中，以采集组合样为宜。

（二）测网选择

测网的选择，与各个勘查阶段的地质任务有关，也与采样方案和勘查对象等因素有关。正规图幅的岩石地球化学测量，可用地形图的方里网网格作为采样单元，每一个单元网格内的样品数，以1～3个组合样为宜，样品数减少了，必须采集岩块组合样（8～10块，在4～5处地方采集组成）或采裂隙薄膜组合样，以提高样品的代表性。物化探异常查证，可采用剖面法采样。点距一般以20m为宜，可在20m点距的范围内连续采集岩石碎片或裂隙薄膜组成组合样。对地质体的含矿性评价，可采用连续拣块法采样，并在一定线段范围内组成组合样。这种采样方法，虽不如刻槽取样，但可以明显提高样品的代表性。若研究不同时代地层中微量元素的含量变化特征，也可以采用剖面法采样。剖面的间距和点距可根据测量需要确定。钻孔岩屑测量的点距可在1～10m范围内选择，并在点距的范围内连续采集钻孔岩心中的碎块组成组合样。评价断裂构造的含矿性时，可沿断裂走向随机采样，采样对象可以是断层泥或脉状充填物在10～20m范围内，采集到的一个组合样的重量约500g左右，但不要把岩性截然不同的物质组成一个组合样。组合样的采集，特别要注意样品编录。如采样点附近肉眼所观察到的主要地质特征，特别是岩脉出露情况和矿化情况的记录，以利于对分析资料的推断解释。

（三）样品分析

岩石测量样品中，基物成分的差异甚大，对各种半定量分析方法的分析质量影响比较大。如硫化物矿石样品、铁帽样品、碳酸盐样品的半定量分析结果的准确度较低，必须加强质量检验。

（四）推断解释

岩石测量资料的推断解释，由于工作目的的不同，推断解释的内容各异，这里仅讨论对隐伏矿的预测。异常特征类比，是一种摸着石头过河的办法。其类比的内容有：

1.主成矿元素的异常强度

异常强度可能反映了成矿物质的丰富程度。根据矿床原生晕的研究结果表明，从矿体向外，成矿元素的含量依次降低。由此可以推断，成矿元素异常含量最高的位置，可能距隐伏矿体最近。值得注意的是，只有在分析质量可靠的情况下，这种对比才有意义。

2.异常元素组合

异常的元素组合，可能反映了一定的矿化类型。异常元素中，它的归一化百分含量可以作为推断潜在矿化类型的指标。

3.浓度分带和组分分带特征

浓度分带和组分分带不能以一个高含量点向外推几个含量级为依据。浓度分带清楚而且浓度梯度变化较小，表明矿化相对均匀，可能是矿化规模较大的指示。相反，相邻点位上的浓度变化甚大，且无一定方向变化的趋势，可能是细小的脉状矿化所致，表明离主矿化体的位置相对较远。组分分带清楚，不同组分的异常中心沿一定的方向变化，而且相隔的距离也比较大，指示渗滤作用强烈，成矿作用的时间相对较长，可能是有利于成矿元素富集的指示标志。

4.异常面积

异常面积的可对比性相对较差，若异常下限变化，异常面积就随之在很大的范围内变化。在可对比的情况下，异常面积大，反映矿化的规模也相对较大。但对比时，首先必须排除由于岩性引起的异常，否则会误入歧途。

5.异常形态

线状异常多与脉状矿床有关；面状异常且具有组分分带，多与斑岩型矿化有关；环状异常多与侵入岩体、火山机构等挖矿因素有关的矿化相关联。为了提高推断解释的水平，提高对隐伏矿的预测效果，还必须对成矿地质条件、物探和遥感异常特征等信息进行类比，并用先进的成矿理论指导岩石资料的推断解释。

三、喷气分散晕的形成及其找矿意义

岩浆岩的侵入和火山喷发，同是岩浆上侵到地壳不同位置的不同表现形式。火山喷发时，有大量的气体和固体尘埃物质向大气散发。同样可以预料，岩浆上侵时也有大量的气体伴随。当岩浆熔融体到达深大断裂时，熔融体外部的压力剧减，形成沸腾，大量的气体组分从熔融体中分离出来，沿着压力梯度减少的方向逸散，与此同时，岩浆熔融体的巨大热力对周围岩石的强烈烘烤，使围岩中的易挥发组分转化为气体，从固相中分离出来。这些从液相和固相中分离出来的组分，呈气相存在，它们的活动能力大为增强，在侵入岩体周围形成喷气分散晕。

喷气分散晕具有下列特征：

（1）喷气分散晕在空间上，基本围绕侵入岩体呈环状分布。

（2）喷气分散晕中有大量的含水矿物和易挥发组分，而在邻近岩体部位，存在着无水矿物带，这表明了它们之间的成因联系。

（3）喷气分散晕中，普遍存在着元素组分的分带现象。这种分带也是以岩体为中心，呈环状分带。靠近岩体的部位，多为热稳定性较高的组分，其金属组分多呈氧化物形式存在；远离岩体的部位，多为热稳定性较低的异常组分，多呈气态、气溶胶态或吸附态等形式存在。

（4）喷气分散晕中，成晕规模最大的元素，通常是区内主要的成矿元素，反映了喷气分散晕与成矿之间的内在联系。

（5）喷气分散晕，一般呈区域性分布，主要受岩浆岩和深大断裂的控制。

（6）一般情况下，矿床（矿体）的原生分散晕是叠加在喷气分散晕之上。同样，一个规模较大的热液矿床，也常包括在喷气分散晕之中，由此可见，喷气分散晕不仅可以指示区内的主要成矿元素，而且，还能指明各成矿元素成矿的可能分布范围。由于喷气分散晕的分布范围大，异常的价值高，是区域地球化学勘查的重要目标。综上所述，喷气分散晕是所有热源体周围所具有的共同特征，大至地球的环带状圈层构造，小至一支点燃的蜡烛，所具有的环带状光环，只是由于热源体的物质成分不同、大小不同、温度各异，它们的晕圈成分和分布均有所不同罢了。如基性—超基性岩体的组分分带和酸性侵入岩体的喷气分散晕，它们分异的物理化学过程，可能是类似的，主要是在高温条件下，由物质的热稳定性决定的，并按热稳定的大小顺序，环绕热源体分布。

第二节　水电化学测量

一、概述

水电化学是研究地下水中化学组分的分布规律及在电化学作用下，化学能与电能的相互转化及电化学产物的分布特征，并根据这些特征进行矿产预测的一门边缘学科。化学作用过程与电化学作用过程的本质差别在于：在化学反应过程中，反应物之间没有空间上的分离和定向的电子运动。而在电化学反应中，有反应物的定向分带现象。在其中的一个反应带内（或负电极区），一类原子接收电子：而另一个反应带内（或正电极区），另一类原子献出电子。在空间上分开的各带之间的电荷迁移，化学反应和电化学反应相互关联。化学作用可以产生电流，而电流又可造成化学组分的相互作用和物质转化。无论是自然电场，或是人工电场，都能引起这类电化学现象和物质的相互转化。

在地球的各个圈层中，存在着各种类型的电化学现象，其中尤以潜水面与岩石圈交替带内的电化学作用最普遍和最强烈。其他圈层的电化学现象，大多也离不开水的参与。在地球的各个圈层中，有众多高度分散的物质微粒，它们的粒径在 $0.1 \sim 0.001\,\mu m$，当它们散布在大气中，便形成气溶胶，当散布在水中，则成为胶体。这些气溶胶和胶体溶液，由于重力作用，一方面具有向下沉降的趋势，另一方面，由于扩散作用，阻碍了这种趋势的发展。这两种相反的作用，可使气溶胶和胶体在大气和溶液中保持动态平衡。胶体还有许多电化学特性，如胶体的带电特性、电泳和电渗、胶体的聚沉和胶溶作用等。当某种物质的粒径达到纳米级时，该物质的物理化学特性与块体相比，将发生更为显著的变化，这些变化表现为：燃点、熔点和沸点的降低，金属物质的颜色变黑，溶解度增高，表面活性增强，迁移能力增大，化学反应加快，甚至可以和气体一样，在液体中穿行，在大气中自由运动。

水电化学的研究对象，是土层中或岩石孔隙中的地下水，其中包括各类井水，一级水系中的地表水及各类上升泉泉水。地下水在地表的露头是分布不均匀的。水电化学的观测网度，受地下水露头的严格制约。因此，水电化学在矿产勘查中一般用于普查阶段或巨大靶区的进一步缩小。隐伏矿的追索，还需与其他方法配合使用。或用打钻的方式，揭露潜水面露头，以便得到必要的水电化学观测网度（和深层取样结合进行）。

二、地下水化学成分的形成作用

（一）溶滤作用

岩石中某些组分溶于水的作用称之为"溶滤作用"。岩石在天然水中的溶解度，取决于组成这些岩石的矿物中元素的离子半径、离子价、化学键类型以及它们的物理化学特征。同时，也与水的温度、压力、离子浓度、酸碱度和氧化还原电位等因素有关。溶滤作用一般发生在地下水排泄条件良好、水交替频繁的侵蚀基准面以上的地带，喀斯特溶洞也多产于这些地带。溶滤作用形成的地下水化学成分，与岩性的关系极为密切。溶滤作用的强弱，可用岩石及相应风化土壤中某些易溶元素的比值来表示。

元素在表生过程中的贫化与富集，不仅与元素本身的特性有关，还与岩石的类型有关。在土壤中贫化的组分，通常在地下水中富集。如若水与岩石的相互作用，参与作用的组分是带电的粒子（离子、电子、质子、胶体），则它们从不同相之间的带进与带出，便是带电粒子的带进与带出。它们的定向运动，便是电流。它可使一种符号的电荷聚集在某一种相中，而另一种符号的电荷聚集在另一种相中。在不同相的界面上，出现双电层和接触电位差。相反，电荷在相的界面上聚集，阻碍了不同相之间的物质交换，导致物质流、热流和电流在正反方向各自保持平衡。在相的界面上已达到平衡状态的物质，一旦因物质、电荷或热量的加入，或反应物的析出加速，则不同相之间的物质、电荷和热交换随之加速，反应开始出现定向性和电荷的定向流动。

（二）浓缩和稀释作用

干旱或半干旱地区，当地下水的埋深较浅时，地下水快速蒸发，从而使水中的盐分发生浓缩作用，出现高矿化度的卤水。由于强烈的太阳泵效应，可使毛细水的运动加剧。毛细水的运动，促成了土壤的盐碱化和建筑物基础的侵蚀、道路翻浆、矿质组分的垂向迁移和微量元素的双峰状分布。由于地面的抬升、潜水面的不断下降，微量元素在垂向土壤剖面上呈多峰状分布。雨季地表水增多，地下水补给充足，潜水面上升，地下水中的盐分和微量元素含量被大为稀释。潜水面深度的变化，同时也能引起溶滤作用和电化学作用发生相应变化。

（三）混合作用

当两种以上化学成分和pH不同的水溶液相混时，可以产生中和、水解、胶体聚沉和共沉淀等物理化学过程，发生化学平衡反应，并形成一些新的产物。如带正电的胶体与带负电的胶体相混时，正负电荷相互抵消，两种胶体同时聚沉。相互聚沉是电荷相反的胶体发生静电吸引的结果。天然水和污水的净化处理，大多是以相互聚沉为基础的。新的胶体沉积物，当与适当的电解质溶液相混时，可重新恢复为胶体（胶溶作用），这是由于新沉淀的颗粒重新吸附了电解质溶液中的离子而带电。待获得一定的电荷后，重新恢复为胶体。这是聚沉作用的反过程。

（四）阳离子交替吸附作用

由于溶滤作用的结果，岩石颗粒的表面通常带负电，能吸附阳离子。在一定的条件下，岩石表面将原吸附的阳离子转入水中，重新从水中吸附那些吸附能大的离子。如含硫酸镁的地下水，在渗透过程中，能交换海相黏土中的钠离子。沉积物孔隙中的金属元素，不断与腐殖质吸附的K、Na、Ca、Mg离子交换，并在有机质中富集。浓度较大的离子，通常容易被吸附。当温度不变时，吸附剂表面上，两种离子被吸附的量与溶液中这两种离子的平衡浓度成正比。

（五）硫化物矿床氧化带的氧化还原作用

在岩石圈上部的地下水中，存在着氧化还原电位和pH值的垂向梯度变化。当岩石圈上部为均匀的介质时，氧化还原电位和pH值的梯度发生有条不紊的稳定变化。如若高氧化还原电位和低氧化还原电位之间，有电子导体存在，便形成了一个天然电池，并且出现围绕两个电极的电化学场。在这种电化学场中，阴离子向上移动，阳离子向下移动，而在电场中，阴离子朝下向阳极移动，阳离子朝上向阴极移动，并在矿体的两侧上方形成双峰状金属异常。邻近矿体，阳极反应的一些产物会向外扩散，而且逐渐被周围的氧化剂所氧化。同样，阴极反应的某些产物，也将向外扩散，在还原介质的作用下，最终被还原，地下水流促进这些过程的发生，从而维持电流的流动。

由于覆盖层的电阻一般明显低于基岩，使电流的方向在基岩与覆盖层之间急剧转折。在覆盖层中，矿体边缘的电流密度大，在矿体正上方的电流密度小。在电流密度大的部位，离子浓度高，反之，离子浓度小。因此，电化学扩散作用，引起矿体侧翼具有极大值，矿体正上方具有最小值的特征。类似硫化矿床上方的氧化还原作用，在煤田和油气田上方也普遍存在，同样可以发现清晰的氧化还原电场和一些特殊的电化学产物。

三、化学组分的垂向迁移

（一）地气流的垂向搬运

地球各圈层至今仍在脱气，并在不断通过各种方式和途径向大气排放气体。地球深部排放的气体，沿着各种构造裂隙汇集成地气流。地气流与近地表的水蒸气进一步汇合，便形成沙漠地区常见的上升气流。这种上升气流与强大的地面气流相比，虽微不足道，但仍表现出对地下气体组分和超细微固体物质的垂向搬运能力。

气泡流，是地气流穿过水层的主要迁移方式。气泡流的垂向搬运能力和搬运速度明显大于微细气流。这是因为气泡的表面能吸附肉眼不易见到的固体颗粒，气泡内部还能携带气溶胶组分，一起垂向迁移。在液体的浮力下，迁移速度加快。当气泡流到达潜水面时，气泡被破坏，气泡表面吸附的固相物质被解吸，并逐步被潜水面附近的土层所吸附。在潜水面附近形成的金属组分相对富集；在矿床上方金属组分在潜水面附近的富集更趋明显。气泡破坏后的气体组分，通过扩散等方式，继续向地表迁移。

（二）抽吸作用

在潜水面埋深较浅的干旱地区，由于年蒸发量明显大于降水量，毛细作用和太阳泵效应加剧，使水中的气体组分和盐分不断向上迁移。盐碱化便是这种作用的结果。新疆阜康地区，在毛细作用下，盐分可从地面沿墙体爬升达10余米。这是地下水中化学组分垂向迁移的宏观标志。

（三）地下水的垂向运动

当地下潜流流过不透水层时，能使地下潜流的水位不断上升，直至超过阻挡层，继续往下流动。上升泉便是地下水垂向运动的直接指示标志，如云南腾冲等地的一些上升热泉中，常发现有硫化物析出，也是地下水中化学组分垂向迁移的重要例证。

四、水中部分金属离子提取法（水电化学法）

（一）工作原理

该方法是根据在人工电场的作用下，电子导体电极与离子溶液界面之间的电化学反应原理进行工作的。当外电场放在水中的两个石墨电极时，水中带负电的离子和胶体朝正极移动。在离子迁移的途中，放置一种选择性吸附剂，将需要检测的成矿元素和伴生元素吸附住。随着电流的流动，所需元素在吸附剂上不断聚集。当通电一段时间后，吸附剂上的金属量足以满足分析方法的需要时，取下吸附剂，并将它密封包装，送实验室检测待测的金属组分。最后根据吸附剂中金属组分的异常特征，预测其深部是否有隐伏矿存在。在水溶液中，金属离子一般为阳离子，理应富集在电极的负极上。无数试验已经证明，在阳极上同样有金属离子聚集。这可能是带负电的胶体在水中吸附了金属离子的缘故。其详细机理尚不十分清楚但将正负电极上的金属离子合并在一起，其测量结果更具有代表性，地质效果也较好。

在阴极上，电极反应有：水分解反应和反应电位低于水化离子放电电位的金属离子的放电。大多数金属离子与氢氧离子结合，形成难溶于水的化合物，在阳极上，电极反应的主要产物是用于制造电极材料的离子。此外，在该电极上还形成水化氢离子和氧。在某些情况下，负离子也能放电，并形成相应的气体（如卤素、硫气体等）。

（二）水中部分金属离子提取的电极装置

水中部分金属提取的电极装置必须满足下列条件：

（1）不能因电极本身的电解，成为多种金属的污染源。因此，要求电极是用高纯度的石墨材料制成。若用金属材料制作，会造成金属材料的电解，其电解的金属量大大高于地下水中与隐伏矿有关的金属组分，将导致试验完全失败。此外，供电的导线，特别是导线与电极的连接点，绝不能与水接触，否则其后果和金属电极相同。

（2）导线中的金属材料不能直接与水接触。

（3）所有随电流流动的离子必须全部通过选择吸附剂，并被吸附剂所吸附，不再溶于水。

（4）电极间的距离必须保持固定不变。两个电极固定在电极架上，可保持两个电极间的距离一定和不容易短路。电极的外面用一多孔帽盖上，可防止电极和吸附剂直接与泥土接触，多孔帽盖可以自由拆卸。吸附剂置于石墨电极和多孔帽盖之间，可确保吸附剂不容易被玷污，同时也能确保随电流流动的金属离子必须经过吸附剂。

（三）野外工作方法

1.采样位置的选择

水中部分金属提取法的采样位置应选择在上升泉露头，一级水系的地表径流，裂隙水和民用水井等地下水的露头处，不要在人为污染严重的位置采样。

2.采样密度

水电化学测量的采样位置受地下水露头的严格限制，而且，地下水露头的分布往往在不同地区是很不一样的，极不均匀。设计的采样密度过大，则无处采样；采样密度过稀，则达不到测量的目的。根据我们以往在我国北方和南方的试验情况来看，采样的密度以$0.5 \sim 1$点/km^2为宜，这样的采样密度，除干旱区外，基本能保证在拟定的采样范围内，大都能采到样品，又能发现有意义的矿致异常。采样时，沿路线进行（以饮水井为主），确保在地形图的1km^2范围内，有0.5个采样点即可。

3.方法试验

根据拟寻找矿床的成矿元素和主要伴生元素，选择最有效的吸附剂，最佳工作电压和电流，尽可能缩短预富集时间，并能确保所用分析方法能检测出待测的所有元素。这是方法试验所要达到的目的。

4.采样步骤

（1）将电池与恒流源连接好。

（2）将恒流源与采样电极连接好。

（3）将吸附剂用水浸透，多次挤压，排出泡塑孔隙内的气体，并让它吸足水，（所用水必须是采样处的水）直接覆盖在石墨电极上。再将多孔电极盖盖上，并拧紧，以防止脱落。

（4）将电极架放入水中。

（5）打开电源开关，将电流从最小调至最大，并记下最大读数，再由最大值调至所规定的数值，（一般为20mA）保持预富集时间约15min。

（6）通电时间到后，将开关拨至关。将电极架从水中取出，拧开多孔电极盖帽，取下吸附剂，将水挤尽，用塑料袋包装，并用记号笔编号。

（7）回驻地后将塑料袋密封存放。

（8）将样品送实验室分析待测元素。

5.样品分析

样品先在300℃炉温下炭化，后在600℃炉温下灰化。灰化后的样品，加入少量盐酸和双氧水，使灰分中的金属组分溶解，并稀释到一定刻度的体积，用原子吸收或原子荧光法分析待测元素。由于吸附剂中某些待测元素的本底较高，而且含量不均匀，为了防止吸附剂本底对测定结果的干扰，可采用稀盐酸加热脱附法，既不破坏吸附剂，又可降低吸附剂对测定结果的干扰。同时，应当注意的是：样品中金属组分的含量甚微，所采用的化学试剂必须是高纯度的，而且在生产之前，必须做一定数量的空白试验，以确保测量所需的灵敏度和精密度。水电化学样品的采集费时费力，分析时，样品全部耗完，一般不保留副样。因此，分析时一定要小心，并将剩余的样品溶液保存好，以便重复分析时用。

6.异常源的追索

水电化学异常源的追索，与水化学异常源的追索相同。由于一个点所代表的面积较大，如1平方公里1个点，即使是1个点的异常，也有1km²的范围，在1km²范围内找矿已属不容易了。如若有4~5个点的异常，代表了4~5km²的范围，这时，要追索隐伏矿在那里，如同大海捞针，针对这一课题，笔者研制了一种快速追索异常源的方法。该方法的原理是：地下水流是沿近于水平的方向流动的，而壤中气和气溶胶组分是近于垂直的方向迁移的，这两种迁移方式的迁移方向，为我们追索异常源提供了方便。水电化学异常，通过加密采样后，把异常的中心做进一步圈定。在进一步圈定的水电化学异常的中心部位布置壤中气溶胶测量的十字剖面。若气溶胶剖面上的异常组分与水电化学异常的组分一致，并且异常位置也叠合在一起，则该复合异常的位置可能就是隐伏矿的赋存位置（XY），但埋藏深度尚难确定。为了进一步检验这种推断是否正确，还可以在复合异常处，采集深层土壤样或基岩样。若土壤和基岩中也存在着与水电化学异常相同的异常组分，则异常源的位置就确定无疑了。到底是不是矿，还需做进一步的勘探。

第三节　壤中气测量

一、大气和壤中气的主要组分及与局部地质因素有关的特征组分

气体测量是研究与矿床有关的气体组分的形成及其运动规律用于矿产勘查的一门学科。这些与矿有关的气体组分的形成和运移，多在壤中气和大气中进行。因此，只有了解近地面大气和壤中气的组成及其基本特性后，才能识别与矿有关的气体分散晕，并对隐伏矿进行有效的追索。

（一）近地面大气和壤中气的主要成分

从地球的形成和演化来看，大气和壤中气的组成也处于不断变化之中。目前的大气和壤中气的组成状况是地球长期演化的结果，并将继续演化下去。地球不断以各种方式向大气排放气体。如火山喷发、硫化物矿床和煤矿床的氧化、油气田上方烃类气体的逸散、疏松沉积物的固化和胶体的老化，以及人类和生物的活动等在不断向大气排放各种气体。与之相反，气体向外层空间的逸散，大气降水和气体在水中的溶解，也在不断耗费大气中的气体组分。而蒸发与降雨、人类的呼吸与植物的光合作用，促进大气中各种气体组分的平衡与循环。气体的扩散与对流，促进近地面大气的均匀分布。

（二）与局部地质因素有关的特征气体组分

大气中，气体的扩散和对流是促进地面大气较均匀分布的主要原因。而在壤中气中，这种扩散和对流，由于受土壤的阻碍并不十分强烈。因此在壤中气中，不同组分的分布远不如大气均匀，受局部地质因素和自然景观因素的影响较大，并且能在较长时间内保存下来。这就是用壤中气测量优于大气测量的主要原因之一。

二、气体分散晕的形成迁移与分布特征

"气体分散晕"是指分布在矿体周围，呈气态赋存于岩石、疏松沉积物、水和空气中的有一定几何形态和浓度梯度的气体地球化学异常。气体分散晕是矿床形成和演化的产物。它往往经历了多种作用，多期演化，不同的分散和富集过程。按气体分散晕与成矿作用的关系，可分为下列类型。

（一）喷气分散晕

产生于热液矿床形成之前，是伴随岩浆岩的侵入而形成的。主要是热力作用的结果。这种现象可以从火山喷发和高温热田上方散发出大量的气体等现象中加深理解，也可以通过高温高压试验进行模拟，当试验的温度和压力不断增高时，某些物质开始改变原有的相态，最后转化为原子蒸气。岩矿样品的分析中，固体样品被高能源激发成原子、分子或分子集合体。又如高温高压下的水，可以转化为H_2和O_2。该体系中，既具有强的氧化能力，又具有极强的还原能力。当温度下降到一定水平时，某些气体组分，重新转化为固态，分别呈原子、分子或分子团等纳米级物质存在。这些细粒物质具有较高的活性和较大的溶解度。既容易被岩石和矿物的表面所吸附，又容易溶于热水溶液，转化为含矿热液，并进入硫化物的成矿阶段。

（二）同生气体分散晕

"同生气体分散晕"系指与矿床同时形成的气体分散晕。无论是沉积矿床还是热液矿床均可形成同生气体分散晕。沉积矿床的初始沉积物，必然是疏松和多孔的。其中含有大量的有机质和胶体。随着沉积层厚度的加大和地温的增高，疏松沉积物被压实，胶体开始老化，有机质开始分馏，与此同时，必然有大量的CH_4、CO_2、H_2O、N_2等气体组分排出，在沉积矿床上方形成气体分散晕。

在热液成矿作用的过程中，仍然有大量的气体组分参与，并不断进行气液分离。残余气体散布于矿体上方的构造裂隙和岩石孔隙之中，呈气液包裹体或游离气体赋存于矿体及。其围岩中，后期的热液活化，部分转入溶液。

热液矿床的同生分散晕和喷气分散晕，由于受后期各种地质作用的强烈改造，以及表生条件下物理化学条件的改变，原有气态组分，有的已经逸散，有的已经转化成固态或液态。因此，用常规的气体测量方法一般难以发现气体异常，用气溶胶测量、偏提取测量、水系沉积物测量和土壤测量等则是检测这类异常的有效方法。与沉积矿床有关的同生气体分散晕的分布，与沉积盆地的性质、沉积环境以及覆盖层的厚度等因素有关。断陷盆地周围的断裂构造和控矿构造裂隙是重要的导气构造。异常在矿床上方呈不连续分布，无明显

的依集中心和组分分带，对于沉积型硫化物矿床，汞异常的强度明显比热液矿床低。在油气田和煤田矿床上方，通常以CH_4异常发育为特征。

三、壤中气汞瞬时测量

（一）踏勘与方法试验

（1）资料收集。全面收集和研究区内有关的地质、地球化学、地球物理、地形地貌、水文地质、气象、第四纪地质和可能的各种干扰因素等资料，从而选择合理的工作方法和抗干扰措施，为编写设计与测量结果的推断解释提供依据。

（2）方法试验。凡未进行过壤中气汞量测量的地区，在开展大规模生产工作之前，应在该区的已知矿床或矿点上进行方法试验，以确定在该区的地质地球化学条件下，寻找矿床类型的合理采样布局和最佳采样量，并尽可能取得其他方法的对比资料，为制订综合找矿方案提供依据。

（二）采样布局

壤中气测量的采样网度和采样密度，应根据地质任务、成矿条件和工作程度合理选择，为了寻找新的成矿远景区的壤中气测量，可选用1:5万到1:10万的比例尺。石油和天然气的普查可选用1:10万或1:20万的比例尺。为了圈定成矿有利地段和确定矿体赋存部位，查明矿化带的分布和规模，可选用1:5000到1:2000的比例尺。

矩形测网，适用于寻找细长的地质体，其优点是：当脉状地质体的大致延伸方向为已知的情况下，用较少的工作量，能准确圈定拟寻找地质体的位置和延伸方向；正方形测网适用于找寻等轴状地质体和情况不明的对象，自由测网适用于水网复杂或地形复杂通行不便的地区。

（三）样品的采集与存放

壤中气汞瞬时测量的采样步骤是：在预定的点位上，清除5～10cm的表土层，用钢钎在清除表土处打一个0.4～0.6m深的小孔。拨出钢钎后，立即用螺纹采样器旋入孔内0.2～0.35m深处，用硅胶管依序将螺纹采样器、除尘器和大气泵（或气筒）连接好，并按方法试验选择的最佳采样量（一般为2～3L）抽取壤中气样品。壤中气汞测量的采样质量决定整个工作的成败，应注意下列事项：

（1）采样的位置应选择在土层较厚，无碎石堆积和新近人工堆积物的地方；

（2）拧采样器时，不能左右摇摆，确保采样孔与大气不连通；

（3）要经常检查螺纹采样器和硅胶管是否漏气和被玷污；

（4）采样流量以1L/min为宜，并注意观察流量的实际读数和流量的稳定性；

（5）在干旱和半干旱地区工作时，必须经常观察滤膜上的尘土量，尘土过多，要及时更换滤膜；

（6）采好样的捕汞管，要依序妥善存放，不能存放在汞源和烟尘多的地方。如用烧煤取暖的房子、厨房等地不宜存放捕汞管。所采样品要求在24h内进行检测，以防捕汞管吸收周围环境中的汞，对测定结果造成严重干扰。如有特殊原因（停电、仪器出事故等）样品需放1~2d时，捕汞管需要密封存放，并留一些空白捕汞管作为监控用；

（7）每天留下2~3支空白捕汞管，用于监控环境的汞量变化，并在相同的条件下进行测定。如若发现空白捕汞管沾污严重，应及时查明原因，沾污原因尚未排除之前，应停止生产，以免造成浪费。

第四节　植物测量

所有活着的植物都对它们所处化学的物理的及生物的环境以某种方式作出反应，这种反应通常以不同的方式表现出来。例如在温暖潮湿以及富于营养的环境中的植物，可比生长在严酷与贫瘠环境中的同种植物生长得茂盛得多。当条件太严酷时，植物根本就不发育，在同一地区的另一些植物，可以更能忍受较严酷的环境，甚至偏好较严酷的环境。这种自然淘汰过程，使植物的分布逐步调整到与环境的局部变化相一致。在植物的发育过程中，有许多重要因素直接或间接与它们所处的地质环境有关。植物的根系，起到一种采样机制的作用，从地表以下大体积的湿土中收集水溶液，这些溶液中的无机盐类，可以沉积在植物的某些器官内，除刺激或阻止植物的生长外，可使植物灰分中无机盐类的含量增高。植物内部循环系统的细节是相当复杂的，植物灰分中，无机盐类的增高与地质循环中无机类的含量也不是简单的正相关。但富含金属的营养液可使植物灰分中金属的含量发生明显的变化或使植物的生态发生特征性变化。植物的根类，能提取矿物中的可溶部分，甚至可使原生硅酸盐矿物解体，使之容易被吸收，称之为根的"溶解效应"。无机组分进入植物是有选择性的，营养元素通常可以自由进入植物的系统，以满足营养的需要。那些毒性元素则不让其进入植物的生长器官，以不同的方式沉淀于根系中。不同种植物，从土壤中吸收不同量的无机物。每一种植物有它自己的特殊习性，这是植物地球化学测量中必须注意的问题。

随着微量元素分析技术的发展，植物测量的重点逐渐由生态特征转移至植物灰分中矿质组分的测量方面，由于无障植物的灰分中，矿质组分含量的测定比较精确，不受人们主观意志的影响，可对比程度相对较高。因此，近代植物测量，主要是测量植物灰分中矿质组分含量或多光谱测量（遥测植物叶片对不同波段光谱的反射和吸收特征）。

第五节　偏提取测量

偏提取测量具有极其广泛的研究领域，其目的在于通过特殊的样品采集、样品加工和样品分析等手段，提取人们所需的信息，以便研究样品介质中元素的赋存状态，强化地球化学异常，用于加大对隐伏矿的探测深度。偏提取测量的采样介质，大都为表生环境的次生介质，如土壤、铁锰氧化物、有机配合物、碳酸盐等。这些次生产物，具有较大的表面积，对气态和液态中的各种金属离子，具有较强的吸附能力。隐伏矿上方的次生介质，在毛细作用、自然电场、地下水和地气流的垂向搬运营力的作用下，将隐伏矿中的那些活泼金属组分带入这些次生介质中，并以各种不稳定形式结合到这些次生介质中去。人们采用各种物理的和化学的方法，对这些不稳定的化合物（衍生物）进行萃取，强化某些组分的萃取能力，用于研究地球化学样品中与隐伏矿有关的组分等。

勘查地球化学工作者，基于不同思路已研制出多种多样的偏提取方法技术，迄今为止，偏提取的方法虽多，但存在的问题也不少。许多偏提取方法的思路都不错，有些方法找矿效果也不错，但仍不能在生产中广泛使用。如冷提取方法，在水系沉积物异常源的追溯和评价中，它既能及时指导野外工作，又能缩短找矿周期，也有不少找矿实例。就是这样一种实用性较强的方法技术，近些年来，也很少有人过问它的近况了，未能继续推广使用的主要原因，在于这项成果的工程化程度较差，分析测试条件控制不严，分析误差较大，所获资料无保存价值。由于不能作为正式成果上交，得不到经费上的支持，劳动部门也不予以统计工作量。偏提取方法中，这种最成熟的方法的命运尚且如此，其他方法的处境可想而知。正因为大部分偏提取方法的测量精度较低，各种方法的测试条件缺乏系统的研究和严格的规定，所测资料重现性欠佳。有时某些组分的部分含量，大大高于该组分的总量。理论上指望能提取某种组分，实际上提取的却是另一种组分，而且也缺乏必要的检验。机理不明、测量精度不高，严格限制了它在找隐伏矿中的应用。回想起来，许多科研成果未能及时转化为生产力，其问题的症结就在于此。

从冷提取方法未能被生产部门广为应用的经历中可以看出，一项科研成果能否被转化为生产力，不仅取决于它的先进性，而且还取决于它的工程化程度。在生产中还需不断加以改进和完善，才能适应生产的需要。另一个值得注意的问题是，在推广一种不十分完善的方法时，对该方法的介绍要恰如其分。其不足之处暂时还得不到彻底改善之前，也必须采取一定的措施使其优点得到发挥，缺点受到限制，让它生存下来。如各种壤中气的测量精度也都比较低。若把它们看成一种纯分析方法，用分析方法的准确度和精密度要求它们，则这些方法根本无法生存。偏提取测量，也存在同样的问题，把它看成一种纯分析方法，与其他高精度的分析方法相比，它无疑是一种噪声发生器，保存这类数据无任何意义。不同地区之间所获资料也无法对比。若把它看成一种地球化学勘查方法，质量检验的方法也作适当的改变，则它们在找矿中的作用不次于壤中气测量。

第六节　壤中气气溶胶测量（地气测量）

一、已知隐伏矿床上方的壤中气气溶胶异常特征

（1）在我们试验过的隐伏矿床上方的壤中气气溶胶中，均发现有成矿元素的清晰异常，在大多数情况下有壤中气Hg异常相伴。

（2）在运积物覆盖的隐伏矿上方的土层中，也出现有成矿元素和主要伴生元素的气溶胶异常；在地下水中，有时也能发现与气溶胶异常元素相似的异常，在半出露隐伏矿上，在地表有岩石异常和土壤异常的地方，同时出现有壤中气气溶胶异常。

（3）壤中气气溶胶异常的形态和壤中气异常类似，沿水平方向的位移小，沿垂直方向的迁移可达数百米。

（4）瑞典人称之为地气测量，我们则称之为壤中气气溶胶测量。主要是由于所研究的对象具有明显的粒子性质，而不是气体，仅仅是赋存于气体之中，由于粒子的粒径小，类同如气溶胶（比气溶胶粒径更小），在空气中具有自由穿行的能力。如采用动态预富集时，使用不同孔径的滤膜可使异常的强度明显增强或减弱。而气体组分，对滤膜孔径变化的反应一般不明显。我们对少数样品作X光电能谱分析时，发现滤膜上的物质多呈固体微粒。

（5）壤中气气溶胶内的金属组分可呈单质、配合物和硫化物等形式存在。

（6）在壤中气气溶胶异常处，一般有偏提取异常出现。相反，在有气体异常处，不一定有壤中气气溶胶异常出现。

（7）原生矿石中的元素组合特征，在壤中气气溶胶中未能被完整保存。在原生条件下的活性组分和表生条件下的惰性组分似乎在壤中气气溶胶中得到了加强。

（8）不仅是隐伏矿床的矿质组分可以垂向迁移至地表，不同岩石类型所具有的特征组分同样可以垂向迁移至地表。

（9）气象因素、土壤湿度和筛取不同粒级的样品对测量结果的影响较大，要想提高测量精度，必须抑制上述因素的影响。

二、气溶胶分散晕形成的可能机理

喷气分散晕是壤中气气溶胶分散晕的主要来源之一。火山气样中As、Se的含量比大气中高2~3个数量级，铜的含量高1.5~2倍。同样说明，在喷气分散晕形成阶段，金属气体的存在。当金属气体冷凝时，可形成大量的纳米级的金属微粒。在硫化矿床后生气体分散晕形成过程中，同样可形成许多金属微粒。这些金属微粒，在地气流的搬运下，在矿体周围可形成气溶胶分散晕。这种气溶胶分散晕的形成机理，既说明了气溶胶金属组分的粒子性质，又说明了异常组分近于垂向迁移的特性。气溶胶的迁移能力明显弱于气体，也说明了有气溶胶异常的地方，通常有气体异常，相反，在有气体异常的地方，不一定有气溶胶异常。当地气流通过水层时，转化为气泡流形式迁移，气泡流到达潜水面时，气泡流被破坏，气泡表面的吸附物被解吸。因而，在隐伏矿上方的水井中，也能发现与壤中气气溶胶异常组分相同的异常。

三、样品采集与分析

"金属气体"分散晕的大部分组分，在常温条件下，只能呈固态存在，采集的样品中，大都是固体微粒。关于离子态赋存的假说也是以大量的实际资料为依据的，这两种假说不是相互矛盾的，这是由于金属组分的迁移，具有接力竞赛的特征。微粒金属组分，具有较高的活性。在表生条件下，容易转化为离子态，形成表生条件下比较稳定的化合物状态。以汞为例，从烟囱废气中排出的汞，无疑是汞的蒸气，当气态汞散落到地面，并被土壤吸附后，汞不再是游离汞，很快被转化为氯化汞和氧化汞，汞在表生条件下的化学性质不十分活泼，那些在表生条件下活泼的金属组分，从单质迅速转化为离子态是可想而知的。而且离子态也有几种垂向迁移的机制，也可以被固体微粒吸附迁移。由于金属在还原条件下易呈单质，在表生条件下则易呈离子，人们常把离子视为单质的子体或衍生物。由于离子在表生条件下，容易受表生作用的影响，特别容易受地下水动力学作用的影响，产生较大的位移，表生富集与贫化等变化，使异常与隐伏矿的关系更加复杂化，给推断解释和隐伏矿的追溯带来许多困难。这就是人们从壤中气中直接收集固体微粒的初衷。这样可减少表生条件下多种因素的影响，使异常与隐伏矿的关系更加紧密。

四、气溶胶样品筛分捕集法简介

基于地气流中矿质组分是呈固体微粒赋存，人们自然会想起困扰金矿化探达数十年之久的"颗粒效应"。由于地气流的搬运能力弱，通道不畅通，仅能垂向搬运那些质量和体积均小的固体微粒，并在采样中，注意排除粗大的土壤颗粒进入样品。为了提高测量精度和采样效率，仅仅剔除粗颗粒是不够的。人们从烟尘和风成砂的颗粒试验中得知，金属组分并非赋存最粗的颗粒中，也不是富集在最小的颗粒中，而是富集在某一粒级范围内的颗粒中，而且不同元素富集的粒级均有所不同。样品中，元素的共生组合也发生了新的变化。为满足生产试验的需要，人们研制了一种固体微粒筛分捕集器，筛分捕集器的原理和两种不同网目的筛子截取两种网目之间的颗粒一样。所不同的是，将筛子改成了滤膜，两滤膜之间为选择性吸附剂。选择不同孔径的两种滤膜，就能截取这两种滤膜孔径之间的颗粒。另一个区别就是，气体只能从滤膜通过，不通过滤膜就达不到筛分的目的。

国内有人曾采用双层滤膜过滤器作为筛分不同粒级的捕集器，这种装置不能达到截取两种滤膜之间的颗粒的目的，仅仅是截取了滤膜最小孔径以下的颗粒。因为不同孔径的滤膜被置于过滤器之间，吸附剂被放在过滤器之后的气路中。实际上，只有小孔径的滤膜发挥了作用，大孔径的滤膜根本没有发挥作用，两滤膜孔径之间的颗粒处于两滤膜之间，不可能达到吸附剂的位置。而且这种双层滤膜过滤器是螺纹接口的，有时密封不好，容易发现漏气现象。筛分捕集器的优点是：滤膜和吸附剂都在室内清洁的环境下安装好，不容易被沾污。采样效率成倍提高，测量的重现性可以得到改善。可选择性地截取所需的样品粒级，为生产试验提供了方便。吸附剂为固态，并不大幅度提高样品的本底。野外携带也较为方便。在一天内可采集将近100个样品。这种捕集器操作简便，能保证不漏气和具有密封存放等优点。在任何工作环境下工作，都不容易被沾污且不会产生尘土堵塞等现象，也不需在野外更换滤膜。可以和壤中气Rn-Hg进行联测，有利于研究壤中气与气溶胶分散晕之间的相关关系。一次测量可获得多种与隐伏矿有关的信息，为综合测量创造了条件。更为可贵的是，壤中气测量和壤中气气溶胶联测，有利于排除在壤中气气溶胶测量中地表人为污染的干扰，又能克服壤中气测量所具有的间接性和多解性的弊端。

第八章 巷道施工

第一节 岩巷施工

我国煤矿岩巷的钻眼爆破，从手工凿岩、硝铵炸药、普通雷管、浅眼爆破起步，到手持式凿岩机、液压凿岩台车、高威力水胶炸药、乳化炸药，高精度毫秒电雷管、非电起爆器材以及各类起爆器、中深孔光面爆破，使我国的凿岩爆破技术得到了长足的发展。与此同时，凿岩机理、破岩机理、爆破技术以及施工设备的可靠性、自动化程度等也有了较大的发展。在岩巷掘进中，钻眼爆破工作的好坏，对巷道掘进速度、规格质量、支护效果以及掘进工效、成本等，都有较大的影响。

一、钻眼爆破

掘进工作面的炮眼，按其位置和作用可分为掏槽眼、辅助眼和周边眼三类，其爆破顺序必须是延期起爆，即先掏槽眼，其次辅助眼，最后周边眼，以保证爆破效果。

（一）掏槽眼

掏槽眼的作用是首先在工作面将某一部分岩石破碎并抛出，为其他炮眼的爆破创造附加自由面。因此，掏槽效果的好坏对爆破循环进尺起着决定性的作用。

掏槽眼一般布置在巷道断面中央偏下位置，便于打眼时掌握方向，并有利于其他多数炮眼能借助于岩石的自重崩落。掏槽方式按照掏槽眼的方向可分为三大类，即斜眼掏槽、直眼掏槽和混合式掏槽。

1.斜眼掏槽

斜眼掏槽在巷道掘进中是一种常见的掏槽方法，适用于各种岩石。斜眼掏槽主要包括单向斜眼掏槽、楔形掏槽和锥形掏槽，其中以楔形掏槽的应用最为广泛。

（1）单向斜眼掏槽由数个炮眼向同一方向倾斜组成，适用于中硬以下或较软岩层，一般应将掏槽眼布置在这些软弱层中，形成扇形掏槽。掏槽眼的角度一般取45°～60°，间距300～600mm。这种方法由于炸药集中程度低，只有在松软岩层时才能取得良好的爆破效果。

（2）楔形掏槽，在中硬岩石中，一般都采用垂直楔形掏槽。其两两对称地布置在巷道断面中央偏下的位置上。炮眼与工作面夹角大致在55°～75°，槽口宽度一般为1.0～1.4m，掏槽的排距约为0.3～0.5m。各对掏槽眼应同在一个水平面上，两眼底距离为200mm左右，眼深要比一般炮眼加深20mm，这样才能保证较好的爆破效果。

（3）锥形掏槽法所掏出的槽腔是一个锥体。炮眼底部两眼相距200～300mm，炮眼与工作面相交角度通常为60°～75°。由于炸药相对集中程度高，适用于各种岩层，特别是坚硬的岩石。掏槽眼数多数情况采用3个或4个。该方法因钻眼工作比较困难，钻眼深度受到限制，在煤矿中应用甚少。

（4）斜眼掏槽的优缺点：采用斜眼掏槽时，装药在槽腔的岩体内较为集中，且以工作面为自由面，每眼的装药度系数一般要达到0.6～0.7及以上。斜眼掏槽的优点：适用于各种岩层，可充分利用自由面，逐步扩大爆破范围；所需掏槽眼数较少，单位消耗药量小于直眼掏槽；掏槽眼位置和倾角的精度对掏槽效果影响较小，斜眼掏槽的缺点：钻眼工艺和技术水平要求较高；掏槽面积较大，适用于较大断面的巷道，但因炮眼倾斜，掏槽眼深度受到巷道宽度的限制；碎石抛掷距离较大，易损伤设备和支护，当掏槽眼角度不对称时尤其如此。

2.直眼掏槽

直眼掏槽的特点是所有炮眼都垂直于工作面且相互平行，距离较近，其中有一个或者几个不装药的空眼。直眼掏槽可分为直线掏槽（又称龟裂法）、角柱式掏槽和螺旋掏槽三种。

（1）直线掏槽：它的掏槽眼是布置在一条直线上且相互平行。眼距一般为100～200mm，眼深以小于2.0m为宜，装药量一般不小于炮眼深度的70%，整体为隔眼布置，各装药眼同时起爆。爆破后，在整个炮眼深度范围内形成一条稍大于炮眼直径的条形槽口，为辅助眼创造临空面。这种掏槽法对打眼质量要求高，所有炮眼必须平行且眼底要落在同一平面上，否则就会影响掏槽效果。此种方法掏槽面积小，适用于中硬岩石的小断面巷道，尤其适用于断面中有较软夹层的情况。

（2）螺旋掏槽的特点是所有装药眼围绕中心空眼呈螺旋状分布，并从距空眼最近的炮眼开始顺序起爆，充分利用自由面，使槽腔逐步扩大。螺旋掏槽有两种布置形式，一种是中心空眼为小直径的布置方式，这种掏槽适应于各种岩石，眼深可加深到3m；另一种是中心空眼为大直径（d=100～120 mm）的螺旋掏槽，眼深一般不宜超过2.5m，可用于坚硬岩石的大、中断面巷道。

（3）角柱式掏槽：这种掏槽的炮眼按菱形或三角形等几何形状布置，使形成的槽腔呈角柱体，多为对称式布置，所以又称为桶状掏槽。在中硬岩石中使用效果好，故采用较多。眼深在2.0～2.55m及以下时，经常采用的有三角柱掏槽、菱形掏槽和五星掏槽等。三角柱掏槽的炮眼布置有三种，眼距为100～300mm，各装药孔一般可用一段雷管同时起爆，也可分二段或三段起爆。

（4）直眼掏槽的特点：直眼掏槽是以空眼作为附加自由面，利用爆破作用的破碎圈来破碎岩石。空眼的作用，一方面对爆炸应力和爆破方向起集中导向作用，另一方面使受压岩石有必要的碎胀补偿空间。采用直眼掏槽时，掏槽眼均为超量装药，装药长度系数一般为0.7～0.8。直眼掏槽的优点：所有的掏槽眼都垂直于工作面，各炮眼之间保持平行；炮眼深度不受巷道断面的限制，可用于深孔爆破，同时也便于使用高效凿岩机和凿岩台车打眼；直眼掏槽炮眼的间距较近，其中每一个装药炮眼的爆炸，都可以破坏两个炮眼之间的岩石。另外，直眼掏槽一般都有不装药的空眼，它起着附加自由面的作用。直眼掏槽的缺点：凿岩工作量大，钻眼技术要求高，需要的雷管段数一般也较多，此外，炮眼的间距和平行度的误差对掏槽的效果影响较大。

3.混合式掏槽

为了提高直眼掏槽的抛渣能力和炮眼的利用率，形成以直眼掏槽为主并吸取斜眼掏槽优点的混合式掏槽。斜眼布置成垂直楔形，与工作面的夹角为75°～85°。装药系数以0.4～0.5为宜。斜眼安排在所有直眼掏槽眼起爆之后起爆，发挥继续抛渣扩槽作用。混合式掏槽法一般适用于大断面巷道和硐室掘进。

（二）辅助眼

辅助眼又称崩落眼，是大量崩落岩石和继续扩大掏槽的炮眼。辅助眼要成圈且均匀布置在掏槽眼与周边眼之间，其间距一般为500～700mm，炮眼方向一般垂直于工作面，装药系数一般为0.4～0.6。如采用光面爆破，则紧邻周边眼的辅助眼要为周边眼创造一个理想的光面层，即光面层厚度要比较均匀，且大于周边眼的最小抵抗线。

（三）周边眼

周边眼包括顶眼、帮眼和底眼，是爆落巷道周边岩石，最后形成设计断面轮廓的炮眼。周边眼布置得合理与否，直接影响巷道成型是否规整。目前光面爆破技术已较成熟，一般应按光面爆破要求布置周边眼。

为保证贯穿裂缝的形成，光爆炮眼之间的距离要适当减小，严格控制周边眼的装药量，并合理选择炸药和装药结构。底眼（包括1个水沟眼）负责控制底板标高，眼距一般为500～700mm，装药系数一般为0.5～0.6。为了给钻眼与装岩平行作业创造条件，需采用抛渣爆破，将底眼眼距缩小为400mm左右，眼深加深200mm左右，每个底眼增加1～2个药卷。

（四）炮眼布置

巷道掘进中的钻眼爆破工作应当做到以下五点：

（1）爆破后所形成的巷道断面、方向与坡度应符合设计要求。光面爆破要求巷道局部超挖不得大于150mm，欠挖不得超过质量标准规定。

（2）爆破岩石的块度应有利于提高装岩生产率（一般不大于300mm），有时还要求岩石堆积形状以便于组织岩石装运和钻眼的平行作业。

（3）对巷道围岩的震动和破坏要小，以利于巷道的维护。

（4）爆破单位体积岩石所需炸药和雷管的消耗量要低，钻眼工作量要小，炮眼利用率要达到85%以上。

（5）符合安全施工的要求。为了获得良好的爆破效果，必须正确地布置工作面炮眼，合理确定爆破参数，选用适宜的炸药和改进爆破技术。

除合理选择掏槽方式和爆破参数外，还需合理布置炮眼，以取得理想的爆破效果。炮眼布置方法和原则如下：

①工作面各类炮眼布置是"抓两头，带中间"。即首先选择掏槽方式和掏槽眼位置，其次是布置好周边眼，最后根据断面大小布置辅助眼。

②掏槽眼通常布置在断面的中央偏下，并考虑辅助眼的布置较为均匀和减少崩坏支护及其他设施的可能。

③周边眼一般布置在巷道断面轮廓线上，顶眼和帮眼按光面爆破要求相互平行，眼底落在同一平面上。

④辅助眼均匀地布置在掏槽眼和周边眼之间，以掏槽眼形成的槽腔为自由面层层布置。

⑤根据经验，煤矿岩石巷道掘进采用光面爆破时，掏槽眼、辅助眼、控制光爆层的辅助眼和周边眼的装药量的大致比例为4∶3∶2∶1。

（五）钻眼机具

在煤矿岩巷中，一般采用以压风作动力的各种凿岩设备和设施，包括凿岩机、钎头、钎杆和钻架设备等。而在煤巷中，多采用煤电钻、麻花钎杆和两翼（或三翼）旋转式钻头。

1.凿岩机与钻架设备

岩巷掘进中大量应用的是气动凿岩机，液压凿岩机处于逐步提高与增长阶段。其中，气腿式凿岩机是目前应用最为广泛的凿岩设备。目前，液压凿岩机定型产品的质量较大，需与液压台车配套使用。液压凿岩台车投资大，操作和维修技术要求高，但是自动化程度高，与装载转载、运输设备配套使用，可组成巷道掘进机械化作业线。

2.钎杆、钎头

凿岩机使用的为六角（或圆形）中空钎杆和冲击式钎头。钎杆用于传递冲击功和扭矩，钎头为破碎岩（煤）的刀具。钎头的形状较多，但最常用的是一字形和十字形钎头。

（六）爆破器材

1.矿用炸药

我国目前使用的矿用炸药有硝酸铵类炸药和含水炸药（水胶、乳化炸药）。当穿过瓦斯地层时，应采用煤矿许用炸药，对于坚硬岩石可考虑采用粉末状的高威力炸药。硝酸铵类炸药价格低廉，为煤矿普遍采用，一般制作成直径为32mm、35mm、38mm，质量为100g、150g、200g的药卷，有效期为6个月。近年来，煤矿水胶炸药和乳化炸药发展很快，特别是煤矿许用乳化炸药（包括粉状乳化炸药），已成为煤矿最有前景的安全炸药，是全国推广应用最多的无梯煤矿许用炸药品种。

2.起爆器材

起爆材料一般采用8号电雷管，但是在穿过有瓦斯地层时，为避免因雷管爆炸引爆瓦斯，应采用煤矿许用型电雷管。我国规定，在有瓦斯工作面爆破，只能选用总延期时间不能大于130ms的毫秒延期电雷管或者瞬发雷管，不能选用秒延期雷管。巷道掘进电爆网路的起爆电源，主要采用防爆型电容式发爆器。电容式发爆器所能提供的电流不太大，一般只用于起爆串联网路的电雷管。

（七）爆破参数

爆破参数主要包括炮眼直径、炮眼深度、炮眼数目、单位炸药消耗量等。

1.炮眼直径

炮眼直径对钻眼效率、全断面炮眼数目，炸药消耗量，爆破岩石块度及岩壁平整度均有影响。炮眼直径需比药卷直径大6~8mm，所以目前岩巷掘进的炮眼直径多采用35~42mm。

2.炮眼深度

炮眼深度决定每一掘进循环钻眼和装岩的工作量、循环进尺以及每班的循环次数。炮眼深度主要根据岩石性质、巷道断面大小、循环作业方式、凿岩机类型、炸药威力、工人技术水平等因素确定。合理的炮眼深度应以高速、高效、低成本，便于组织正规循环作业为原则。采用气腿式凿岩机时，炮眼深度以1.8～2.5m为宜，眼深超过2.5m后，钻眼速度则明显降低。采用配有高效凿岩机的凿岩台车时，应向深眼发展，一般眼深可达3.0m以上。我国煤矿巷道掘进中，通常是以月进尺任务和凿岩、装岩设备的能力来确定每一循环的炮眼深度。

3.炮眼数目

炮眼数目直接影响钻眼工作量，爆破岩石的块度、巷道成型质量等。炮眼数目取决于岩石性质，巷道断面形状和尺寸、炮眼直径和炸药性能等因素。求出合理的炮眼数目一般是先以岩层性质和断面大小进行初步估算，然后在设计断面图上作炮眼布置图，得出炮眼总数，并通过实践调整修正。

4.单位炸药消耗量

单位炸药消耗量，是指爆破1.0m³实体岩石所需要的炸药量，也就是工作面一次爆破所需的总炸药量和工作面一次爆下的实体岩石总体积之比。单位炸药消耗量是一个很重要的参数，它直接影响到岩石块度、钻眼和装岩的工作量、炮眼利用率、巷道轮廓的整齐程度、围岩稳定性以及爆破成本等。影响单位炸药消耗量的主要因素有炸药性能、岩石的物理力学性质、自由面的大小和数目以及炮眼直径和炮眼深度等。到目前为止，还没有精确计算单位炸药消耗量的方法，计算数据一般仅作参考，所以多按定额选用。

5.炮眼利用率

炮眼利用率是合理选择钻眼爆破参数的一个重要原则。炮眼利用率区分为：个别炮眼利用率和井巷全断面炮眼利用率。通常所说的炮眼利用率指的是井巷全断面炮眼利用率。炮眼利用率大小受到炸药消耗量、装药直径、炮眼数目、装药系数和炮眼深度等多方面因素影响。井巷掘进的最优炮眼利用率为0.85～0.95。

（八）装药结构与起爆

装药结构有连续装药和间隔装药，耦合装药和不耦合装药、正向起爆装药和反向起爆装药之区别。在巷道掘进中，主要采用连续、不耦合，反向起爆装药结构。装药结构与起爆方法是影响爆破效果的重要因素，因此，在爆破工作中应慎重选择，并在施工中不断改进。

1.装药结构

为了保质保量地做好装药工作，装药之前必须吹洗炮眼，用水将眼中的岩粉吹洗干净，起爆药包必须按照规定要求制作。根据起爆药包所在位置不同，有正向装药和反向装药两种方式。反向装药起爆后爆轰波是由里向外传播，与岩石朝自由面运动方向一致，有利于反射拉伸波破碎岩石，同时起爆药包距自由面较远，爆炸气体在时间上相对较迟从眼口冲出，爆炸能量可得到充分利用，因此能取得较好的爆破效果。在采用φ32～35mm药卷的情况下，为实现光面爆破，周边眼可采用单段空气柱式装药结构。但当眼深超过2.0m后，应采用小直径药卷（φ23～28mm）空气间隔分节装药结构。两药包的间隔距离，一般不能大于该种炸药在炮眼内的殉爆距离。

2.炮眼的填塞

炮眼的填塞能保证在炮眼内炸药全部爆轰结束前减少爆生气体过早逸出，保持爆压有较长的作用时间，充分发挥炸药的爆破作用。因此，装药完毕必须充填以符合安全要求长度的炮泥并捣实。常用1∶3的泥沙混合炮泥，湿度为18%～20%。这种炮泥既有良好的可塑性，又具有较大的摩擦系数。在有瓦斯的工作面，可采用水炮泥填塞，它可以吸收部分热量，降低喷出气体的温度，有利安全。

3.起爆方法

岩巷掘进一般采用发爆器起爆，所以雷管多采用串联方式，连接简单，不易遗漏，可用于有瓦斯或煤尘爆炸危险的工作面。煤矿巷道掘进中，使用多段毫秒延期雷管，按照爆破图表规定的起爆顺序全断面一次起爆。工作面的炮眼应按掏槽眼、辅助眼、帮眼、顶眼、底眼的顺序先后起爆，以使先爆炮眼所形成的槽腔作为后爆炮眼的自由面。在有瓦斯的工作面起爆时，所有电雷管的总延期时间不得超过130ms。

（九）爆破说明书及爆破图表

1.爆破说明书

爆破说明书是井巷施工组织设计的一个重要组成部分，是指导、检查和总结爆破工作的技术文件。编制爆破说明书和爆破图表时，应根据岩石性质、地质条件、设备能力和施工队伍的技术水平等，合理选择爆破参数。爆破说明书的主要内容包括有：

（1）爆破工程的原始资料。包括掘进井巷名称、用途、位置、断面形状和尺寸、穿过岩层的性质、地质条件以及瓦斯情况。

（2）选用的钻眼爆破器材。包括炸药、雷管的品种，凿岩机具的型号、性能。

（3）爆破参数的选择与计算。包括掏槽方式和掏槽爆破参数、光爆参数等；根据参数计算炮眼直径、深度、数目、单位炸药消耗量等。

（4）炮眼布置。包括掏槽眼、辅助眼和周边眼的数量、各炮眼的装药量与装药结构、各炮眼的起爆顺序，并绘制炮眼布置三视图。

（5）爆破网路的计算和设计。

（6）爆破作业组织和安全措施。

（7）预期爆破效果。包括炮眼利用率、每循环进尺、每循环炸药消耗量、单位炸药消耗量、单位雷管消耗量等。

2.爆破作业图表

爆破作业图表是在爆破说明书基础上编制出来的，一般包括炮眼布置图、爆破原始条件、炮眼布置参数、装药参数表、预期爆破效果和经济指标等。在执行过程中，要严格执行岗位责任制、按劳动效率、材料消耗、爆破效果等全面检查，使爆破图表更符合实际。

（十）测量定眼位工作

钻眼工作必须严格按照爆破图表所要求的眼位、方向、深度和角度进行，并组织好凿岩机的分区、分工作业，以保证钻眼质量和提高钻眼速度。掘进巷道时，为了在工作面正确布置炮眼位置和掌握巷道掘进的方向和坡度，常采用中线指示巷道的掘进方向，用腰线控制巷道的坡度。工作面的炮眼布置，应以巷道中线为基准，准确地定出周边眼、辅助眼和掏槽眼的位置，并做好标记。腰线通常布设在巷道无水沟侧的墙上，距轨面标高为1.0m，腰线可用坡度规挂在腰线上来延长。中线的测量多采用激光指向仪。激光指向仪操作简单，定向准确，节省时间，深受现场欢迎。激光指向仪的氦氖激光管光束发射角小，经望远镜调光后，其光束在300m远处不超过20mm，输入电源的电压为127V矿用安全电压。在巷道掘进中，激光指向仪牢固地固定在距工作面100m以外巷道顶板的中心线位置。经调整对正后，激光束投射到工作面上，即为中线位置和腰线位置。可根据它来确定炮眼位置和巷道掘进方向。随着巷道前进，定期向前移动指向仪并重新安装和校正。目前，激光指向仪距工作面的最大距离可达500m。

（十一）压风供应与供水

掘进巷道必须采取湿式钻眼、爆破喷雾、装岩洒水等综合防尘措施。因此，掘进工作面提供机械动力除压风供应外，还必须有供水系统。矿井的供水系统由地面与井下管网系统组成。掘进工作面同时使用风、水的设备较多，并且装卸、移动频繁。为了提高钻眼工作的效率，以免各种工序相互影响，必须配备专用的供风、供水设备，并且予以恰当的布置。它的主要特点是在工作面集中供风、供水，将分风、分水器设置在巷道两侧，这样既方便钻眼工作，又不影响其他工作。无论在新建、扩建或生产矿井中，都需开掘大量的井巷工程，以便准备新的采区和采煤工作面。在开掘井巷时，为了稀释和排除从煤（岩）体涌出的有害气体、爆破产生的炮烟和矿尘及保持良好的作业环境，必须对掘进工作面进行不间断的通风。此外，在井巷掘进过程中产生的各种岩矿微粒称为矿尘，对于矿井的安全生产和井下工作人员的健康有直接影响，大量的煤尘堆积甚至导致出现矿井连续爆炸的重大隐患，因此必须对掘进的各个过程采取综合防尘措施。

二、掘进通风

井巷掘进一般只有一个出口（称独头巷道），不能形成贯穿风流，故必须使用局部通风机、高压水气源或主要通风机产生的风压等技术手段向掘进工作面提供新鲜风流并排除污浊风流，这些方法统称为局部通风（又称为掘进通风）。掘进工作面的风量应符合下列规定：爆破后15min内能把工作面的炮烟排出；按掘进工作面同时工作的最多人数计算，每人每分钟所需的新鲜空气量不应小于4m³；风速不得小于0.15m/s；混合式通风系统的压入式通风机，必须在炮烟全部排出工作面后方可停止运转。常见掘进通风方法有三种，即利用矿井全风压通风、水力或压气引射器通风和利用局部通风机通风。全风压通风，是指直接利用矿井主要通风机及自然因素造成的风压，并借助导风设备对掘进工作面进行通风的一种方法，其通风量取决于可利用的风压和风路风阻。引射器通风，是指利用引射器产生的通风负压，通风风筒导风的局部通风方法。利用局部通风机作为动力，通过风筒导风的通风方法称为局部通风机通风，是我国最常见的掘进通风方法。

（一）局部通风机通风方法

局部通风机的常见通风方式有压入式、抽出式和压抽混合式三种。

1.压入式通风

压入式通风设备，局部通风机及其附属装置安装在距离掘进巷道口10m以外的进风侧，将新鲜风流经风筒输送到掘进工作面，污风沿掘进巷道排出。当工作面爆破或掘进落煤（岩）后，烟尘充满迎头形成一个炮烟抛掷区和粉尘集中带。风流贴着巷壁射出风筒后，由于射流的紊流扩散和卷吸作用，使迎头炮烟与新风发生强烈掺混，沿着巷道向外推移。风流射出风筒后存在一段有效射程，在有效射程以外的独头巷道存在循环涡流区，所以为了有效地排出炮烟，风筒出风口距工作面的距离应不超过有效射程，否则会出现污风停滞区，不利于掘进工作面的通风排烟。由于风筒在通风过程中炮烟逐渐随风流排出，当巷道出口处的炮烟浓度下降到允许浓度时（此时巷道内的炮烟浓度都已降到允许浓度以下），即认为排烟过程结束。

2.抽出式通风

抽出式通风设备，局部通风机安装在距离掘进巷道10m以外的回风侧。新风沿巷道流入，污风通过风筒由局部通风机抽出。当工作面掘进爆破煤（岩）后，形成一个污风集中带，在抽出式通风口存在一个有效吸程，借助紊流扩散作用在此范围内的污染物和新风掺混并被吸出。在有效吸程之外的独头巷道会出现循环涡流区，因此风筒的吸口离工作面距离应小于有效吸程。理论和实践证明，抽出式通风的有效吸程比压入式通风的有效射程要小得多，一般为其2~3倍。

3.压入式和抽出式通风的比较

（1）压入式通风的局部通风机及其他附属电气设备均布置在新鲜风流中，污风不通过局部通风机，安全性好；而抽出式通风时，含瓦斯的污风通过局部通风机，存在瓦斯爆炸危险的工作面不宜采用此方式。

（2）压入式通风风筒出口风速度和有效射程较大，可以起到防止瓦斯积聚和提高散热的作用；而抽出式通风有效吸程较小，风筒需距离掘进工作面较近，此外抽出式风量较小，工作面排污所需时间较长、速度较慢，但在有效吸程内排污效果较好。

（3）压入式通风时，掘进巷道涌出的瓦斯向远离工作面的方向排出；而抽出式通风时，巷道内涌出的瓦斯随风流入工作面，安全性差。

（4）抽出式通风时，新鲜风流沿巷道进入工作面，整个巷道空气清新，劳动环境较好；而压入式通风时，污风沿巷道缓慢排出，掘进巷道越长，受污染的时间越久，这种现象在大断面长距离巷道掘进中尤为突出。

（5）压入式通风可采用柔性风筒，其成本低、质量轻；而抽出式通风的风筒承受负压，必须使用刚性或刚性骨架的可伸缩风筒，成本高、质量大、运输不方便。

基于以上分析，当以排除瓦斯为主的煤巷、半煤岩巷掘进时，应采用压入式通风；而以排除粉尘为主的井巷掘进时，宜采用抽出式通风。

4.混合式通风

这种通风方式是压入式和抽出式的联合运用。掘进长距离巷道时，单独使用压入式或抽出式通风都有一定的缺点，混合式通风兼有两者优点，其中压入式向工作面供新风，抽出式从工作面排出污风。按抽压风筒口的位置关系，每种方式分为前抽后压和前压后抽两种布置形式。前抽后压混合式通风，工作面的污风由压入式风筒压入的新风予以冲淡和稀释，由抽出式主风筒排出。抽出式风筒吸风口与工作面的距离应不小于污染物分布集中带长度，与压入式风机的吸风口距离应大于10m；抽出式风机的风量应大于压入式风机的风量；压入式风筒的出口与工作面的距离应在有效射程之内；抽出式风筒必须用刚性风筒或带刚性骨架的可伸缩风筒。

前压后抽混合式通风，新鲜风流经压入式风筒送入工作面，工作面污风经抽出式通风除尘系统净化，被净化后的风流沿巷道排出。抽出式风筒吸风口与工作面的距离应小于有效吸程；压入式风筒的出风口应超前抽出式风筒出风口10m以上，它与工作面的距离应不超过有效射程；压入式风机的风流应大于抽出式风机的风量。混合式通风的主要缺点是降低了压入式与抽出式两列风筒叠加段巷道内的风量，此段巷道顶板附近易形成瓦斯的层状积聚，因此两台风机之间的风量要合理匹配。基于上述分析，混合式通风是大断面长距离岩巷掘进通风的较好方式，机掘巷道多采用与除尘风机配套的前压后抽混合式通风。

（二）掘进通风设施

1.局部通风机

井下局部地点通风所用的通风机称为局部通风机，是掘进通风的主要设备，要求其体积小，效率高、噪声低，风量、风压可调，坚固、防爆。

2.风筒

风筒分刚性和柔性两大类。常用的刚性风筒有铁风筒、玻璃钢风筒等，坚固耐用，适用于各种通风方式，但笨重、接头多、体积大、储存、搬运、安装都不方便。常用的柔性风筒有胶质风筒、软塑料风筒等，在巷道掘进中广泛使用，具有轻便、安全性能可靠等优点，但易于划破，只能用于压入式通风。近年来又研制出一种带有刚性骨架的可缩性风筒，即在柔性风筒内每隔一定距离，加钢丝圈或螺旋形钢丝圈，也可用于抽出式通风，又具有可收缩的特点。

3.掘进通风设施的选择

选择掘进通风设备的程序是：确定通风方式，选择风筒，计算风量，计算通风阻力，选择局部通风机。选择风筒直径的主要依据是送风量与通风距离，送风量大，通风距离长，风筒直径要选得大些。另外，还要考虑巷道断面大小，以免风筒无法布置或易被矿车划破。选择风筒，除技术上可行之外，还要经济上合理。风筒直径大、成本高，但耗电量小，应予以综合考虑。

根据现场经验，通风距离在200m以内可选用直径为400mm的风筒；通风距离为200～600m，可选用直径为500mm的风筒；通风距离在500～1000m，可选用直径为600～800mm的风筒；通风距离在1000m以上，可选用直径为800～1000mm的风筒。

（三）掘进通风管理

矿井开拓期常要掘进长距离的巷道，掘进这类巷道时，多采用局部通风机通风。在现有通风设备的基础上，只要加强通风管理工作就可提高通风效率，实现单机独头长距离通风。为了保证独头长距离通风的效果，需要注意以下五个方面的问题：

（1）通风方式要选择得当，一般采用混合式通风。

（2）条件许可时，尽量选用大直径的风筒，以降低风筒风阻，提高有效风量。

（3）保证风筒接头的质量。根据实际情况，尽量增加每节风筒的长度，减少接头处漏风。

（4）风筒悬吊力求"平、直、紧"，以消除局部阻力。

（5）要有专人负责，经常检查和维修。

此外，还要保证局部通风机连续、安全地运转，应注意以下五点：

①注意电动机的保护，实现局部通风机的风电闭锁，采用双回路或单独供电，保证其正常运转。

②为了保证局部通风机最大风量和风压，叶轮与外壳间隙不得小于2mm。

③局部通风机启动时，应先断续开停几次后，再使风机转入运行，以避免风筒破裂或接头被拉开。

④局部通风机运转前应检查进风流瓦斯，瓦斯浓度小于0.5%时方可启动。因故停风时，必须在巷道中瓦斯浓度小于1%时方可启动。

⑤局部通风机必须指定人员负责管理，定期检查，及时处理发现的问题。

（四）综合防尘技术

掘进巷道时，在钻眼、爆破、装岩、运输等工作中，不可避免地要产生大量的岩矿微粒，统称为煤矿粉尘。矿尘的主要危害是引起尘肺病和发生爆炸。在矿井粉尘污染的作业场所工作，工人长期吸入大量浮尘，沉积在肺组织中，会使得肺细胞发生一系列生理、病理变化，使肺组织纤维化，导致工人患上尘肺病。我国煤炭工业的粉尘职业危害十分严重，居各行业之首。当具有爆炸危险的煤尘达到一定浓度时，在引爆热源的作用下，会发生猛烈的爆炸。因此，矿尘严重威胁矿井的安全生产和人员的生命安全。因此，掘进井巷时，必须采取湿式钻眼、冲洗井壁巷帮、水炮泥、爆破喷雾、装岩（煤）洒水和净化风流等综合防尘措施。煤矿企业必须加强职业危害的防治与管理，做好作业场所的职业卫生和劳动保护工作，作业场所空气中粉尘（总粉尘、呼吸性粉尘）浓度应符合要求，否则必须采取有效措施控制尘、毒危害，保证作业场所符合国家职业卫生标准。

1.湿式钻眼

湿式钻眼是综合防尘最主要的技术措施，严禁在没有防尘措施的情况下进行干法生产和干式凿岩。湿式钻眼就是在钻眼过程中用水冲洗炮眼，使岩粉变成浆液从炮眼流出，使粉尘不会飞扬，能显著降低巷道中的粉尘浓度。

2.喷雾洒水

喷雾洒水就是将压力水通过喷雾器在旋转或冲击作用下，使水流雾化成细散的水滴喷射于空气中。在矿尘产生量较大的地点进行喷雾洒水，是捕获浮尘和湿润落尘最简单易行的有效措施。

装药时使用水炮泥是降低爆破粉尘的重要措施。在爆破前要用水冲洗岩帮，爆破后立即进行喷雾，装岩前要向岩堆上洒水，水能黏结细粒粉尘，使它不致在装岩时被铲斗扬起。实践表明，岩堆单位体积的耗水量与粉尘浓度成反比。

3.采用水炮泥爆破

水炮泥就是将装水的塑料袋代替一部分炮泥，填于炮眼内。爆破时水袋破裂，水在高

177

温、高压下汽化，与尘粒凝结，达到降尘的目的。采用水炮泥比单纯用土炮泥时的矿尘浓度降低20%～50%，尤其是呼吸性粉尘含量有较大的减少。此外，水炮泥还能降低爆破产生的有害气体，缩短通风时间，并能防止爆破引燃瓦斯。

4.加强通风排尘工作

通风工作除不断向工作面供给新鲜空气外，还可将含尘空气排出，以降低工作面的含尘量。根据试验观测，当巷道中风速达到0.15m/s时，5μm以下的粉尘能浮游并与空气混合而随风流动，这一风速称为最低排尘风速。风速增大，粒径较大的尘粒也能浮游并被排走。在产尘量一定的情况下，风速增大，粉尘浓度随之降低。当风速在1.5～2m/s时，作业点的粉尘浓度可降到最小值，这一风速称为最优排尘风速。风速再提高，会吹扬起已沉降的粉尘，使矿尘浓度再度增高。一般来说，掘进工作面的最优风速为0.4～0.7m/s。因此，为了做好通风排尘工作，首先应在掘进巷道周围建立通风系统，以形成主风流。其次，应在各作业点搞好局部通风工作，保证工作面能得到足够的风量和一定风速，以便迅速把工作面的粉尘稀释并排到主回风流中去。

5.加强个人防护工作

近年来，我国有关部门研制生产了多种防尘口罩，主要有防尘口罩、防尘风罩、防尘帽、防尘呼吸器等，其目的是使佩戴者能呼吸到净化后的清洁空气，从而对于保护粉尘区工作工人的身体健康起到积极作用。另外，工人要定期进行身体健康检查，发现病情及时治疗。巷道施工中，岩石的装载与运输是最繁重、最费工时的工序，一般情况下它占掘进循环时间的35%～50%。因此，做好装岩与运输工作，对提高劳动效率、加快掘进速度、改善劳动条件和降低成本有重要意义。目前，国内已生产各种类型、适应不同条件的装载机和调车运输设备，装载机由铲斗后卸式单一机型，发展到耙斗式装载机、侧卸式装载机、蟹爪和立爪式装载机等各种类型。配套的转载运输设备也在不断改善，先后出现了桥式转载机、可伸缩胶带运输机、胶带转载机等，以及梭式矿车和仓式列车及防爆型蓄电池电机车。以上多为从工作面运出矸石的设备，同时也发展了可向工作面运输材料的胶带输送机、钢丝绳牵引卡轨车和钢丝绳牵引单轨吊车。这些设备的配套使用，组成了各种工艺的岩巷机械化作业线，达到了提高岩巷掘进速度和施工工效的目的。

三、装岩工作

（一）装载机

装载机按工作机构划分，有铲斗式装载机、耙斗式装载机、蟹爪式装载机和立爪式装载机等。

铲斗式装载机有后卸式和侧卸式两大类，其工作原理和主要组成部分基本相同。工作时依靠自身质量运动所产生的动能，将铲斗插入矸石，铲满后抬起铲斗将矸石卸入转载设备或矿车中，其工作过程为间歇式。铲斗后卸式装载机是我国最早使用的装载机械，煤矿中使用最多的是Z-20B型电动铲斗后卸式装载机。但由于适应性不强、生产能力小，机械化程度低等原因，所以只在小型煤矿使用。

铲斗侧卸式装载机是正面铲取岩石，在设备前方侧转卸载，行走方式为履带式。它与铲斗后卸式比较，铲斗插入力大、斗容大，提升距离短；履带行走机动性好，装岩宽度不受限制，可在平巷及倾角10°以内的斜巷使用；铲斗还可兼作活动平台，用于安装锚杆和挑顶等；电气设备均为防爆型，可用于有瓦斯和煤尘爆炸危险的矿井。如果直接将矸石装入矿车，装载机在巷道中频繁行走，不仅会将巷道底板碾碎，形成大量淤泥给后续清理工作带来麻烦，也缩短了履带行走部件的使用寿命，降低了整机的效率。因此，根据侧卸式装载机的工作特点，应将转载机布置在装载机铲斗卸载一侧的轨道上。装载机铲取的岩石直接卸到停靠在掘进工作面前部的料仓中，通过转载机再转卸到矿车中，这样可以连续装满一列矿车，以提高装岩效率。

2.耙斗装载机

耙斗装载机是一种结构简单的装岩设备，动力为电动，行走方式为轨轮。它不仅适用于水平巷道装岩，也可用于倾斜巷道和弯道装岩。耙斗装载机主要由绞车、耙斗、台车、槽体、滑轮组、卡轨器、固定楔等部分组成。耙斗装载机在工作前，用卡轨器将台车固定在轨道上，并用固定楔将尾轮悬吊在工作面的适当位置。工作时，通过操纵手把启动行星轮或摩擦轮传动装置，驱使主绳滚筒转动，并缠绕钢丝绳牵引耙斗将矸石耙到卸料槽。此时，副绳滚筒从动，并放出钢丝绳，矸石靠自重从槽口溜入矿车。然后使副绳滚筒转动，主绳滚筒变为从动，耙斗空载返回工作面。这样就能使耙斗往复运行进行装岩。

耙斗装载机适用于净高大于2m、净断面5m³以上的巷道。它不但可以用于平巷装岩，而且还可以在倾角35°以下的上、下山掘进中装岩，亦可用于在拐弯巷道中作业。此时，首先要在工作面设尾轮，通过在转弯处的开口双滑轮，把工作面的矸石耙到转弯处。然后将尾轮移动到相应的位置，耙斗装载机便可将矸石装入转运设备中去。下山施工时，当巷道坡度小于25°时，除了用耙装机本身的卡轨器进行固定外，还应增设两个大卡轨器。当巷道坡度大于25°时，除增设大卡轨器外，还应再增设一套防滑装置。移动耙装机一般用提升机，也可用一台5 t的绞车进行移动。耙斗装载机的优点是结构简单、维修量小、制造容易、铺轨简单，适应面广和装岩生产率高。缺点是钢丝绳和耙斗磨损较快，工作面堆矸较多，影响其他工序进行。

3.蟹爪装载机

这种装载机的特点是装岩工作连续，生产率高。其主要组成部分有蟹爪、履带行走部分转载输送机、液压系统和电气系统等。这类装载机前端的铲板上设有一对蟹爪，在电动机或液压马达驱动下，连续交替地扒取岩石，岩石经刮板输送机运到机尾的胶带输送机上，而后装入运输设备。输送机的上下、左右摇动，以及铲板的上下摆动都由液压驱动。装岩时，铲板必须插入岩堆，当发生岩堆塌落压住蟹爪时，必须将装载机退出，再次前进插入岩堆后装载。大功率蟹爪式装载机装载宽度大，生产率高，机器高度低，产生粉尘少，但结构复杂，履带行走对软岩巷道不利，适用于硬岩巷道。

4.立爪装载机

立爪式装载机主要优点是装矸机构简单可靠，动作机动灵活，对巷道断面和岩石块度适应性强，能挖水沟和清理底板，生产效率较高；缺点是爪齿容易磨损，操作亦较复杂，维修水平要求高。立爪式装载机由机体、刮板输送机及立爪耙装机构三部分组成。其装岩过程是立爪耙装岩石，刮板输送机转送岩石至运输设备，这比铲斗式装载机要先插入岩堆内而后铲取岩石更合理。还有一种蟹立爪装载机，是吸取蟹爪式和立爪式装载机的优点，采用蟹爪和立爪组合的耙装机构，从而形成新颖的高效装载机。它以蟹爪为主，立爪为辅，结合了两种装载机的优点，有较高的生产能力。

（二）装载机的选择

选择装载机应主要考虑巷道断面的大小、装载机的装载宽度和生产率，适应性和可靠性，操作、制造和维修的难易程度，装载机与其他设备的配套、装载机的造价和效率等因素。铲斗后卸式装载机，构造较简单，适应性好，以往使用得较多。但它的生产能力小，装岩工作方式不合理，效率低，易扬起粉尘，装岩宽度较小，故一般应用于单轨巷道。侧卸式装载机，铲取能力大，生产效率高，对大块岩石、坚硬岩石适应性强；履带行走，移动灵活，装卸宽度大，清底干净；操作简单、省力。但是其构造较复杂、造价高、维修要求高，用于断面积12m²以上的双轨巷道。

耙斗式装载机，构造最简单，维修、操作都容易；适应性强，可用于平巷、斜巷以及煤巷、岩巷等。但是，它的体积较大，移动不便，有碍于其他机械使用；底板清理不干净，人工辅助工作量大，耙齿和钢丝绳损耗量大，效率低。用于单轨巷道较为合理。前两种装载机均属于间歇式装岩，而蟹爪式、立爪式以及蟹立爪式装载机的装岩动作连续，属于连续式装岩。因此，蟹爪式、立爪式以及蟹立爪式装载机可与大容积、大转载能力的运输设备和转载机配合使用，生产效率高；履带行走，移动灵活，装载宽度大，清底干净；工作需要空间小，适用于单、双轨巷道；装岩方式合理，效率高，粉尘小。但是构造较复杂，造价也高；蟹爪与铲板易磨损，装坚硬岩石时，对制造工艺和材料耐磨要求较高。

（三）提高装岩工作效率的途径

装岩效率的指标是m/（台·班）或m³/工。单从巷道经济效果分析，这两项指标越高，成本越低。从组织观点出发，工作面同时工作内容越单一，相互干扰越少，效率越高。为了组织快速施工，往往要组织多工序平行作业，人员设备必然增多，相互干扰增加，效率较低。但是有时为了生产或建设的总体需要，往往对某项工程组织快速施工而能获得更大的经济效益。因此，要区别这两种情况，根据具体要求，采取不同措施，提高装岩效率。

（1）研究和推广装岩，运输机械化作业线，不断提高装载机工时利用率，缩短掘进循环中的装岩时间。

（2）研制和选用高效能的装载机。在现有设备中，要根据巷道断面大小选用装载机，对于双轨巷道尽量选用大型耙斗装载机、侧卸式装载机或蟹爪式装载机等大型设备。一般情况下，应避免同时使用两台装载机或大断面选用生产力小的装载机。

（3）做好爆破工作。当岩石的块度均匀、适宜，堆放集中，底板平整时，装载机的效率较高。

（4）发展一机多用设备。工作面空间有限，工序繁多，设备拥挤而且利用率低，辅助时间增加，特别在单轨巷道，尤为困难。因此，应研制一机多用的设备，如钻装载机、钻装锚机、仓式列车等。

（5）加强装岩与排矸调车的组织管理工作，保证重车及时推出，空车及时到位。

四、调车排矸工作

在巷道掘进的装岩运输过程中，采用矿车运输矸石时，一个矿车装满后，必须退出，调换一个空车继续装岩，这就是调车工作。除了选用高效能装载机和改善爆破效果以外，还应结合实际条件，合理选择工作面各种调车和转载设施，以减少装载间歇时间，提高实际装岩生产率。采用不同的调车和转载方式，装载机的工时利用率差别很大。据统计，我国煤矿采用固定错车场时为20%～30%，采用浮放道岔时为30%～40%，采用长转载输送机时为60%～70%，采用梭式矿车或仓式列车时为80%以上。因此，应尽可能选用转载输送机或梭式矿车，以减少装载的间歇时间。

（一）固定错车场调车法

利用固定错车场调车。在单轨巷道中，调车较为困难，一般每隔一段距离需要加宽一部分巷道，以安设错车的道岔，构成环形错车道或单向错车道。在双轨巷道中，可在巷道中轴线铺设临时单轨合股道岔，或利用临时斜交道岔调车。

这种调车方法简单易行，一般可用电机车调车，或辅以人力。单独使用固定道岔调车法，需要增加道岔的铺设，加宽部分巷道的断面，且不能经常保持较短的调车距离，故调车效率不高，装载机的工时利用率只有20%～30%。可用于工程量不大、工期要求较缓的工程。

（二）活动错车场调车法

为了缩短调车的时间，将固定道岔改为翻框式调车器、浮放道岔等专用调车设备，这些设备可紧随工作面向前移，能经常保持较短的调车距离，装载机的工时利用率可达30%～40%。

1.浮放道岔

浮放道岔是临时安设在原有轨道上的一组完整道岔，它结构简单，可以移动，现场可自行设计与加工。菱形浮放道岔用于双轨巷道，在有两台装载机同时装岩的情况下使用方便，但其缺点是结构笨重，搬运困难。另外，还有用于单轨巷道的单轨浮放双轨道岔。

2.翻框式调车器和风动调车器

翻框式调车器一般用于单轨巷道，风动调车器可用于单轨巷道或双轨巷道。翻框式调车器由金属活动盘和滑车板组成，活动盘浮放在巷道的轨面上，随时可以紧随装岩工作面向前移动。活动盘上设有可沿角钢横向移动的滑车板，当空车推上滑车板后，滑车板可以横向移动离开，然后翻起活动盘，为重车提供了出车线路。待重车通过后，再放下活动盘，空车随同滑车板返回轨面，然后用人力将空车送至工作面装车。翻框式调车器具有结构简单、质量轻、移动方便的优点，特别是可以保证调车位置接近工作面，为独头巷道快速掘进创造了有利条件。以同样的原理制作了风动吊车器，用压气气缸将空车吊离轨面以达到上述调车目的。

（三）利用专用转载设备

采用转载设备可大大改进装运工作，提高装岩机的实际生产率，使装载运输连续作业，有效地加快装运速度。常用的转载设备有胶带转载机、斗式转载车、梭式矿车和仓式列车等。

1.胶带转载机

平巷掘进中使用的胶带转载机的形式很多，但胶带输送机的机架和托滚等部分大致相同，主要区别在于胶带输送机的支撑方式上。按胶带机架支撑方式分，有悬臂式胶带转载机、支撑式胶带转载机和悬挂式胶带转载机等多种类型。悬臂式胶带转载机，结构简单，长度较短，行走方便，可适应弯道装岩。其不足之处在于，其下边最多只可存放三辆矿车，采用反复调车的方法，虽然可以增加连续装车的数目，但其调车组织工作比较复杂，现场应用较少。

支撑式胶带转载机设有辅助轨道，专供支撑行走。由于长度较长，往往能存放足以将一茬炮爆落矸石全部装走的矿车数，因而可完全消除由于调车导致的装岩中断，并大大减少单轨长巷道铺设道岔或错车场的工作量。但它只适用于直线段巷道的掘进。悬挂式胶带转载机的特点是转载机悬挂在巷道顶部的轨道上。轨道可采用钢轨或槽钢制成，用锚杆吊挂或直接固定于巷道支架的顶梁上，随工作面推进而向前接长延伸。它的移动可用装岩机或电机车牵引或推顶。

2.梭式矿车

梭式矿车是一种大容积的矿车，也是一种转载设备。根据工作面的条件，可以采用一台梭车，亦可把梭车搭接组列使用，一次将工作面爆落的矸石装走。随着深眼爆破技术日趋成熟，大容量的梭式矿车也被广泛运用于岩巷掘进。梭式矿车具有装载连续，转载、运输和卸载设备合一，性能可靠等优点。但井下使用需要有专门的卸载点，如溜井、矸石仓等。如若有"丁"字巷道，亦可采取将梭车尾部抬高直接卸入矿车的方法，还可采取由梭车卸入固定地点的转载机，再由转载机装入矿车的办法。

3.仓式列车

仓式列车适用于小断面巷道，由头部车、若干中部车及一台尾部车组成，链板机贯穿整个列车车厢的底部。使用时，根据一次爆破出岩量确定中部车厢数量，可在曲率半径大于15m的弯道上运行。仓式列车可与装岩机或带有转载机的掘进机配套使用，并能充分发挥装岩机的功能；由于不必调车，可节省不必要的错车道开凿工程，同时又利于运料，故需辅助人员少、辅助工作量少。仓式列车卸载高度低，前后移动方便，可用绞车或电机车牵引。仓式列车适用于断面积为4.5～8.5m²的较小巷道，但需两次转载，一般把煤、岩直接卸到刮板输送机或煤（矸）仓里，所以仓式列车很适用于煤、半煤岩巷掘进运输。

五、辅助运输工作

煤矿井下辅助运输，广义上是指除运输煤炭之外的各种运输，一般包括人员、设备、辅助材料和矸石的运输。运输过程中，若所运输的设备、材料、矸石等货物，需由一种容器或车辆转装至另一种容器或车辆上运输，称为换装。例如，单轨吊与轨道运输设备的转运，普通矿车与卡轨车的转运等，均称为换装。运输过程中，若不需改变承载车辆或容器，只改变牵引设备，称为转载或倒运。例如，矿车由机车牵引改为由绞车牵引或由多台绞车接力牵引等。我国煤矿辅助运输一般是主要大巷采用电机车，上下山斜巷采用绞车，其他地点多采用小绞车或人工运输。随着采掘综合机械化的发展，近年来我国大型矿井产量和效率有了很大的提高，但全员效率增长幅度却相对较低，其中重要原因之一就是井下辅助运输效率太低，大量人员用在运料、运设备上。随着煤矿技术装备水平的日益提高，单轨吊车、卡轨车、齿轨车和无轨运输车等新型的运输方式出现，克服了原有辅助运输运输能力小、效率低，不能连续运输的缺点，能实现煤矿辅助运输的自动化控制及集装化运输。

（一）单轨吊车

单轨吊车运输是将材料、设备、人员等通过承载车或起吊梁悬吊在巷道顶部的特制工字钢单轨上，由单轨吊车的牵引机构牵引进行运输的系统。依靠其生产效率高、事故少、经济效益较好等优点，广泛运用于煤矿采区上下山和工作面平巷的运送材料、设备和人员，是较为先进的辅助运输设备之一。按照牵引方式可分为三类：钢丝绳牵引、柴油机车牵引和蓄电池机车牵引。单轨吊车的轨道是一种特殊工字钢，工字钢轨道悬吊在巷道支架上或砌碹、锚杆及预埋链上。防爆柴油机车牵引单轨吊车主要由驾驶室、制动吊车、承载吊车、车体、减速器、驱动轮等组成。单轨吊车的主要优点是生产效率高、事故少，经济效益较好。其缺点是柴油机废气污染，噪声大；蓄电池单轨吊自重大，提高牵引力受到限制，需设置充电硐室并经常充电等。适用条件如下：

（1）单轨吊车挂在巷道顶板或支架上运送负载，不受底板变形（底鼓）及巷道内物料堆积影响，但需要有可靠的吊挂承载装置。用锚杆悬吊时，每个吊轨点要用两根锚固力各为60kN以上的锚杆，巷道断面要大于或等于7m²。

（2）可用于水平和倾斜巷道运输。用于倾斜巷道运输时，机车牵引单轨吊车，坡度要小于或等于18°，最佳使用坡度为12°以下，最大可达40°。绳牵引单轨吊车坡度要小于或等于25°，最大可达45°，最大单件载质量达12~15t。

（3）机车牵引单轨吊车具有机动灵活的特点，一台机车可用于有多条分支巷道运送物料、设备和人员，可实现不经转载直达运输，不受运程限制。

（4）柴油机单轨吊车排放的气体有少量污染和异味，因此，使用巷道要有足够的风量来稀释柴油及排放有害气体，一台66kW柴油机单轨吊车运行的巷道，其通风量应不少于300m³/min。

（二）卡轨车

卡轨车是在普通窄轨运输的基础上，采用专用轨道和卡轨轮防止车辆脱轨掉道的一种矿车。根据动力的不同，可将卡轨车分为防爆柴油机（电牵引）卡轨车、绳牵引卡轨车两种。

卡轨车具有载质量大；爬坡能力强；允许在小半径的弯道上行驶，可有效防止车辆掉道和翻车；轨道的特殊结构允许在列车中使用闸轨式安全制动车，可防止列车超速和跑车事故等特点，是较理想的辅助运输设备，也是现代化矿井运输的发展方向。其主要适用条件如下：

（1）绳牵引卡轨车适用于斜长大于600m、倾角大于12°的斜巷（斜井、上下山和工作面上下巷等），最大牵引距离不超过1500m，最大巷道倾角小于25°。

（2）绳牵引卡轨车尽可能布置在拐弯少、无分支岔道的巷道内。

（3）防爆柴油卡轨车一般运用于倾角小于8°的巷道内。

（4）卡轨车要求巷道没有很大底鼓。由于车体活动节点多，检修和维护工作量较大。

我国多采用钢丝绳牵引卡轨车，最大适用角度为25°，最大运行速度为3m/s，运输距离一般为1.5km，如果角度较小，弯度少时，可以适当增加运输距离。当大巷，采区均采用卡轨车辅助运输时，不需转载，若为自牵引（柴油机），则可直达多点运输。一般在采区下部车场内设置一条供调度牵引车的复线，中部、上部车场更简单，只需设置单开道岔及曲线弯道直接进入区段平巷即可。

（三）齿轨车

齿轨车是在普通钢轨中间加装一根顺长的牙条作为齿轨，在机车上增加1～2套驱动齿轮及制动装置，通过齿轮与机车内的驱动机构带动传动齿轮而运行的辅助运输系统。

齿轨车最大运输角度可达14°。当坡度小于3°时，其运输与一般机车轨道相同。当线路坡度大于3°时，需要铺设齿轨。为使机车顺利进入齿轨段，需安装齿轨导入装置。当线路坡度大于9.5°时，除铺设齿轨外，还需在齿轨两侧增设护轨（防止掉道），与齿轨车上的抓轨器配合，确保安全。

齿轨车可用在近水平煤层以盘区方式开拓的矿井中，实现大巷—上下山—采区平巷轨道一条龙运输，可满足一般矿井运送材料和人员的要求。轨道需加固，选用钢轨不得小于23kg/m，轨距600～914mm，齿轨是特殊的弹簧矮齿轨。

齿轨车可实现自牵引，车场简单，在下部车场内设一段长20m左右的调车储车线即可，与卡轨车车场类似。无须转载站，实现井底车场—大巷—采区区段巷的直达运输。但齿轨车自重大、造价较高，比普通机车高1～2倍，齿轨约比普通轨道造价高，巷道弯曲半径较大（≥10m）。

（四）无轨胶轮车

无轨运输车又称无轨胶轮车，是一种以柴油机、蓄电池为动力，不需专门轨道使用胶轮在道路上自动行驶的车辆。在安全高效矿井中主要运输材料、设备和人员。相对于其他辅助运输设备，无轨胶轮车有如下特点：能减少转载环节；使用灵活，通过能力大，机动性强，初期投资少。特别是铲运车（LHD），不仅可以用于煤炭运输和巷道掘进，还可以用来运送人员和材料，以及进行其他维修服务工作。无轨胶轮车按其用途分为多功能车、铲运车、支架搬运车、人员运输车等。

无轨胶轮车的适用条件如下：

（1）巷道底板较为坚硬。

（2）巷道底板应较为平整，纵向坡度小于14°，横向坡度3°～5°。

（3）巷道断面较大，宽度应满足两辆无轨胶轮车运输的要求，主干巷道内人行道宽度要大于1.2m，另一侧宽度大于或等于0.5m；两辆对开列车最突出部分的间距大于或等于0.5m；采区巷道内，间距适当缩小，人行道0.8～1.0m，另一侧宽度0.3～0.5m；完全满足行车不行人的巷道可不设人行道。

（4）巷道最小高度应以运送液压支架搬运车的高度为准，距离顶板小于250mm。

（5）适用柴油无轨胶轮车时需要较大的风量，一般不低于250m³/min。

无轨胶轮车的使用降低了辅助运输的成本和劳动强度，从根本上解决了该矿辅助运输制约生产能力的问题，为矿井的高产、高效创造了有利条件。

（五）辅助运输方式的选择

1.架空式与落地式的选择

架空式运输方式主要指单轨吊车，落地式指有轨及无轨运输方式。架空式运输的最大优点是对巷道底板无特殊要求，在有底鼓现象或软底板巷道中，宜选择架空式辅助运输。落地式运输最大的优点是承载能力大，对巷道支架无特殊要求，运行安全可靠。因此，在需要重载运输的矿井中，只要底板条件允许，应先考虑采用落地式辅助运输方式。

2.牵引方式与牵引动力的选择

牵引方式分为绞车牵引和机车牵引。牵引动力主要有电动、燃动及风动三类。架线电机车为电动机牵引的运输方式，是大巷辅助运输的常用牵引方式，其缺点是不能直接入采区。防爆蓄电池机车营运费用较高，硐室及巷道工程量大，运距及牵引力要受蓄电池容量所限，以防爆柴油机车为动力牵引的运输方式，近年来在国内也已开始推广使用。实践证明，以柴油机为动力的运输方式具有机动灵活、经济、安全等优点。其缺点是有废气污染，对矿井通风有较高要求，有噪声，柴油在井下贮、运安全性差。

绞车牵引的辅助运输方式突出的优点是牵引力大、爬坡能力强，无须克服机车的自身重力，能量利用率高。缺点是不能进入分支岔道，故不能满足多点直达运输的要求，常需转载，且运距受限，绳轮多、维修工作量大，初期投资高。因此，一般只用在采区上下山，对于巷道倾角较小，有条件实现多点直达运输的矿井则更不宜选用。风动辅助运输设备主要用在井巷工作面作为调度车使用，因风管软管敷设距离有限，不宜作为长距离运行的辅助运输设备使用。

3.运行方式的选择

运行方式分为有轨和无轨运行两类。煤矿井下运输多以有轨运输为主，其优点是车辆沿固定线路运行，可靠性高，易于驾驶，巷道断面较采用无轨设备小；但近年来无轨运输呈上升趋势，特别是西部矿区的特大型矿井都成功地使用了无轨运输设备。无轨运输车辆可在起伏不平的巷道中自由行驶，且转弯半径小，机动灵活，可实现一机多用。但无轨车辆一般车体较宽，行驶中的安全间隙较有轨车辆大，必要时又要考虑错车、维修、加油、存放等硐室，故井巷工程量增大，投资增高。无轨运输对巷道底板路面也有一定要求。对于煤层埋藏较浅、倾角小、采用平硐或小角度斜井开拓的近水平煤层矿井，应优先采用无轨运输。对于煤层埋藏较深的立井开拓矿井，只要煤层赋存条件适宜，巷道围岩条件具备、路面处理简单，也可考虑采用无轨运输系统。

4.有轨机车类型选择

钢丝绳牵引卡轨车对巷道起伏适应性强，爬坡能力强，能够以较高的速度安全可靠地运载单重较大的设备，但灵活性差且运距受限，因此，较多地用于坡度大、运距短、弯道少的巷道中搬运整体重型设备，如采区上下山运输。柴油机卡轨车可以比较机动灵活地进出分支巷道，但其机身自重大、牵引力小、爬坡能力差，一般在倾角不超过8°的斜巷中使用。

齿轨机车系统可适用巷道的起伏性较强。近些年有些生产厂家将齿轨轮、卡轨轮、胶套轮等车辆轮系合为一体，扩展了其运行的范围，对开采缓斜及近水平煤层，采用盘区布置的大型矿井，条件允许时应优先考虑选用。单轨吊的最大吊运单体质量取决于单轨强度、吊挂单轨的可靠程度及巷道坡度。机车运输过程的紧急制动对悬挂点的冲击力较大，对巷道支架、顶梁或锚杆支护的可靠性要求较高。因此，单轨吊的最大单件载质量不宜超过15t。

第二节　煤巷施工

一、钻眼爆破法掘进煤巷

（一）钻眼爆破

在采区巷道中，采用爆破掘进的煤巷一般为梯形断面，多采用斜眼掏槽。确定掏槽眼位置时应考虑：若采用架棚支护，为了防止崩倒支架应将掏槽眼布置在工作面中下部；当断面内有较软夹层且位置合适时，应将掏槽眼布置在该夹层中。多采用煤电钻打眼，一次爆破深度为1.0~2.5m。

应采用光面爆破技术。为了取得良好的爆破效果，避免欠挖和超挖，巷道顶部和两帮周边眼与轮廓线之间应保持适当的距离：一般硬煤为150~200mm，中硬煤为200~250mm，软煤为250~400mm；周边眼的装药量应适当减少：以深度为1.5m的周边眼为例，在硬煤和中硬煤中比辅助眼少装1.0~1.5个药卷，在软煤中少装2个药卷；周边眼的间距与最小抵抗线的比值一般为1.1~1.3。在应用中，应结合具体条件通过实践对这些数据进行优化。

应采用毫秒延期电雷管全断面一次爆破技术。在有瓦斯的煤层中毫秒延期电雷管只能使用前五段（总延期时间不超过130ms）。

由于煤层较松软，为达到光面爆破的要求，布置周边眼时要考虑巷道顶、帮因爆破作用而产生的松动范围。松动范围与煤层的性质有关，一般硬煤为150~200mm，中硬煤为200~250mm，软煤为250~400mm。因此，周边眼要与顶帮轮廓线保持适当距离，并适当减少其装药量，以免发生超挖和破坏围岩现象。

当在"三软"煤层（顶板、底板岩层和煤层强度均较小）、复合顶板和再生顶板煤层中掘进巷道时，可推广在岩巷掘进中使用的"三小"（小直径钻孔、小直径药卷和小直径钻杆）钻爆新工艺，以提高掘进效率和维护好顶板。

（二）装煤与转载

用于装煤的装载机和装岩机不同。高瓦斯区域、煤与瓦斯突出危险区域煤巷掘进工作面，严禁使用钢丝绳牵引的耙装机。

我国生产的用于煤巷爆破掘进的装、转载设备有多种，使用较多的是扒爪式装煤机，由蟹爪装载机构、可弯曲刮板转运机构和履带行走机构组成。主要特点为：能连续装载，效率高；用履带行走，机动灵活，适应性强，装载宽度不受限制，清底干净。适用于断面积8m²以上、净高1.6m以上、倾角10°以下的煤巷掘进。扒爪式装煤机是按照装煤设计的，主要用于煤巷掘进，也可用于半煤岩巷掘进。在用于半煤岩巷掘进时最好煤、岩分装，在装岩时应减轻负荷，且应配备相应的转载运输设备。若巷道断面能满足装载要求时，也可以用耙斗装载机装载。

二、煤巷掘进机掘进的后配套转运方式

采区煤层巷道采用掘进机掘进已经越来越普遍。但在使用时，除连续采煤机仍需与其专用的后配套运输设备配套使用外，其他几种掘进机均可根据采区生产条件与不同的后配套转运设备配套使用。在采区内与掘进机配套的转运方式有以下四种。

（一）由刮板输送机转运

掘进机截割下来的煤（岩）通过其装载和转载机构直接卸入其下方的刮板输送机，经刮板输送机运出掘进巷道，从而实现工作面的连续截割、装载和转运。刮板输送机与掘进机的转载部分搭接，掘进机每向前掘进一段距离后，将刮板输送机接长一段。该运输方式一般与普通综掘机配套，用于掘进断面较小、长度不大的巷道。存在的主要问题是需要频繁接长刮板输送机、劳动强度大，当巷道长度大时需要的刮板输送机多、占用人员多。

（二）由胶带转载机→刮板输送机转运

掘进机截割下来的煤（岩）通过其装载和转载机构卸入胶带转载机，再装入其下方的刮板输送机，经刮板输送机运出掘进巷道。和前一种方式相比，其主要优点是大大减少了接长刮板输送机的次数。

（三）由胶带转载机→可伸缩胶带输送机转运

掘进机截割下来的煤（岩）通过其装载和转载机构卸入胶带转载机，再装入可伸缩胶带输送机，经胶带输送机运出掘进巷道。其主要特点为：可长距离连续运输；生产能力大；若采用双向胶带输送机，用上胶带运煤、下胶带运料，可简化辅助运输系统。该方式既可与普通挖掘机组配套，也可与掘锚一体机组配套。

（四）由仓式列车转运

掘进机截割下来的煤（岩）通过其装载和转载机构卸入胶带转载机，再装入仓式列车，由绞车或电机车牵引运出掘进巷道。该方式最大优点是可将一个截割循环中截落的煤、岩一次运走。其不足是随运距增大对掘进机效能发挥的影响增大，另外，采用绞车牵引仓式列车灵活性较差。条件允许时，最好采用电机车牵引。

三、巷道的维护与修复

巷道掘进后，不可避免会发生一些变形，有些巷道变形直接或间接地威胁到矿井安全生产。维护和修复巷道是煤矿生产中的重要内容，是保证矿井安全生产的重要工作。

（一）维护和修复的一般原则

在巷道的使用期间内，安全和所需最小断面得以保证，称之为稳定。如果出现妨碍生产使用、安全的围岩破坏或过大变形的现象，如不应有的顶板塌落、边墙挤入、底板隆起、围岩开裂、突发岩爆、支护折断等，都是围岩不稳定的表现。稳定性问题是地下采矿工程的一个重要研究内容，关系到工程施工的安全性及其运营期间满足工程截面大小和安全可靠的要求。

长期以来，人们把维持巷道稳定的问题看成一种单纯的支护结构问题，把支架上的压力作为稳定的静载荷，并认为巷道稳定与支架类型和结构无关，也与巷道掘砌方式、方法和工艺过程无关。这种思想指导下的巷道维护没有发挥和利用围岩的自承能力。巷道维护原理是：支护体系、支护结构和参数及工艺过程应适应围岩变形后的力学状态，确保支护特性和围岩力学特性相适应，最大限度发挥围岩自承能力和支护体系支撑能力以控制围岩变形。

巷道维护要注意以下几点：加固浅层围岩；充分利用和发挥深部围岩的承载能力；综合治理，联合支护，长期监控。

巷道加固支护适用于未产生本质破坏的巷道，即巷道或硐室变形量不大、其基本功能尚未丧失、未严重影响安全生产的局部巷道区域。一般而言，对围岩相对稳定的岩巷采取锚网喷支护加固技术，即可满足维护的基本要求。对于严重破坏的巷道，围岩破碎，施工难度增加，致使凿岩过程中出现卡杆、塌孔、锚杆无法安装等问题。此时，应采取综合加固维护方法，如浅孔注浆＋锚网喷技术、注浆＋锚网（梁）技术等。锚注加固技术，实质是通过对产生变形的围岩进行预注浆填充加固，提高围岩的物理力学参数，使之增强可锚性，提高锚杆的锚固力，然后在注浆加固的基础上利用高强树脂锚杆、锚索等新型支护材料进行加固。

（二）冒顶片帮的处理

首先巷道发生局部冒顶事故后，首先应控制冒顶范围进一步扩大，处理时应先加打点柱，临时支护确认安全后可补打加固锚杆，然后对冒顶区进行加固处理。

其次要及时封顶，控制冒顶范围扩大。处理人员站在安全地点，用长杆将冒落的顶部活动矸石捅掉。在没有冒落危险情况下架好支架，排好护顶木垛至最高点将顶托住。

最后应采用锚喷支护处理冒顶区。具备锚喷条件时，应优先考虑采用锚喷支护处理冒顶区。首先将冒顶区顶帮矸石捅掉，喷射人员站在安全一侧向冒顶区喷射一层30~50mm厚混凝土。先封固顶，然后再封两侧。初喷的混凝土凝结后应再打锚杆并挂网复喷一次。

（三）砌碹巷道的修复

当砌碹巷道由于受特殊地质条件影响或采动破坏时，容易出现墙体劈裂、剥落和墙体鼓出、墙体裂缝等破坏现象。可根据地质条件和矿井行人及运输系统要求，针对巷道破坏状况提出修复加固方案。

1.局部加固法

此法仅适用于巷道碹体局部损坏的情况。根据其破坏程度，可采取以下不同措施。若巷道拱顶受到局部地压作用而产生纵向或横向裂缝，碹体仍能起支撑作用且断面够用时，可采用锚杆或喷射混凝土处理，喷层厚度一般为20~30mm即可。经过一段时间若碹体又产生裂缝可以重复喷射，每次喷射都有效果，这是一种比较简便的方法。若不具备采用喷射混凝土的条件，也可以内套拱形槽钢支架进行加固，以保持碹体稳定。若巷道拱顶和墙体产生裂缝且有失稳的危险时，可用钢轨作骨架，在两架钢轨之间铺设模板，浇灌100mm厚混凝土，进行整体加固。

2.长段砌碹巷道返修

有的料石砌碹巷道由于年久失修或因采动影响或错误地采用刚性支护，使碹体破坏严重，虽然经过加固仍不能保证巷道安全使用，因而必须全部返修。为了保证安全，返修巷道必须由外向里分段进行，其施工方法和新掘巷道相同。应该注意前方待返修的5~10m巷道必须用木抬棚或拱形金属支架加固，以防止在拆除旧碹体时发生冒顶事故。

（四）岩巷的修复改造

巷道维护，是指不改变巷道基本尺寸和外形而仅对巷道加固支护。巷道修复（或修复改造）则是指对已经变形或破坏且全部或部分丧失使用功能的巷道进行改造。这种改造需要改变其原有的尺寸或外形。

岩巷的修复改造表现为扩巷（卧底、挑顶、刷帮）后的加固支护。当上述措施不能完整地修复巷道功能时，则要进行特殊改造修复。扩巷修复适用于破坏严重但具有修复可能性和修复价值的巷道。这类巷道一般都发生了较大位移，如底鼓、巷道开裂、顶板下沉等使巷道的断面缩小、轨道变形，致使行人、运输、通风等都不能满足安全生产需求。巷道扩修基本工艺流程为：爆破扩巷→临时支护（初喷、初支）→永久支护加固（支架、锚网喷、锚注＋锚网梁等）。

1.扩巷爆破

对围岩变形破坏严重的巷道采用爆破扩帮时，首先应分析爆破对围岩的破坏影响，然后采取相应措施，以避免爆破对围岩的进一步破坏。

（1）垂直巷壁的浅孔剥帮。其工艺特点是，根据扩帮量大小采用浅眼凿岩，少装药、放小炮，使巷道扩帮后达到相应尺寸。

（2）平行巷壁的深孔剥帮。其工艺特点是，沿巷道走向以较深炮孔装药后爆破扩帮。在爆破过程中应控制每孔装药量或采取间隔装药方式进行爆破，以利保持新扩巷道周边不受爆破应力影响。

2.临时支护

巷道修复改造必须进行有效的临时支护，这是因为松散破碎的老巷爆破后失去支护容易冒落，必须及时进行控制。岩巷修复临时支护类型有喷射混凝土、临时架棚、临时点柱、临时锚杆等。

当围岩松散程度不严重，新巷道轮廓较为规整时，宜采用点柱、锚杆或喷射混凝土工艺维护顶帮，然后进行永久支护。

当扩帮后顶帮围岩松散、破碎容易进一步冒顶片帮掉岩时，应及时用木支架进行临时支护，然后采取相应维护措施再进行永久支护。

3.永久支护加固

岩巷修复加固的日的是能较长时间地延续巷道基本功能。长期生产实践表明，一条巷道一般经过三次反复扩帮修复后围岩相当破碎，再做进一步修复相当困难。因此，巷道服务期内修复不宜超过三次。

（五）锚喷支护巷道的修复

锚喷支护巷道的修复也应根据巷道支护破坏情况采取相应措施。当前我国煤矿在采区施工后转入生产时，压风管路全部拆除，给锚喷巷道维护带来一定困难。若喷层开裂、局部有剥落现象而锚杆仍能有效地发挥作用时，只要挖掉破碎的喷层，在原来的喷层上再喷一层混凝土即可。若喷层开裂、剥落范围较大且有的锚杆已经松脱，无加固围岩能力时，需要挖掉破碎的喷层重新补打锚杆再喷混凝土。若围岩和喷层破碎严重时，除打锚杆加固外还应铺设金属网，压力特别大时还要增设钢骨架，以增加锚喷支护刚度。

有的巷道处于断层破碎带，采用锚喷效果不好，虽经锚喷多次修复仍不能稳定时，可以考虑注浆固结围岩，然后再用锚喷网支护。

第三节　半煤岩巷施工

一、破岩位置的选择

根据巷道和煤层的位置关系，半煤岩巷破岩有挑顶、卧底、既挑顶又卧底三种情况。选择时应考虑煤层及顶底板条件、巷道用途，施工方便性等因素。若顶板稳定，或底板为软弱岩层，宜采用卧底；若煤层上部有假顶或不稳定岩层，而底板稳定，宜采用挑顶；若为区段运输巷，应采用卧底；若为区段轨道巷，宜采用挑顶。一般情况下，挑顶便于施工，因此在没有特殊要求时应尽量采用挑顶。

二、钻眼爆破

掏槽眼一般都布置在煤层中，采用楔形掏槽（斜眼掏槽）效果较好。

钻（凿）眼设备应尽量选用单一动力设备，在特殊情况下也可选用两种不同动力的设备。具体选择的原则为：当煤、岩的强度都不高时，应选用煤电钻；当煤、岩的强度都比较高时，可选择凿岩机；当煤、岩的强度相差很大时，可同时配备煤电钻和凿岩机，或选用岩石电钻。

三、施工工艺及施工组织

半煤岩巷施工工艺有两种：一种是煤、岩不分掘分运，全断面一次成巷；另一种是煤、岩分掘分运，二次成巷。煤、岩不分掘分运，全断面一次成巷。这种工艺及施工组织与相应的岩巷和煤巷相同。具有施工工艺及组织简单，巷道掘进速度快的特点，但煤的灰分很高、损失很大。主要适用于煤层厚度小于0.5m，煤质差的半煤岩巷。

煤、岩分掘分运，二次成巷。将全断面分为煤、岩两部分，分两步成巷。对于爆破掘进，其特点为：为了提高爆破效率，一般先掘进煤层部分，后掘进岩层部分，形成台阶工作面。卧底巷道为正台阶；挑顶巷道为倒台阶；既挑顶又卧底的巷道形成正、倒两个台阶。先掘进的煤层部分的炮眼布置类似于全断面一次掘进，后掘进的岩石部分的炮眼布置视煤层部分的巷道高度而定：当煤层部分高度大于1.2m，且凿在岩石中的眼深不小于0.65m时，岩石部分的炮眼宜垂直巷道轴线布置；否则，岩石部分的炮眼应平行巷道轴线布置。采用这种工艺方式能保证掘进出煤的质量，但工艺过程复杂、施工组织困难、掘进速度慢，而且分运需要两套运输系统。为了保证煤、岩两个部分同步、协调推进，应合理确定循环进尺和爆破参数。

第四节　上、下山施工

一、仰斜掘进

上山和由开采水平向上的斜巷一般采用仰斜掘进，只有在一些特殊情况下采用俯斜掘进。

（一）破岩

在仰斜掘进中，要特别注意两个问题：一是防止底板"上漂"或"下沉"；二是避免爆破时抛掷出来的岩石崩倒支架。为了避免这两种现象发生，常采用底部掏槽（掏槽眼距底板1m左右），底眼向底板下扎并加大底眼装药量等做法。掏槽眼布置在距底板较近的软弱夹层中，采用三星布置，下部两个炮眼的眼底进入底板（当岩石较硬时底眼进入底板的深度应在200 mm左右），上部一个炮眼沿巷道轴线方向稍向下倾斜。

（二）装岩和运输

在仰斜掘进中，可以充分利用煤（岩）的自重进行装运。装运方法有很多种，可根据巷道倾角、断面等条件进行选择。

（1）采用人工揭煤（岩），用刮板输送机运输。用于倾角小于25°的巷道。

（2）采用人工溜煤（岩），用溜槽自溜。常用的溜槽有铁皮溜槽和搪瓷溜槽两种，铁皮溜槽用于倾角为25°～35°的巷道，搪瓷溜槽用于倾角为15°～28°的巷道。溜槽安装和使用方便，生产能力大，但自溜过程会产生大量粉尘，煤（矸）块飞滚不利于安全。为了防止飞滚的煤（矸）块伤人，应在巷道中设置隔板将溜槽隔开；为了方便装车，需在巷道下口设置临时煤（矸）仓。

（3）采用人工攉煤（岩），沿巷道底板自溜。用于倾角大于35°的巷道。需在巷道一侧做出一个密闭的溜矸间。

（4）用装煤机装载，用刮板输送机运输。用于倾角小于10°的巷道。

（5）用人工装载，用绞车牵引矿车运输。用于倾角小于30°的巷道。对于短巷道，一般一部绞车可满足生产要求，但如果巷道长度超过一部绞车的提升距离，则需要采用2部、3部……绞车接力提升。绞车安装在上山与平巷交叉处一侧，在工作面安装固定滑轮（回头轮），绞车牵引钢丝绳绕过固定滑轮后挂上矿车。为了保证安全，回头轮必须安装牢固。

（6）用耙斗装载机装载，用绞车牵引矿车运输。用于倾角不大于30°的巷道。当巷道倾角大时，为了防止装载机下滑，除在装载机下部装设卡轨器以外，还应在装载机后立柱上装设两个可以转动的斜撑。耙斗装载机与工作面距离应不小于8m。工作面每推进20~30m，装载机需移动一次。移动装载机时可用提升绞车牵引，如果上山倾角大也可用提升绞车和装载机上的绞车共同牵引。

（7）用耙斗装载机装载，用刮板输送机或溜槽运输。需要在装载机卸载部位增加一个溜槽。在仰斜掘进中，向工作面运送材料，一般采用小绞车牵引矿车提升。用于运输材料的小绞车及其安装与运输煤（矸）的相同。若用刮板输送机或溜槽运输煤（矸）时，通常还需要铺设用于运送材料的轨道。如果为单巷掘进，形成机（溜槽）轨合一布置；如果为双巷掘进，可在一条巷道中铺轨，在另一条巷道中铺设输送机（溜槽），形成机（溜槽）轨分巷布置。

（三）通风

由于仰斜掘进工作面容易积聚瓦斯，应加强通风和瓦斯检查。在地质条件不复杂的情况下，可几条上山同时掘进，上山间每隔20~40m用联络巷连通，以满足通风的需要。高瓦斯矿井的上山掘进时，均要求采用压入式通风。联络巷可兼作躲避硐室。如果是单巷掘进，当瓦斯量不大时，可采用双通风机、双风筒压入式通风。无论是在作业还是交接班期间，甚至在因故临时停工时，都不准停风。如果因检修停电等原因停风时，全体人员必须撤出工作面，待恢复通风并检查瓦斯后才准进入工作面。在高瓦斯矿井中，如果上部回风巷已掘好，可利用钻孔解决通风问题，否则，宜采用俯斜掘进。

在瓦斯矿井中，有条件的应采用双巷掘进，每隔一定距离（20~50m）用联络眼贯通，以利于通风。在高瓦斯矿井中，如果上部风巷已掘好，则可利用钻孔解决通风问题，否则宜用由上向下的下山施工法。在有瓦斯突出的煤层中掘进斜巷，必须由上向下进行。凡有停掘的上山，应在与运输平巷交接处打上密封或修筑栏杆以免人员误入而发生危险。

二、俯斜掘进

下山和由开采水平向下的斜巷一般采用俯斜掘进，只有在一些特殊情况下采用仰斜掘进。和仰斜掘进相比，俯斜掘进有以下特点：装岩与运输比较困难；工作面需要排水；一旦发生跑车事故，将造成严重后果；没有瓦斯积聚问题，有利于通风。

（一）破岩、装岩及运输

采用爆破施工时，俯斜掘进的斜巷也要注意防止底板"上漂"，具体做法与仰斜掘进相同。由于俯斜掘进时装岩比较困难，装岩时间通常占循环时间的60%，因此应尽量采用机械装岩。用于俯斜掘进装岩的主要机械是耙斗装载机，使用时应安设牢固以防下滑。为了防止下滑，除要用好装载机自带的4个卡轨器之外，还应另外加设2个大卡轨器。为了提高装载机效率，装载机距工作面不要超过15m。耙斗装载机能起到阻挡跑车的作用，可减少跑车对工作面安全的威胁。俯斜掘进的煤（矸）运输通常采用绞车牵引矿车或箕斗运输，也可用刮板输送机运输。一般刮板输送机运输适用于倾角小于25°的巷道，矿车运输适用于倾角小于30°的巷道，箕斗运输适用于倾角大于30°的巷道。用矿车运输时可以兼运材料。使用箕斗提升具有很多优点，具体为：装卸简便，提升连接装置安全可靠，特别是使用大容积箕斗能有效地增大提升量、加快掘进速度。但箕斗提升需设卸载仓。因此，更适宜于长度比较大的巷道施工。当掘进胶带输送机下山时，可以将采区煤仓提前掘出，作为下山掘进时的箕斗卸载仓。一般箕斗的卸载轮凸出于车身之外，不便在较小断面的巷道中使用。我国使用较多的是一种无卸载轮，利用安设在矸石仓中的活动轨翻卸的箕斗。

（二）排水

俯斜工作面通常会积水，造成工作条件恶化，影响掘进速度和工程质量。对工作面积水的预防可根据水的来源和出水位置采取相应的措施。如果为上部平巷水沟漏水，应对漏水处进行封堵；如果为下山较高位置的出水点涌水，可以将水流截引至相应的水仓；如果为工作面附近的出水点涌水且水量较大，可以进行注浆封堵。对于工作面积水，应用水泵及时排出。如果涌水量小（小于6 m^3/h），可用潜水泵将水排入矿车或箕斗内随矸石一起排出；如果涌水量大，应在施工巷道内分段设小水仓，由水泵接力排出。气动隔膜泵是一种新产品，具有吸程大、扬程高、噪声小、使用安全等特点，很适合煤矿井下使用。

采用水泵接力排水时，直接从工作面排水的水泵多采用喷射泵。它是一种利用高压水由喷嘴高速喷射造成的负压来吸水的水泵。具有占用作业空间小，移动方便，爆破时容易保护，不易损坏，不怕吸入泥沙、碎石、木屑和空气等优点，但效率较低。由喷射泵将工作面含有各种杂质的水排入水仓后，经过净化再由离心式水泵排出。

（三）施工安全

在俯斜工作面，最突出的施工事故是跑车事故。如果因脱钩或断绳造成跑车，矿车将直冲工作面，造成人身伤亡事故。为防止跑车事故发生，必须做到以下几点：巷道规格、铺轨质量符合设计要求；经常对钢丝绳及连接装置进行检查；严格按规程操作；采取切实可行的安全措施。具体措施为：为了防止脱钩，应在提升钩头前连接一钢丝绳圈，提升时用此圈套住矿车；为了防止万一发生跑车事故造成工作面伤亡，应在距工作面尽可能近的适当位置设置挡车器。挡车器有多种形式，其中钢丝绳挡车器因构造简单、工作可靠而得到广泛采用。

第五节　揭露煤与瓦斯突出煤层的施工方法

一、煤与瓦斯突出煤层的特征

煤与瓦斯突出是煤矿井下采掘过程中发生的一种煤与瓦斯的突然运动，它是一种极其复杂的动力现象，即在极短时间内由煤体向巷道中突然喷出大量煤与瓦斯。突出的煤粉可能充满数百米巷道，而突出的煤粉和瓦斯有时像暴风一样，可逆风流充满数千米长巷道。突出的结果，导致采掘工作面煤壁遭到破坏，摧毁巷道内一切设施，破坏矿井的通风系统。因此，煤与瓦斯突出是煤矿安全生产中最严重的灾害。为了防止煤与瓦斯突出，确保安全生产，在有突出危险的矿井必须采取合理的开采方法和巷道施工方法。

煤与瓦斯突出是一种受多因素影响的极其复杂的动力现象。分析大量的实际资料可知，煤与瓦斯突出主要是地质构造应力、矿山压力、瓦斯含量及瓦斯压力、岩石及煤的物理机械性质等因素共同作用的结果。

我国煤与瓦斯突出煤层具有下列特征：煤与瓦斯突出往往发生在地质变化比较剧烈、地应力较大的地区，如褶曲向、背斜的轴部和断层破碎带；煤质松软、干燥且瓦斯含量多、压力高就容易发生突出。开采深度大，煤层越厚，倾角越大，突出的次数就越多，强度也越大。煤体受到外力震动、冲击时，也容易发生突出。

在煤与瓦斯突出以前，由于地应力、地压和瓦斯压力等作用，使煤体和岩层处于一种动荡分化不平衡的状态，因此，就会在采掘工作面出现煤壁外鼓，掉煤渣，煤挤出，支架压力增大，瓦斯忽大忽小，气温降低或升高，煤体中出现劈裂声及闷雷声（响煤炮）。这些现象都是突出之前的预兆，可根据这些预兆，及时采取相应的措施，以免受害。

预防煤与瓦斯突出的措施可分为两大类，即区域性预防措施和局部预防措施。区域性预防措施主要是开采解放层。

二、石门揭露突出煤层的施工方法

我国发生的特大型含瓦斯煤层煤岩突出中，80%发生在石门揭煤过程中。在煤与瓦斯突出的矿井中，为了安全揭开突出煤层，根据各地区不同条件，采用的措施主要有震动爆破、金属骨架、钻孔排放和水力冲孔、地面打抽放井抽放等。石门的位置应尽量避免选择在地质变化区；掘进工作面距煤层10m以外时，至少打两个穿透煤层全厚的钻孔，以确切掌握煤层赋存条件和瓦斯情况；掘进工作面距煤层5m以外时，应测定煤层的瓦斯压力；掘进工作面与煤层之间必须保持一定的岩柱，急倾斜煤层为2m，缓倾斜及倾斜煤层为1.5m。

（一）震动放炮

震动放炮的实质是在掘进工作面多打眼、多装药，全断面一次爆破以揭开煤层，并且利用放炮所产生的强烈震动诱导煤与瓦斯突出。如果震动放炮未能诱导突出，则强大的震动力可以使煤体破裂，消除围岩应力和排放瓦斯，这样也可防止煤与瓦斯突出。在震动放炮揭露煤层以前，必须使煤层瓦斯压力小于1MPa，如果压力超过这个数值，可采用钻孔排放瓦斯的措施，将压力降至1MPa以下，然后用震动放炮法揭露煤层。从震动放炮揭开煤层的要求出发，岩石柱的厚度越小越好，但最少不能低于规定数值。在急倾斜煤层条件下，巷道底部和顶部岩柱的厚度基本相等，比较容易做到一次破除岩柱，但对倾角较小的煤层，为了给炸开岩石柱揭露煤层创造条件，在石门接近安全岩柱以后应尽量把工作面刷成为与煤层倾角相近的斜面或台阶。

（1）石门揭煤震动放炮的炮眼布置方法

①炮眼个数较一般爆破的炮眼数多一倍，但具体眼数应视岩柱情况而定。

②煤眼和岩眼要交错相间排列、顺序爆破。

③总炮眼中煤眼和岩眼的比例大致为1～2。

④炮眼的密度：巷道顶部一般小于底部，周边眼一般大于中部。

⑤透煤炮眼深度应超过岩柱，如煤层相当厚，可进入煤层2～3m。

⑥石门周边眼应适当密一些，以保证爆破后石门周边轮廓整齐，避免在修整石门周边时发生煤与瓦斯突出。

⑦岩眼眼底应距煤层100～200mm，不应透煤。如已透煤，则应停止钻进，并在眼底填塞100～200mm长的炮泥。

（2）震动放炮应注意的问题

①所有炮眼必须一次起爆，炸开石门的全断面岩柱和煤层全厚；如果第一次震动放炮

没有全断面揭开煤层，第二次爆破工作仍应按震动放炮的有关规定进行。

②当发现工作面的岩层特别破碎、岩柱崩落和压出、地压加大、瓦斯涌出量剧增、温度迅速下降以及产生震动声响等异常现象时，应立即停止作业，人员撤离至安全地区。

③煤层厚度在1m以下时，必须全部随岩柱一次崩开；煤层水平厚度在1m以上时，至少应有1m的煤层随岩柱揭出。

④每次震动放炮都应对岩柱的性质、厚度、眼数、眼位、装药量、联线方式、起爆顺序、爆破效果等进行详细记录，以便总结经验和分析。

⑤震动放炮只准带煤矿安全炸药；雷管事先要严格检查和分组；使用毫秒雷管时，其总延期时间不得超过130ms；装药后全部炮眼必须填满炮泥。爆破网路必须周密设计，保证不发生拒爆和瞎炮等现象。

⑥石门揭露有突出危险的煤层时，掘进工作面必须有独立的回风系统，在其进风侧巷道中央设置两道坚固的反向风门，回风系统必须保持风流畅通无阻。

⑦为了限制突出规模、降低突出强度，可在距工作面4~5m的地方构筑木垛或金属栅栏。

人员撤离范围应根据突出的危险程度和通风系统而定。在有严重突出危险的石门揭盖时，放炮工作应在地面进行；放炮至少半小时后，由救护队员进入工作面检查，根据检查结果确定是否恢复送电、通风等工作。

（二）使用金属骨架

金属骨架是用于石门揭穿煤层的一种超前支架。当石门掘至距煤层2m时停止掘进，在其顶部和两帮打一排或两排直径为70~100mm、彼此相距200~300mm的钻孔。钻孔钻透煤层并穿入顶板岩石300~500mm，孔内插入直径为50~70mm的钢管或钢轨。钢管或钢轨的尾部固定在用锚杆支撑的钢轨环上，也可固定在其他专门支架上，然后一次揭开煤层。

金属骨架之所以能够防止煤与瓦斯突出，一方面是由于骨架支撑了部分地压和煤体本身的重力，使煤体稳定性增加；另一方面是金属骨架钻孔起到了排放瓦斯的作用，使瓦斯压力得到降低。

采用金属骨架时，一般配合震动放炮一次揭开煤层。使用经验表明，金属骨架应用于倾斜、瓦斯压力不太大的急倾斜薄煤层和中厚煤层中，效果较好；在倾斜厚煤层中，因骨架长度过大而易挠曲，不能有效地阻止煤体位移，所以预防突出能力较差。

（三）钻孔排放

钻孔排放是指石门工作面掘到距煤层适当距离时向煤层打适当数量的排放瓦斯钻

孔，在一定范围内形成卸压带，降低煤体中的瓦斯压力、缓和煤体压力，以防止煤与瓦斯突出。这种方法适用于煤层松软、透气性较好的中厚煤层。排放瓦斯钻孔数量取决于瓦斯排放半径、排放钻孔直径和排放范围。加大钻孔的直径可大大扩宽排放瓦斯的半径，减少排放瓦斯的孔数。

（四）水力冲孔

水力冲孔是在石门岩柱未揭开之前，利用岩柱作安全屏障向突出煤层打钻，并利用射入的高压水诱导煤与瓦斯从排粉管中进行小突出，这样在煤体煤层的顶板或底板，保留 $3\sim5m$ 的岩柱作安全屏障，用钻机先打深为 $0.8\sim1.0m$、直径为108mm的岩孔，然后换上直径为90mm的钻头一直打到煤层喷孔点，而后将岩心管退出，在孔口安装直径为108mm的套管和三通排煤管，并连接排煤管、射流泵和输煤管道至 $400\sim500mm$ 以外的煤水瓦斯沉淀池。上述工作完成后，将钻孔上的直径为42mm的钻头和钻杆通过三通卡头密封孔送到煤层喷孔点，连接压力水管，使水的射流经过钻杆冲击煤体而诱导小突出，喷出的煤、水、瓦斯经过钻杆和钻孔、套管之间空隙进入三通、排放软管，吸入射流泵，将煤、水、瓦斯通过输煤管道送入煤水瓦斯沉淀池。钻杆反复冲洗、不断前进，直到钻杆达到预定深度和冲出的煤量合乎要求为止。

（五）地面施工抽放钻井

地面施工抽放钻井方法如下：从地面用钻机施工直径为200mm的钻井。根据地质条件，当钻孔深度达到煤层与顶板交接处时停止施工（遇到煤层便立即停止钻进）。把100mm的钢管插入井中，用浆液把钢管固定住并保证封固的严密性。接高压水或 NO_2 泡沫对煤体进行压裂。可在使用水压致裂法时充填石英砂，以保证产气量。这种方法可以在距煤层直径为400m的范围内进行瓦斯预抽，可有效防止揭开石门时的瓦斯突出。地面预抽煤层中的瓦斯适用于煤层裂隙发育较好、瓦斯含量高的煤层。煤层裂隙发育差、预抽的抽出率低，因而不太适用。地面施工抽放钻井设备多，还必须有相关的储气装置、防火装置、运气装置等设施，因而投资较大。

二、沿突出煤层掘进平巷的技术措施

在煤巷掘进中也发生过瓦斯突出，但其突出强度一般比较小，这主要是因为煤巷中煤体暴露面积大，地应力得到了某种程度上的缓和，同时也给瓦斯释放创造了有利条件。为了预防煤巷掘进中的煤与瓦斯突出，最好的办法是开采解放层，在其作用范围内掘进煤巷是安全的。但是在某些情况下仍需在未解放区域进行煤巷掘进，所以局部预防措施还是需要的。

（一）震动放炮和松动爆破

对于煤质较坚硬、透气性较差、顶板良好的煤层，其突出的原因主要是地压作用。对于这种煤巷掘进，可以采用震动放炮措施，目的在于通过震动放炮诱导突出，或利用炸药的爆破力工作面在前方形成一个较长卸压带，以避免工作面附近煤体产生应力集中。

震动放炮炮眼深度一般为2.5~3.0m，炮眼装药量控制在0.5kg/m以内；为了提高爆破效果，应采用延期总时间不超过130ms的毫秒雷管起爆。煤层松动爆破的做法，是在震动放炮基础上，在煤体深部的应力集中带内布置几个长炮眼进行爆破，目的在于利用炸药爆炸能量破坏煤体前方的应力集中带，以便在工作面前方造成较长卸压带，以预防突出的发生。这种方法同样也是一种诱导突出的措施。此外，深孔炸药的爆破可以在炮眼周围形成破碎圈和松动圈，这有利于缓和煤体应力和排放瓦斯，对防止突出也是有利的。超前于掘进工作面的距离不得小于5m。采用震动放炮和松动爆破时要切实做好安全工作。应有救护队员值班，要检查瓦斯和爆破情况；在爆破之前人员必须撤离到安全地点，撤离的距离应根据煤层瓦斯突出危险程度而定。在放炮后瓦斯涌出量较大，往往使采区回风巷瓦斯超限，所以爆破工作可选择在下班前进行，接班时及时支护，以免造成冒落。

（二）超前支架

超前支架多用于有突出危险的急倾斜煤层和缓倾斜煤层的煤巷掘进。为了防止因工作面顶部松软煤层的垮落而诱导瓦斯突出，在工作面前方巷道顶部事先打上一排超前支架。在掘进过程中使支架的最小超前距离保持1.0~1.5m，这样掘进工作始终在超前支架保护下进行，从而可避免因巷道顶部煤体垮落而引起突出。

（三）大直径超前钻孔

在有突出危险的煤层中掘进巷道，广泛采用大直径超前钻孔措施。其做法是在工作面前方始终保持一定数量和一定深度的大直径超前钻孔。这些钻孔的作用在于能够引起煤体应力重新分布，使巷道应力集中带移至煤体深部，而在钻孔周围造成卸压带，同时又能排放钻孔周围煤体瓦斯，降低瓦斯压力，因此可以消除突出的危险性。

大直径超前钻孔孔径一般为120~300mm，孔数一般为3~5个，孔深10~15m，最小超前距离5m。由于煤的物理力学性质不同，其排放半径也有差异，一般为0.5~1.0m。大直径超前钻孔适用于煤层较厚、煤质较软、透气性较大的突出煤层，而瓦斯排放半径小于0.5m的煤层不宜使用。采用大直径超前钻孔措施后，巷道掘进时一般不发生突出，但也有少数打了超前钻孔后又发生突出的例子，分析其原因都是在钻超前钻孔前距离不够（小于5m）或孔数不够时发生的。因此，只要保持一定的超前距离和孔数，就能达到预防煤与瓦斯突出的效果。

（四）水力冲孔

在突出煤层中掘进煤巷应用水力冲孔效果很好，其作用原理与石门揭煤水力冲孔完全相同，水力冲孔开始时，工作面前方应保持不小于5m的安全煤柱。每循环煤巷掘进尺，要视本层冲孔的最可靠范围而定，在任何情况下都应保持不小于5m的超前距离。

第九章 硐室及交岔点施工

第一节 概述

一、我国硐室施工技术的发展

随着我国煤矿巷道施工技术的发展，经过不断总结经验和施工技术改革，逐步形成了一套先进的硐室施工方法。硐室施工技术的改革主要表现在以下四个方面。

（1）在硐室工程中成功应用了光爆锚喷技术。光面爆破使硐室断面成形规整，可减轻对围岩的震动破坏，有利于提高围岩稳定性，从而为锚喷支护创造有利条件。锚喷支护能及时封闭和加固围岩，缩短硐室围岩的暴露时间，而且锚喷支护本身刚度适宜，具有一定可缩性，它既允许围岩产生一定量的变形移动以发挥围岩自身承载能力，同时又能有效地限制围岩发生过大的变形移动。因此，光爆锚喷技术可以综合、有效地提高围岩稳定性和施工作业的安全性，大大减小硐室施工难度。

（2）锚喷技术在硐室工程中的应用促进了硐室施工方法的简化。用自上而下分层逐步取代了自下而上分层，全断面施工逐步取代了导硐法施工。下行分层和全断面施工硐室步骤简单、效率高、速度快，安全和质量容易保证，使硐室工程的施工工期大为缩短。

（3）硐室支护多采用锚、喷、网、砌复合支护形式和"二次支护"技术，即先进行一次支护，再进行二次支护。一次支护选用具有一定可缩性的锚喷火、锚喷网支护形式，锚喷作业紧跟掘进工作面，既可以起到临时支护作用、保障施工作业安全，其本身又是永久支护的组成部分，从而取代了过去惯用的架棚、木垛等落后的临时支护形式，待硐室全部掘出以后再在一次支护基础上进行二次支护；二次支护现多选用刚性较大的混凝土或钢筋混凝土整体浇注，也可用锚喷支护。复合支护形式和二次技术具有先柔后刚的特性，能较好地适应开硐后围岩压力变化规律，是硐室支护工程中的重大革新和突破，它不仅可保证施工安全，而且由于连续施工、没有接缝、整体性好而改善了工程支护质量。

（4）采用先进设备和工艺、提高了硐室施工机械化水平，改善了作业环境、减轻了劳动强度、简化了施工流程，大大加快了工程进度、提高了工程质量。

二、硐室施工的特点

由于井下各种硐室用途不同，其结构、形状和规格相差很大。与巷道相比，硐室有以下特点：

（1）硐室断面大、长度小，进出口通道狭窄，服务年限长，工程质量要求高，一般要求具有防水、防潮、防火等性能；

（2）硐室周围井巷工程较多、一个硐室常与其他硐室或井巷相连，因而硐室围岩的受力情况比较复杂，难以准确进行分析，硐室支护比较困难；

（3）多数硐室安设有各种不同的机电设备，故硐室内需要浇注设备基础，预留管缆沟槽及安设起重梁等。

硐室施工中，除应注意其本身特点外，还要和井底车场的施工联系起来，考虑到各工程之间的相互关系和合理安排。硐室围岩稳定性取决于自然因素（围岩应力、岩体结构、岩石强度、地下室等）和人为因素（位置、断面形状和尺寸、支护方式、施工方法等）。在设计和施工时均应考虑这些因素对硐室围岩稳定性的影响。硐室围岩的稳定性与硐室施工方法有关，选择硐室密集区域的硐室施工方法时，应合理安排硐室的施工顺序并根据围岩稳定性分析、判断允许岩石暴露的面积和时间，以选择合理的掘进方法。

在确定硐室施工方法前应做好硐室围岩的工程地质和水文地质勘测工作，以便对围岩的稳定性做出评价，并以此为基础正确选择硐室掘进方法和支护形式及其参数。

第二节　硐室施工方法

硐室施工方法的选择主要取决于硐室断面的大小和围岩的稳定性。围岩的稳定性不仅与硐室围岩的工程地质和水文地质条件等自然因素有关，而且与硐室的断面形状、施工方法和支护形式等人为因素有关，根据硐室断面大小和围岩稳定状况分析，我国煤矿井下硐室施工方法可分为三类，即全断面施工法、分层施工法和导硐施工法。

一、全断面施工法

全断面施工法，是按硐室的设计掘进断面一次将硐室掘出，与巷道施工方法基本相同。有时因硐室高度较高，打顶部炮眼操作比较困难，全断面可实行多次打眼爆破，即先在硐室断面下部打眼放炮，暂不出矸，站在虚矸堆上再打硐室断面上部炮眼，爆破后清除部分矸石随之进行临时支护，然后再清除全部矸石并支护两帮，从而完成一个掘进循环。根据硐室的长度和断面大小等施工条件，可采用掘砌单行作业或平行作业等施工方法。

全断面施工法一般适用于围岩稳定、断面高度不是很大的硐室。由于全断面施工的工作空间宽敞，施工机械设备展得开，故具有施工效率高、速度快、成本低等特点。硐室高度超过5m时采用全断面施工不方便，使用凿岩台车和大型装岩机等掘进设备且围岩较稳定时，硐室断面大小不受此限制。

二、分层施工法

分层施工法，是将硐室沿其高度分为几个分层，采用自上向下或自下向上的顺序进行分层施工，有利于正常的施工操作。根据施工条件，可以采用逐段分层掘进，随之进行临时支护，待各个分层全部掘完之后再由下而上一次连续、整体地完成硐室永久支护；也可以采用掘砌完一个分层，再掘砌下一个分层的做法；还可以将硐室各分层前后分段同时施工，使硐室断面形成台阶式工作面。上分层超前的称正台阶工作面，下分层超前的称倒台阶工作面。

（一）正台阶工作面施工法

正台阶工作面即下行分层，按照硐室高度，整个断面可分为2~3个以上分层，每分层的高度以1.8~3.0m为宜；也可以按拱基线分为上、下两个分层。上分层的超前距离一般为2~3m。

如果硐室采用砌碹支护，在上分层掘进时应先用锚喷支护进行维护（一般锚喷支护为永久支护的一部分）。砌碹工作可落后于下分层掘进1.5~3.0m，下分层随掘随砌，使墙紧跟迎头。整个拱部的后端与墙成一整体，所以是安全的。

采用这种施工方法应注意的问题是，要合理确定上下分层的错距，距离太大上分层出矸困难，距离太小则上分层钻眼困难，故上下分层工作面的距离以便于气腿式凿岩机正常工作为宜。这种施工方法的优点是施工方便、有利于顶板维护、下台阶爆破效率较高。其缺点是使用铲斗装岩机时，上台阶需人工扒矸，劳动强度大，上下台阶工序配合要求严格，很容易产生相互干扰。

（二）倒台阶工作面施工法

倒台阶工作面即上行分层，下部工作面超前于上部工作面。施工时先挖下分层，上分层的凿岩、装药、连线工作借助于临时台架。为了减少搭设台架的麻烦，一般采取先拉底后挑顶的方法进行。

采用锚喷支护时，支护工作可以与上分层的开挖同时进行，随后再进行墙部的锚喷支护；采用砌筑混凝土支护时，下分层工作面超前4~6m，高度为设计的墙高，随着下分层的掘进先砌墙，下分层随挑顶随砌筑拱顶。下分层开挖后的临时支护，视岩石情况可用锚喷、木材或金属棚式支架等。这种方法的优点是：不必人力扒岩，爆破条件好，施工效率高，砌碹时拱和墙接茬质量好；其缺点是：挑顶工作较困难，下分层需要架设临时支护，故不宜采用。

分层施工法一般适用于稳定或中等稳定、掘进断面面积较大的硐室。使用这种施工方法空间宽度较大，工人作业方便，因此，与导硐施工法相比，具有效率高、速度快、成本低等特点。

三、导硐施工法

导硐施工法，是在硐室的某一部位先用小断面导硐掘进，然后再行开帮、挑顶或卧底，将导硐逐步扩大至硐室的设计断面。随着锚喷支护技术的推广应用，顶板控制能力加强，采用此类施工法日渐减少。

（一）中央下导硐施工法

导硐位于硐室中部靠近底板处，导硐断面可按单轨巷道考虑，以满足机械装岩为准。当导硐掘到预定位置后，再进行刷帮、挑顶，并完成永久支护工作。硐室采用锚喷支护时，宜用中央下导硐先挑顶后刷帮的施工顺序。挑顶的矸石可用装岩机装出，挑顶后随即安装拱顶锚杆和喷射拱部混凝土，然后刷帮并喷射墙部混凝土。对于砌碹支护的硐室，适用于中央下导硐先刷帮后挑顶施工顺序。在刷帮的同时完成砌墙工作，然后挑顶完成拱部砌碹。

（二）两侧导硐施工法

在松软、不稳定的岩层中，为了保证硐室施工安全，在两侧墙部位置沿硐室底板开掘两条小导硐，其断面不宜过大，一般宽度为1.8~2.0m、高度为2.0m，以利控制顶板。掘到一层导硐后随即砌墙，再掘上分层导硐，矸石存放在下分层导硐中代替脚手架，再砌好边墙基线位置。墙部完成后开始挑顶砌墙，拱部完成后再拆除中间所留岩柱。

导硐施工方法曾广泛用于围岩稳定性差、断面积大的硐室施工中。由于该方法是先导硐后扩大，逐步分部施工，能有效减少围岩的暴露面积和时间，使硐室的顶、帮易于维护，施工安全有保障。但该方法存在步骤多、效率低、速度慢、工期长和成本高等缺点。

为安全和施工方便起见，在矿井设计中尽量避免将硐室布置在不稳定岩层中。若从多方面考虑、比较后仍需开在不稳定岩层中，那就应该采取可靠的技术措施，保证硐室施工的安全和质量。

第三节　交岔点施工

一、一次成巷施工法

井下巷道相交或分岔部分称为巷道交岔点。按支护方式、交岔点可分为简易交岔点和碹岔交岔点。简易交岔点是指采用棚式支架或料石墙加钢梁支护的交岔点，多用于围岩条件好、服务年限短的采区巷道或小型矿井。碹岔式交岔点以往采用料石、混凝土砌筑，现在多采用锚喷支护，多用于服务年限较长的各种巷道交岔点。碹岔式交岔点按结构分为"牛鼻子"交岔点和穿尖交岔点。穿尖交岔点长度短、高度低、工程量小、施工简单、通风阻力小，但承载能力较低，故多用于围岩稳定、巷道宽度不超过5.0m、巷道转角大于45°的交岔点。一般情况下多采用牛鼻子交岔点。交岔点的施工，一般与硐室施工方法基本相同，应推广光面爆破、锚喷支护。在条件允许时，应尽量做到一次成巷。有时，在井底车场施工中为了服从总的施工组织安排、加速连锁工程施工，当岩石条件好时可以允许先掘其中一条巷道，然后再在前面巷道掘进的同时进行交岔点扩大和支护，不过此时的扩大和支护工作应不影响前面巷道的施工，以保证连锁工程的连续、快速施工。施工中应根据交岔点穿过岩层的地质条件、断面大小和支护形式、开始掘进的方向以及施工期间工作面的运输条件，选用不同的施工方法。

当围岩稳定时，可采用一次成巷施工方法，随掘随支或掘后一次支护。按顺序全断面掘进，锚杆按设计要求一次锚完并喷以适当厚度混凝土及时封闭顶板；若岩石易风化，可先喷混凝土后打锚杆，最后安设"牛鼻子"和两帮处锚杆并复喷混凝土至设计厚度。

当围岩中等稳定时，交岔点变断面部分起始仍可采用一次成巷施工，而在断面较大处为了顶板一次暴露面积不致过大，可用小断面向两支巷掘进并将墙先行锚喷，余下周边喷上一层厚30~50mm的混凝土作临时支护，然后回过头来再分段刷帮、挑顶和支护。

二、先掘砌柱墩再刷砌扩大断面的施工法

在稳定性较差岩层中，可采用先掘砌柱墩再扩大断面的方法。正向掘进时，先将主巷掘通，同时将交岔点一侧边墙砌好，接着以小断面横向掘岔口并向支巷掘2m，将柱墩及巷口2m处的拱、墙砌好，然后再回过头来刷砌扩大断面处，做好收尾工作。反向掘进时的施工顺序，先由支巷掘至岔口，接着以小断面横向与主巷贯通并将主巷掘过岔口2m，同时将柱墩和两巷口2m拱、墙砌好，随后向主巷方向掘进，过斜墙起点2m后将边墙和该此2m巷道拱、墙砌好，然后反过来向柱墩方向刷砌，做好收尾工作。

三、导硐法

在稳定性差的松散岩层中掘进交岔点时，不允许一次暴露面积过大，可采用导硐施工法。此法与上述方法基本相同，先以小断面导硐将交岔点各巷口、柱墩、边墙掘砌好后，从主巷向岔口方向挑顶砌拱。为了加快施工速度，缩短围岩暴露时间，中间岩柱暂时留下，待交岔点刷砌好后用放小炮的方法将其除掉。

在交岔点实际施工中，应根据围岩的稳定程度、断面大小、掘进方向以及施工设备和技术等具体情况，采用多种多样的交岔点施工方法。其原则是既要保证施工安全又要使施工快速、方便（特别是减少倒矸次数）。

第四节　煤仓施工

一、用反井钻机施工煤仓

（一）施工方式和施工设备

利用反井钻机钻凿反井的方式有两种：一种是把钻机安装在反井上部水平、由上而下先钻进一个导向孔（直径216~311mm）至反井下部水平，再由下而上扩大至反井的全断面，即所谓的上行扩孔法；另一种是把钻机安装在待掘反井的下部水平，先由下向上钻一导向孔，然后自上而下扩大到全断面，即下行扩孔法。下行扩孔法的岩屑沿钻杆周围下

落，因此要求钻凿直径较大的导向孔，否则岩屑下落时在扩孔器边刀处重复研磨，不仅加剧刀具磨损，也会影响扩孔速度；向上钻导向孔的开孔比较困难，人员又在钻孔下方，工作条件较差。正是由于这些原因，国内外多采用上行扩孔法。如果由于岩石条件和巷道布置所限，不允许在反井上部开凿硐室和无法运输钻机，或由于岩石不稳定而要求紧跟扩孔作业进行支护等情况下可以考虑采用下行扩孔法。

随着矿井机械化和集中化程度的不断发展，工作面和采区及矿井生产能力都有大幅度提高。由于工作面和采区的生产能力具有较大的波动性，出煤时多时少，致使各环节运输设备忙闲不均，不能充分发挥其生产能力。此外，在生产的各环节（提升、运输）中，设备的工作时间、动作不同和可能发生的各种机电设备故障等影响，都可能使各环节之间相互牵连，造成一些环节间断，从而降低矿井的实际运输（或提升）能力，甚至影响整个矿井生产的正常进行。为了解决上述矛盾，需在相互关联的提升、运输各环节之间设置各种类型的井下煤仓，而且要求其有一定的容量。

根据围岩稳定性和矿井生产能力大小，可将煤仓分为垂直式和倾斜式两种。倾斜煤仓一般是拱形断面，其倾角在60°～70°以上，适用于围岩稳定性好、开采单一煤种或多煤种但不要求分装分运的中小型矿井。垂直煤仓一般是圆形断面，适用于围岩稳定性较差，可以分装分运的大型矿井。无论是垂直式还是倾斜式煤仓，其下口均要收缩成适合安装闸门的断面。

煤仓的永久支护一般采用混凝土浇筑，壁厚300～400mm，也可采用喷射混凝土，喷厚一般在150mm左右。煤仓布置在稳定坚固的岩层中时也可不支护，但下部漏煤口斜面应采用混凝土浇筑。

煤仓的施工，一般采用先自下向上掘凿小反井，而后再自上向下刷大断面的方法。反井施工方法有普通反井法、吊笼反井法、深孔爆破法和反井钻机法等几种。过去多采用普通反井法，后来逐渐被吊笼反井法取代。吊笼反井法比普通反井法具有劳动强度低、节省坑木、掘进速度快、效率高、成本低等优点，但作业环境和安全较差，同时该方法要求反井围岩比较稳定并具有垂直精度较高的先导提升钢丝绳，所以其使用范围受到一定限制。

反井钻机是一种机械化程度高、安全高效的反井施工设备。尤其是钻凿反井、煤仓、溜煤眼等可大大提高建设速度，其施工速度为普通反井法的5～10倍，施工成本仅为普通反井法的67%，并具有减轻工人劳动强度、作业安全、成井质量好等优点。钻机主要由主机、钻具（钻杆与钻头）、动力车、油箱车、起吊装置等部分组成，钻头分超前钻头和扩孔钻头，主机带有轨道平板车，工作时作装卸钻杆用，钻完后主机倒放在平板车上运送出去。

（1）准备工作。施工之前应在反井的上口位置按照设计尺寸要求用混凝土浇筑反井钻机基础。基础必须水平而且要有足够的强度。井口底板若是煤层或松软破碎岩层，应适当加大基础面积和厚度，若底板是稳定硬岩可适当减小基础面积和厚度。

（2）反井施工。①导孔钻进。钻进安装完毕并经过调试后即可进行开孔钻进。开孔钻进是将液压马达调成串联状态。把事先与稳定钻杆接好的导孔钻头放入井中心就位，启动马达，慢慢下放动力水龙头，连接导孔钻头，启动水泵向水龙头供水。开始以低钻压向下钻进，开孔钻速控制在1.0~1.5m/h。开孔深度达3m以后，增加推力油缸推力进行正常钻进。根据岩石具体情况控制钻压，一般对松软岩层和过渡地层宜采用低钻压，对坚硬岩石宜采用高钻压。在钻透前逐渐降低钻压。

在导孔钻进中采用正循环排碴。将压力小于1.2MPa的洗井液中心管和钻杆内孔送至钻头底部，水和岩屑再由钻杆与钻孔壁之间的环形空间返回。可借助于机械手、转盘吊和翻转架装卸钻杆。

②扩孔钻进。导孔钻透后，在下部巷道将导孔钻头及其与之相接的稳定钻杆一同卸下，再接上直径1.2m的扩孔钻头。将液压马达变为并联状态，调整主泵油量，使水龙头出轴转速为预定值（一般为17~22r/min）。扩孔时将冷却器的冷却水放入井口，水沿导孔井壁和钻杆外壁自然下流，即可起到冷却道具和消尘防爆的作用。扩孔开孔时应采用低钻压，待刀盘和导向辐全部进入孔内后方可转入正常钻进。在扩孔钻进时，岩石碎屑自由下落到下部平巷，停钻时装车运出。扩孔距离上水平还有3m左右时，应当用低钻压（向上拉力）慢速钻进。此时，施工人员应密切注意基础变化情况，当发现基础有破坏征兆时，应立即停止钻进，待钻机全部拆除后可用爆破法或风镐凿开。进行此项工作时，施工人员应佩戴安全绳或保险带。

（二）反井刷大

用钻机扩完直径1.2m的反井全深后，即可按设计煤仓规格进行刷大。刷大前应做好掘砌设备的布置和安装等准备工作。

利用煤仓上部的卸载硐室作锁扣，在其上面安装封口盘，盘面上设有提升、风筒、风管、水管、下料管、喷浆管和提升天轮等孔口。在硐室顶部安装工字钢梁架设提升天轮，提升利用绞车、1m³吊桶上下机具和下放材料。人员则沿钢丝绳软梯上下。采用压入式通风，在卸载动室安设一台5.5kW局部通风机，用中500mm胶质风筒经封口盘下到工作面上方。

煤仓反井自上向下进行刷大工作面可配备风动凿岩机，选用药卷φ35mm的1号煤矿硝铵炸药和毫秒电雷管，用发爆器起爆。由于钻出的反井为刷大爆破提供了理想的附加自由面，因而工作面上不需再打掏槽眼。全断面炮眼爆破分两次进行，使爆破面形成台阶漏斗形，以便矸石向反井溜放。当刷大到距反井下口2m时，采用加深炮眼方法一次打透，然后站在矸石堆上打眼，再将下面的给煤机硐室平巷段刷大。

刷大掘进放炮后，矸石大部分沿反井溜放到煤仓下部平巷，剩余矸石用人工攉入反井。下部平巷设一台扒斗机，将落入巷道的矸石装入矿车运出。煤仓反井刷大过程中，采用锚网作临时支护。

（三）永久仓壁的砌筑

煤仓的仓壁采用厚700mm和圆筒形钢筋混凝土结构。煤仓下口为倒锥形给煤漏斗，上口直径8m，下口直径4.22m，内表面铺砌厚100mm的钢屑混凝土耐磨层。漏斗由两根高2m的钢筋混凝土梁支托。煤仓砌筑总的施工顺序是先浇筑给煤机漏斗，再自下而上砌筑仓壁。混凝土和模板全由煤仓上口的绞车调运。

煤仓砌筑时的支模采用绳捆模板或固定模板，支模工作在木脚手架上进行，施工中由于脚手架不能拆除，模板无法周转使用，木材耗量大且组装困难，影响砌筑速度。因此，可改变支模方法，即采用滑模技术。采用一种砌筑仓壁的手动伸缩模板，模板在手动起重器的作用下沿钢丝绳滑升，使用灵活方便。这种支模方法省工、省料、机械化程度高、质量好、速度快。

二、深孔掏槽爆破法

虽然反井钻机施工法技术先进，但有时受设备条件所限而应用困难。传统的普通反井掘进方式多属浅眼爆破施工法。但该方法费工费时、作业面通风不良且施工安全条件差。因此，可采用中型钻机全深度一次钻孔，自下而上连续分段爆破成井，集中出碴，装药、联线、填塞、爆破等作业均在煤仓上部巷道进行。与传统施工法相比，具有作业条件好、工效高、速度快、安全、节省材料等优点。

先在胶带输送机机头硐室内安设液压钻机，沿煤仓中心打一钻孔，然后绕中心孔直径为1m的圆周上均匀地打四个钻孔与大巷穿透，作为掏槽眼。钻孔直径均为89mm，爆破用2号岩石硝铵炸药，1～4段秒延期电雷管的导爆索起爆。

装药前，先将眼底封好，再把炸药捆成小捆，每捆4卷，然后把14捆炸药对接起来，用导爆索上下贯穿并一起固定在一根铁丝上送入眼底。封500mm长间隔炮泥后，再用同样方法装好上段炸药。用炮泥封好上口，合计每孔装药量为16.8kg。为确保起爆，在每段炸药的上部和中部各装一个同号雷管。中心孔不装药，用铁丝悬吊两个钢弹，分别放在每分段上部位置。下段炸药和下部钢弹分别装入1段和2段雷管，上段炸药和上部钢弹分别装入3段和4段雷管。下部的过量炸药爆炸后，将中心岩石预裂，再借助该段上部钢弹的爆炸威力实现挤压抛碴。同理，上段装药和爆炸情况也是如此。

小反井爆透后，即可自上向下刷大至设计断面。边刷大边喷射混凝土直至下部漏斗口。安装漏斗座、中间缓冲台和顶盖梁之后煤仓即施工完毕。此法作业安全、速度快、效率高，在高度不大的煤仓施工中使用可以获得令人满意的技术经济效益。但此种方法对钻眼的垂直度要求高，爆破技术也要求严格。反井放炮前，必须在煤仓下口巷道内预留补偿空间，因为反井岩石爆破后要碎胀，如果没有一定空间，放炮后岩块间会互相挤压，故在每个煤仓下口预留一定体积的无矸石空间。爆破下来的岩石由巷道中的耙斗机装入矿产运出。

第十章 巷道支护设计

第一节 支护材料

井巷支护材料，是指用于构建支护结构的基本材料，其种类很多，常用的主要有木材、金属材料、石材、混凝土、钢筋混凝土，砂浆等。这些材料性能不同，其用途和施工方法也不同。

一、水泥

水泥是一种粉末状混合物质。当它与水混合后，在一定的环境条件下（空气或水中），经过一段时间，能自行胶结形成具有一定强度的石状体，也可将固体散粒材料胶结在一起形成具有一定强度的胶结体。水泥属于水硬性胶凝材料，是一种最常用的建筑材料。水泥因其成分不同而种类繁多，不同的水泥性能不同，其用途也不同。在井巷支护中应用最广泛的是硅酸盐类水泥。硅酸盐类水泥是以硅酸盐水泥熟料为基本材料生产而成的一类水泥。常用的有硅酸盐水泥、普通硅酸盐水泥和掺入混合材料的硅酸盐水泥（矿渣硅酸盐水泥、火山灰质硅酸盐水泥、粉煤灰硅酸盐水泥等）三种。

二、混凝土

水泥的成本和强度等因素决定其很少被单独用于浇筑一种结构，而更多的是与砂、石等材料一起混合使用。将水泥、砂、石和水按一定比例混合而制成的材料称为普通混凝土，简称混凝土。混凝土具有如下优点：在未凝固以前具有良好的塑性，可以浇筑各种预制构件，或在现场直接浇灌成整体支架，或直接喷射在巷壁上形成喷射混凝土层；与钢筋有牢固的黏结力，能制作成各种钢筋混凝土构件或结构物；抗压强度较高，而且可以根据需要设计成不同强度等级的混凝土；砂、石价格低廉，取材方便；作为井巷支架材料，其防火性、耐火性和耐久性等都能满足要求。但混凝土也存在抗拉强度低，受拉时容易开裂、自重大等缺点。

三、金属材料

在巷道支护中使用的金属材料有各种规格的型钢，板材、线材（钢筋、铁丝）等，主要用作梁、柱，柱帽、柱靴、托板、锚杆、钢筋混凝土中的钢筋、网等。由于金属材料具有抗拉（压、剪、弯等）强度大，使用寿命长，安装使用方便，耐火性强，以及有些材料可多次复用和回收等优点，在矿井巷道支护中被大量使用，目前已成为巷道支护的主要材料。型钢可以直接加工成梁和柱，是棚子支护的主要材料。煤矿常用的型钢有工字钢、角钢、槽钢、轻便钢轨、矿用工字钢、U型钢等。其中，矿用工字钢是专门设计的宽翼缘、小高度、厚腹板，适于做梁和柱的支护用工字钢；矿用U型钢截面上两个轴向抗弯模量接近，具有很好的侧向稳定性，专门用于制作可缩性支架。钢筋可以与混凝土一起浇筑成钢筋混凝土梁、柱、整体支架等，也可以做成锚杆。铁丝主要用于做铁丝网，铁丝网是隔离围岩、防止破碎岩石冒落的重要材料，主要在锚网联合支护中使用。板材主要用于加工锚杆托板、柱帽、柱靴等，用于扩大承载面积；也可用于加工锚梁支护中的梁。另外，锚索支护用的钢丝绳也是金属材料。在实践中，钢丝绳可采用提升设备用过的废旧钢丝绳，或专用钢绞线。支护用的金属材料不仅要满足支护要求，对可回收复用的材料还应具有良好的加工性能。为了防止因材料腐蚀而影响支护结构的正常使用，要求材料具有一定的防腐性能。

四、木材

木材在矿井巷道支护中主要被用作背板，也可用作柱帽、柱靴、托板等。支护常用的木材有松木、杉木、桦木、榆木和柞木等，其中以松木使用最多。木材的强度沿两个方向相差很大，顺纹抗拉和抗压强度远大于横纹。木材的顺纹抗拉强度最大，其次是顺纹抗压强度。

木材的强度除由本身组织构造因素决定外，还与以下因素有关。

（1）木材的疵病。即木材中的木节、斜纹及裂缝等，对木材的抗拉强度影响很大，可使其承载能力显著降低，而对其抗压强度影响较小。

（2）含水率。木材含水量在纤维饱和点以下（即仅在细胞壁内充满水，达到饱和状态，而细胞腔及细胞间隙中无自由水）时，随着含水率降低，吸附水减少，细胞壁趋于紧密，木材强度增大，反之，则强度减小。木材含水率对不同的强度影响程度不同，对顺纹抗压和抗弯强度影响较大，对顺纹抗剪强度影响较小，对抗拉强度几乎没有影响。

（3）负荷持续时间。木材在外力长期作用下，其持久强度为短时极限强度的50%～60%。

（4）温度。木材受热后，木纤维中的胶结物质处于软化状态，因而强度降低；当温度超过140℃时，木材开始分解炭化，力学性质显著恶化；温度较高，木材易开裂。

木材的腐朽很快，在矿井内阴湿的环境中腐朽时间更短。为了延长木材的使用寿命，应对木材进行防腐处理。坑木的防腐方法是把防腐剂渗入木材内，使木材不再能作为真菌的养料，同时还能毒死真菌。对防腐剂的要求为：易浸入木材，不应有气味，不会增加木材的易燃性，不降低木材的强度，化学性质稳定等。坑木常用的防腐剂有氟化钠、氯化锌。处理方法有涂抹、喷射、热冷槽浸透以及压力渗透等。热冷槽浸透法是将木材先放入盛有防腐剂的热槽中（温度为90℃以上）数小时，然后迅速移入盛有防腐剂的冲槽中浸泡数小时。压力浸透法是将风干的木材放入密闭的防腐罐内，抽出空气，使之变成真空，然后把热的防腐剂加压充满罐内，经一定时间后，取出木材风干。

第二节　常规锚杆支护设计方法

一、经验公式计算法

目前，用作支护的锚杆种类很多，根据其锚固的长度划分为集中锚固类锚杆和全长锚固类锚杆。集中锚固类锚杆，是指锚杆装置和杆体只有一部分和锚杆孔壁接触的锚杆，包括端头锚固、点锚固、局部药卷锚固的锚杆。全长锚固类锚杆，是指锚固装置或锚杆杆体在全长范围内全部和锚杆孔壁接触的锚杆，包括各种摩擦式锚杆和全长砂浆、树脂、水泥锚杆等。

1.岩巷锚喷支护

锚杆长度：

$$L=N（1.3＋W/10）\tag{10-1}$$

锚杆间距：

$$M\leqslant0.4L\tag{10-2}$$

锚杆直径：

$$d=L/110 \qquad (10-3)$$

式中：W——巷道或硐室跨度，m；

L——锚杆总长度，m；

M——锚杆间距，m；

d——锚杆直径，m；

N——围岩影响系数。

在应用经验公式计算的基础上，岩巷锚喷支护设计应结合井巷工程实际和开采深度，考虑在Ⅳ类围岩条件以下、构造影响区域和受采动影响的巷道中增加金属网、钢筋梯子梁等支护结构组件，形成以锚杆支护为主体的柔性封闭支护组合结构，做到在让压抗载过程中支护结构不失稳。岩巷锚喷支护设计要对喷浆功能和工序作出明确说明。实践证明，喷浆应以充填围岩裂隙、封闭围岩、平整巷道轮廓为主，应采用先喷后锚的施工工序，创造锚杆支护结构与围岩密贴接触条件，使锚杆能够及早、充分发挥对围岩的加固、支护作用。复喷（除水仓外）厚度以不大于70mm为好，使锚喷支护结构对围岩变形有较好的适应性和防止喷层过厚开裂后变成危石。

除应对上述因素加以考虑外，岩巷锚喷支护还应对光面爆破提出要求。没有光爆要求的锚喷支护设计是不完整的。光爆是锚喷支护的基础，实施光爆能够减少爆破震动裂隙、防止过多降低围岩强度，有利于锚喷支护结构与围岩的良好接触，实现各工序间良好的施工协调配合，使锚杆支护作用得到充分发挥。

圆钢水泥锚固锚杆由杆体、快硬水泥药卷、托板和螺母组成。杆体由普通圆钢制成，尾部加工成螺纹，端部制成不同形式的锚固结构。杆体直径为14～22mm，大多为16～20mm。

圆钢水泥锚杆的锚固部分有三种形式：第一种是麻花式，分小麻花式和普通麻花式。小麻花式端部加工成一定规格左旋360°锚杆支护设计的窄形双麻花式，并焊有挡圈；普通麻花式端部加工成一定规格的左旋180°的单拧麻花。第二种是弯曲式，端部制成一点规格的弯曲形状。第三种是端盘式，端部加工或焊接一圆盘形盖，并有一活动挡圈。端部弯曲式、小麻花式直接打入安装，普通麻花式旋转搅拌安装。端盘式则采用钢管冲压安装。水泥药卷是以普通硅酸盐水泥等为基材掺以外加剂的混合物；或单一特种水泥，按一定规格包上特种透水纸而成卷状，浸水后经水化作用能迅速产生强力锚固作用的水硬性胶凝材料。水泥药卷有多种形式，按材料划分有混合型和单一型，按结构划分有实心式和空心式。水泥锚杆通过锚杆端部将水泥药卷挤入锚孔，快速黏结锚固端与孔壁并膨胀而提供一定的锚固力。水泥锚杆可端部锚固，也可全长锚固。

水泥锚杆具有锚固快、安装简便、价格低廉等优点。但是，快硬水泥药卷的浸水操作比较困难。如果浸水时间短、水化不够，会导致药卷内部还处于干燥状态；如果浸泡时间过长，则会因超过终凝时间而过早硬结，甚至造成水泥药卷在安装过程中破损，无法推入孔底而使锚杆与钻孔报废；或因水灰比过大，导致强度过低甚至不凝固，难以保证可靠的锚固力。由于这些弊端，水泥药卷锚固剂的用量越来越少，逐步被淘汰。

2.煤巷锚杆及与网、梁组合支护

锚杆长度：

$$L=N（1.5+W/10） \tag{10-4}$$

锚杆间距：

$$M=0.9/N \tag{10-5}$$

锚杆直径：

$$d=L/110 \tag{10-6}$$

经验公式计算法用于锚杆支护设计，计算得到的仅为锚杆支护的主要参数，是锚杆支护设计的一部分，但不是全部，还要对其他参数和材料作出选择。例如，锚杆杆体的结构形式，材质，锚固剂材料、锚固长度，托板、螺母结构形式和强度等。这些参数、结构形式及材料选择也都很重要，是完成整个锚杆支护设计不可缺少的内容，必须在设计中全面考虑，这关系到锚杆支护力系能否合理匹配，支护强度能否充分发挥和支护结构能否有效控制围岩的问题，这些内容过去往往被忽略，它们的设计选择将在工程类比法中详细阐述。

二、工程类比法

工程类比法通常有直接类比和间接类比两种方法。直接类比法一般是把已开掘巷道（采用锚杆支护并取得成功）的地质开采条件与待开掘巷道进行比较，在条件基本相同的情况下，可以参照已开掘巷道，凭借工程师的经验和对工程的分析判断能力选定待开掘工程的锚杆支护类型和参数。间接类比法一般是根据现行锚喷支护技术规范，按照围岩分类和锚喷支护设计参数表确定待开掘工程的锚喷支护类型和参数。我国部分矿区在做了大量和长期的巷道支护技术基础工作后，为更有效地发展锚杆支护，提出了自己矿区的巷道围岩稳定性分类和锚杆支护设计推荐参数。这些根据自己矿区的实际建立起来的围岩分类和锚杆支护设计推荐参数，使用起来简明扼要、直观易行，更具有针对性。

（一）直接类比法

1.直接类比方法

对待开掘的巷道进行工程条件分析，选择与其条件类似，已实践成功的巷道进行比较。比较要细致、全面，对差异性因素应作出专门分析研究，任何细微的地方都不应忽略，以便于在对待开掘的巷道进行锚杆支护设计时，参照已有工程，选择锚杆支护结构和参数，并进行适当调整。这样既体现了类比的重要性，也能较好地体现工程师的经验和分析判断能力对锚杆支护结构和参数选取的指导作用。

直接类比的内容如下：

（1）围岩力学性质：对于煤层巷道，顶板以直接顶为主，同时要了解1~1.5倍巷道宽度范围内顶板的岩石条件。煤层和底板是巷道围岩的重要组成部分，对巷道稳定性影响较大，比较时要同时进行。岩巷要对巷道宽度1~1.5倍范围内的围岩作全面对照。在岩石力学性质比较时，应以单轴抗压强度、分层厚度和层间结合情况为主，并要进行岩石的水理性质对比。岩巷维护时间一般都较长，岩石遇水潮解、泥化和膨胀的性质对要求长期稳定的巷道影响特别大。

（2）地质构造影响程度：对矿井煤系地层产状有较大影响的区域构造往往使一个区域的应力大小和方向发生变化。积聚在岩体中的构造应力，对井巷工程稳定影响较大。大型断裂构造对岩体的整体性、内聚力和稳定状况影响较大。这些地质构造对巷道工程支护结构和参数选取起关键性作用。因而，要对比它们是否存在和对巷道的影响程度。

（3）开采深度可直接进行数值比较，差别直观。随着开采深度的增加，地应力增加，煤系地层中的岩石多数在采深超过800m以后就变得相对软弱，巷道维护难度加大。因此，采深是巷道支护必须考虑的重要因素。

（4）煤柱尺寸可直接比较，简单易行。采煤工作面布置在采空区侧的巷道，受支承压力影响与煤柱尺寸大小关系密切。煤柱支承压力可划分为三个区。即免压区，煤柱宽度B≤8m；应力集中区，煤柱宽度B=9~29m；原始应力区，煤柱宽度B≥30m。

（5）巷道断面形状与尺寸：可以进行直接比较，差别较为直观。虽然巷道断面多种多样，但岩巷多为半圆拱形，经调查煤巷多为矩形或斜矩形。与斜平顶形相比，巷道顶部为半圆拱形能够改善围岩受力条件，有利于巷道顶板控制。巷道跨度大小对巷道维护有较大影响。

（6）开采时间、空间影响因素：先要了解巷道开掘的开采边界条件和巷道位置与其周围开采煤层的空间关系。巷道受采动影响分为三个时段，即采动影响前、采动影响中和采动稳定后。在不同时段施工巷道，其受影响的程度差异很大。一般是采动稳定后掘进巷道受采动影响最小，有利于巷道稳定和维护。矿井中也存在这样一种情况，即巷道上方始终存有煤柱，受其支承压力影响，非常不利于巷道维护。在巷道位置与其周围开采煤层的空间关系上，一般可将其分为四种情况：巷道与开采煤层间垂直距离大于25m，在传递支承压力影响区外；巷道与开采煤层间垂直距离小于25m，在传递支承压力影响区内；巷道与开采煤层间垂直距离大于25m，在传递支承压力影响区内；巷道与开采煤层间垂直距离小于25m，在传递支承压力影响区外。巷道与开采煤层间垂直距离大于25m，位于传递支承压力影响区外最有利于巷道稳定和维护。

2.支护结构参数的确定

用工程类比法设计锚杆支护结构参数，在正常情况下，待开掘巷道与所选择的类比巷道条件不会有大的差异（否则就不能用于直接类比），一般都能够直接参照使用。用工程类比法设计锚杆支护结构参数，完全相同的条件不多。因此，要综合对比分析巷道工程条件，寻求不同点，找到差异性，依据待开掘巷道工程对已开掘巷道工程各种影响因素的减弱或强化程度，对已开掘巷道工程锚杆支护结构参数做出修正，为待开掘巷道工程所用。这样设计出来的锚杆支护结构参数，一般都能满足实际工程需要。

用直接工程类比法设计锚杆支护结构参数，实质就是用待开掘巷道工程条件对比已开掘巷道工程，找出不同和差别，确定修正系数。现将经验选取修正系数的方法介绍如下。基本条件："三软"煤层或破碎复合顶板煤层，巷道宽4000mm，高3000mm，支护巷道面积12m²，矩形断面，煤体侧巷道。基本支护结构：锚杆、钢筋梯梁、金属网、锚索支护结构。基本支护参数：锚杆长2000mm，直径18mm，支护密度2.04根/m³，锚索支护密度0.12根/m²。

根据直接类比法的原则，考虑以下影响因素：

（1）采动影响因素：若巷道位置由煤体侧改变为采空区侧，其他基本条件不变。由于巷道位置变化，增加了支承压力影响因素。锚杆长度和直径经验修正系数均为1.1。锚索支护密度经验修正系数为1.5。若采煤工作面由顺序开采改变为孤岛开采，其他基本条件不变。这时巷道受力条件变化较大，高支承压力持续作用于巷道。锚杆长度和直径经验修正系数均为1.2。锚索支护密度经验修正系数为1.5。

在巷道施工接替安排上，一般不应出现区段工作面正在回采，而邻近该工作面的相邻区段工作面巷道正在近距离跟踪或逆向掘进。因为在这种情况下，正在掘进的巷道是很难维护的。

（2）地质构造影响因素：若巷道基本条件不变，增加了地质构造影响因素，如向斜、背斜和褶曲等。这要分两种情况，一是巷道位于向斜或背斜轴轴心及较近位置，地质构造应力影响很大。锚杆长度和直径经验修正系数均为1.1。锚索支护密度经验修正系数为1.5。即便如此，巷道也不能一次支护完成，应考虑进行二次支护。二是巷道位置距向斜或背斜轴轴心较远，地质构造应力影响相对较弱。锚杆长度和直径经验修正系数均为

1.1。锚索支护密度经验修正系数为1.5。巷道可做到一次支护成功。

（3）巷道断面影响因素：在基本条件中，巷道跨度由4.0m缩小到3.0m，锚杆长度经验修正系数为0.9，锚索支护密度经验修正系数为0.5～0.7。巷道跨度由4.0m增大到5.0m，锚杆长度经验修正系数为1.2～1.3，锚杆直径经验修正系数为1.2，锚索支护密度经验修正系数为1.5～2.0。

（4）围岩条件影响因素：巷道开掘在煤层中，煤体坚固性系数为1.5～2.5，顶板中等稳定，类比的巷道围岩条件为"三软"煤层或破碎复合顶板煤层。这种情况可类比性相对较差。依照"三个基本"（基本条件、基本支护结构和基本支护参数）框架，除了要修正支护参数外，还要对支护结构作出相应调整。因为岩性类别是影响锚杆支护结构最主要的因素。顶板由锚梁网索支护结构调整为锚梁支护结构，两帮由锚梁网支护结构调整为锚梁或锚网支护结构。锚杆长度修正系数为0.9，锚杆直径修正系数为1.0，支护密度修正系数为0.7～0.8。巷道开掘在煤层中，顶板也为煤体，煤的坚固性系数为1.5～2.5，类比对照巷道围岩条件为"三软"煤层或破碎复合顶板煤层。按照"三个基本"框架，顶板锚杆长度修正系数为1.1～1.2，顶板锚杆直径修正系数为1.1，两帮由锚梁网支护结构调整为锚梁结构，支护密度修正系数为0.7～0.8。

（二）间接类比法

1.间接类比方法

巷道的稳定性最终要反映在巷道的变形上，徐州矿区巷道服务期内顶底板移近量与巷道围岩稳定及维护状况的关系如下：

h<200mm：围岩稳定，不需修护；

200h<400mm：巷道顶板、两帮稳定，底板需简单清理；

400≤h<800mm：巷道顶板、两帮稳定，底板需作卧底处理；

800<h<1200mm：巷道顶板稳定，底板需卧底，两底角需少量扩刷；

h≤1200mm：巷道顶板基本稳定，底板需卧底，两帮需刷帮。

2.支护参数的确定

根据多年的实践经验，我国煤炭系统总结制定了岩石巷道和硐室锚喷支护参数，可用于锚喷支护设计的工程类比法。由于该规范制定使用时间偏长，锚喷支护技术又有了新的发展，在使用时应注意以下两个方面：

（1）应更加重视锚杆的支护作用。在锚喷支护设计中，把锚杆支护强度凸显出来，锚杆杆体直径和材质在表中的缺项是必须予以补充的。现在已有大量的螺纹钢树脂锚杆应用于岩巷工程，锚杆长度也有加长的趋势，长度1.6m的锚杆在稳定性较差的岩层巷道中已很少使用，长度2.0～2.4m的锚杆在Ⅳ类、Ⅴ类围岩巷道（净跨度3～5m）中已得到较为广泛的应用。

（2）应把喷射混凝土的支护作用放在次要地位，把喷层厚度降下来。初喷充填岩体裂隙，增加岩体强度，有较好的支护作用。复喷的支护功能比较微弱，只是填凹补平，美化巷道，封闭岩体、锚杆和金属网等外露部分，防止岩体风化和支护材料锈蚀。因此，喷厚一般不应超过100mm。喷厚过大，巷道变形容易使喷层张裂变为危石。

应重视网和锚杆组合形成的柔性支护结构功能，把钢筋网的直径降下来，使其更加适应深井和受采动影响巷道的维护。这里需注意，粗钢筋混凝土对可准确计算的静载荷条件适应性较好，但不宜用于高应力、动载荷区域的巷道支护（支护成本高、修护难度大）。许多矿井在IV类和V类围岩巷道（净跨度3~5m）中已普遍使用金属网与锚杆的组合支护。

三、锚杆支护结构形式和参数合理选择分析

按照工程类比法选出支护参数和结构后，应用于工程实践，设计过程并没有结束，设计是个动态过程，要关注工程的实施和效果，要组织开展矿压观测和工程支护效果调查，跟踪施工过程，了解巷道施工与设计支护结构和参数的一致性，检查施工质量是否符合设计和质量标准要求，以便分析巷道维护效果受施工质量因素影响的程度。

矿压观测数据要真实完整，能够反映巷道整个服务期间内的矿压显现规律和强度。用矿压观测数据评判巷道支护设计的适应性、合理性及存在问题，提出修改意见，使其不断完善。做好现场写实调查，调查锚杆支护结构的作用效果，破坏部位及数量，结构缺陷。结合矿压观测数据，进行量、形对照分析，考察巷道能否满足安全生产需要及其适应性，找出支护结构中的薄弱环节，在理论的指导下加以改进和优化。

（一）锚杆支护结构形式选择分析

1.单体锚杆

单体锚杆是锚杆支护结构中最简单的支护结构形式，每根锚杆是一个个体，单独对顶板起作用，但通过岩体的联系又把每根锚杆的作用联合起来，每根锚杆集合作用的结果，控制了不规则弱面的发展，危石的掉落，增强了岩体强度，形成了加固岩梁，共同支承外部载荷。

2.锚梁结构

锚梁结构是指锚杆和钢筋梯梁或钢带组合的支护结构。锚杆通过钢筋梯梁或钢带扩大锚杆作用力的传递范围，把个体锚杆组合成锚杆群共同协调加固巷道围岩，这种组合大大增强了锚杆群体的作用和护表功能。

3.锚梁网结构

锚梁网结构是锚杆托梁、梁压网、网护顶的组合锚杆支护结构。它是在锚梁结构的基础上发展起来的，除具有锚梁结构的支护功能和作用外，由于使用金属网把锚梁间裸露的岩体全部封闭起来，护表功能更强。

4.锚梁网索结构

锚梁网索结构是在锚梁网支护结构基础上增加锚索的组合支护结构。它凸显了锚索对锚梁网的补强作用，增大了支护强度，改善了巷道受力条件，提高了巷道维护的安全可靠程度。在选择锚杆支护结构时应注意各类锚杆支护结构的适应性和特点：

单体锚杆支护结构主要适应于：一是岩石稳定、层厚较厚、坚固性系数≥6，节理裂隙不发育的顶板条件。二是岩石稳定、层厚较厚、坚固性系数=4～5，顶板节理裂隙不发育，且采深较浅、围岩应力较小的条件。单体锚杆支护的特点是：巷道支护施工方便，工序简单，有利于单进水平提高；对围岩的护表功能较弱，用于较差围岩条件，围岩表层容易首先破坏，由表及里，导致锚杆失效。

锚梁支护结构主要适用于：围岩强度较大，节理裂隙较发育的Ⅱ、Ⅲ类围岩条件。锚梁支护的特点是：支护操作方便，施工简单，有利于单进水平提高。锚梁网支护结构主要适用于：厚煤层沿底板掘进的煤层顶板、岩煤交替沉积层厚较薄的复合顶板和岩体松软、压力大的Ⅳ、Ⅴ类巷道围岩条件。锚梁网支护的特点是：适应性强、护表效果好、加固岩体性能稳定。支护结构相对复杂，操作工序增多，对掘进速度有一定影响。锚梁网索支护结构主要适用于：复杂地质开采条件下的巷道支护，包括厚煤层沿底板掘进的煤层顶板、岩煤交替沉积层厚较薄的复合顶板和岩体松软，压力大的Ⅳ、Ⅴ类巷道围岩条件，以及巷道断面加大，位于采空区侧巷道，孤岛开采的工作面两巷，受构造影响区域的巷道等。

锚梁网索支护的特点是：支护强度大，护表效果好，适应范围宽，安全可靠性高，支护结构相对复杂，施工工序和难度相对较大，对掘进速度有一定影响，支护成本较高。现场工程实践是一个大试验场，支护结构的支护效果是多因素综合反映的真实写照，调查落实锚杆支护结构构件受力变形和破坏情况，对优化改进锚杆支护结构是非常重要的。因此，设计选择的支护结构形式要在实践检验中优化改进。现场施工人员要重视做好实践总结和优化改进工作。巷道支护结构使用情况调查要注意细致准确，资料翔实，综合分析，去伪存真，查清原因，找到规律。没有作用的结构件应逐步取消，强度不够的结构件要逐步增强。只要坚持这样做下去，通过几条巷道的实践，就可以取得支护结构优化与改进的丰硕成果。

（二）锚杆支护参数合理选择

锚杆支护参数选择应在理论指导下进行，且应经过实践检验和确认。首先应分析巷道锚杆支护参数对围岩承载能力增量的影响，了解各参数对围岩承载能力增量影响的权重，以更好地进行锚杆支护参数合理选择，围岩承载能力增量计算原理及围岩强度变化。

锚杆支护不仅可给巷道提供一定的支护阻力，而且可提高巷道围岩的承载能力，锚杆长度越长，巷道围岩承载能力增量越高，大直径锚杆随其长度加大，巷道围岩承载能力增量幅度增大；锚杆间，排距越小，巷道围岩承载能力增量越大，锚杆间排距均为800mm的承载能力增量约为600mm的一半；锚杆承载能力越大，巷道围岩承载能力的增量越大。在采用工程类比法进行锚杆支护设计时，应结合巷道工程地质和开采技术条件，对需要增加巷道围岩承载能力的，在工艺和机具性能具备的条件下，根据上述理论分析，可以选择加大锚杆长度的途径。在增加锚杆长度受到限制时，也可以通过减小锚杆间、排距和增加锚杆本身的强度来实现。通常情况下，减小锚杆间排距取得的效果要比增加锚杆长度更好。

四、树脂锚杆与其支护构件的选择

（一）杆体的选择

锚杆杆体是锚杆支护的主要受力构件，它的强度和性能优劣对锚杆支护效果起着重要作用。因此，在锚杆杆体开发上，煤炭系统的专家和工程技术人员发挥了他们的聪明才智，开发出了多种锚杆杆体，现介绍如下：

1.左旋带纵筋建筑螺纹钢锚杆杆体

该杆体是树脂锚杆早期发展的产物，当时没有专用树脂锚杆螺纹钢，只能用建筑螺纹钢来代替，基本满足了当时锚杆支护发展的要求。由于它不是专用树脂锚杆螺纹钢，在使用中暴露出了明显的缺陷。一是端部螺纹加工，需要扒皮成圆滚丝，使杆体出现加工弱面，导致杆体强度低，力学性能差，与目前使用的高强锚杆相比，杆体延伸率和材料利用率均低（直径20mm的非等强锚杆杆体强度，等强于直径18mm的等强锚杆；长度2000mm、直径18mm的等强锚杆较非等强锚杆，在破断力相同的情况下，一根锚杆可节约1kg钢材）。二是带纵筋螺纹钢在搅拌树脂锚固剂时，影响搅拌质量，锚固剂混合不够均匀和不易充满两纵筋处，这会降低锚固强度。随着锚杆专用螺纹钢的开发和利用，左旋带纵筋建筑螺纹钢锚杆杆体已逐步被淘汰。

2.右旋无纵筋螺纹钢锚杆杆体

该杆体端部螺纹可直接为螺母紧固用，不需任何加工，减少了加工工序，没有加工弱面，杆体强度相等，称之为等强锚杆。它力学性能好，锚固强度大，材料利用率高，安装使用方便快捷。由于该锚杆杆体直接利用杆体螺纹作为端部紧固螺母螺纹，成材对螺纹要求高，成材率相对较低，螺母与螺纹的优良配合控制难度大。现场使用时常出现退扣现象。

3.普通圆钢锚杆杆体

这种杆体是树脂锚杆早期发展和不规范使用的产物，材质为A3钢，屈服强度仅为Ⅱ级螺纹钢的70.59%，强度偏低；用作锚杆杆体，锚固端和螺纹端两端都需加工，加工工序多，工作量大；两端多由企业自行加工，设备简陋，质量难以保证；螺纹端扒皮成圆滚丝，形成杆体弱面，材料利用率低，提供的工作阻力低；由于锚固端为固定加工长度，不便于锚固长度的改变。该类锚杆杆体应列入淘汰产品之列。

4.左旋无纵筋螺纹钢锚杆杆体

由于在轧钢厂原材生产时，直径存在正误差和负误差两种类型，在杆体尾端加工上也存在两种方式。一种是负误差变径整圆滚丝加工方式，另一种是正误差碾磨成圆滚丝加工方式。这两种加工方式，都使锚杆杆尾螺纹根底直径与杆体直径相同，杆体全长没有弱面、强度相等，这样加工出来的杆体，均称为等强锚杆。等强锚杆杆体的力学性能较传统的非等强锚杆有明显改善。这种等强锚杆，由于锚杆杆体直径正负误差的差别，带来了材料消耗和端部螺纹加工的差异。负误差较正误差的锚杆杆体每吨钢材可多加工锚杆23根（直径18mm、长度2000mm的锚杆）。正误差锚杆杆体碾磨成圆、滚丝加工方式，在碾磨成圆过程中，容易出现碾磨掉的螺纹丝碾压入杆体光圆段，使滚丝螺纹强度受到一定影响。

（二）树脂锚固剂锚固形式及长度的选择

1.树脂药卷在不同围岩条件下的锚固强度

树脂锚固剂通常是将树脂、固化剂和促凝剂严密包装在一定长度和直径的胶囊中，其中树脂和促凝剂装在一室，固化剂与之隔离包装在另一室。当锚固剂胶囊被锚杆锚头捣破并搅拌后，促凝剂促进树脂和固化剂发生化学反应，加快凝固速度，使锚头通过锚固剂与孔壁锚固在一起。锚固力的大小与锚孔直径、锚杆锚固段的岩性、环境温度、湿度及施工质量等有关。试验表明，其他条件相同时，锚孔直径与锚杆直径相差6~10mm时锚固力最大。锚固段岩性对锚固力的影响主要表现在锚固剂与不同岩性的被锚固体间的黏结强度。

2.锚固形式和长度的选择

锚杆的锚固方式有端锚、加长锚和全长锚。锚杆的这些锚固方式有着各自的使用条件，要根据实际需要确定。

锚杆采用全长锚固，巷道围岩表面避免了集中受力点，且能够得到更有效加固，锚杆受力条件有所改善，实际锚固力增大。根据实测结果，全长锚固的锚杆，安装24h后，测得最大锚固力为100kN，在锚杆正常工作时可随着外部载荷的增加和围岩变形的增大逐步达到屈服极限和极限载荷。顶板受垂直层面方向的应力作用时，岩层间常常发生错动，这使层面间的黏结力迅速降低，继而使岩层间发生离层和破坏。在锚杆提供全长锚固后，钻孔中没有空隙或空隙较小，锚固剂和锚杆的存在可增强层面间的抗剪能力，减轻岩层间的错动，从而提高顶板的稳定性。

全长锚固锚杆能有效提高锚杆支护系统的刚度，限制围岩变形。锚杆全长锚固时，沿锚杆杆体全长或较长范围内与围岩紧密黏结，在锚固范围内围岩任一点发生离层和变形，锚杆都能够提供较大的锚固力，锚杆伸长1mm，可产生10~20kN的锚固力，显著提高了锚杆支护系统的刚度，因此可以减小围岩变形的发生。应该说全长锚固锚杆的力学性能是好的，对控制围岩变形、保持巷道支护稳定是有利的。但从实际应用结果来看，它只有被使用在困难、复杂的巷道条件下，它的优点才能显示出来。在顶板较为完整、稳定并且应力不大的巷道中，它的优点就不那么突出了。全长锚固的缺点是操作不便和成本较高。全长锚固给锚杆安装带来一定的困难，装药卷数量多、占用时间长，锚杆起始安装外露长度大，锚杆钻机扭矩偏小时搅拌困难。由于增加了锚固剂用量，锚固费用高。

从技术上讲，在顶板较完整、稳定并且应力不大的Ⅰ、Ⅱ类回采巷道和部分Ⅲ类巷道使用端头锚固，其他围岩类别的巷道应用加长锚固能够避免其缺点，凸显其优点。徐州矿区在煤巷、半煤岩巷中推广应用锚杆支护，进尺24万m的实践也证实了这一点。在Ⅰ类、Ⅱ类和部分Ⅲ类回采巷道中使用端头锚固，以及在部分Ⅲ类和Ⅳ类、Ⅴ类不稳定围岩巷道中采用加长锚固，既能有效对围岩进行加固，减少围岩变形，保持巷道稳定，又能满足现场施工工艺简单、方便和经济合理的要求，具有很强的可操作性和实用性。现场实践还证明，运用加长锚固可以集合全锚和端锚的优点，扬弃全锚和端锚的缺点，实现经济技术的优良结合。锚固长度由锚固方式确定，一般认为：锚固长度为锚杆长度的90%及以上为全长锚固；锚固长度为锚杆长度的50%以上，且小于锚杆长度的90%为加长锚固；锚固长度不小于400mm，且小于锚杆长度的50%为端头锚固。在松软的煤岩体中锚杆支护多选用全长锚固或加长锚固。大量实践证明，在松软的煤岩体中采用全长锚固或加长锚固，只要三径匹配合理，其锚固强度都能与锚杆杆体强度相匹配。锚杆支护在围岩坚固性系数>6的条件下采用锚杆支护，多使用端头锚固，在锚固长度不小于400mm，三径匹配合理的情况下，锚固强度与杆体强度同样能匹配良好。

（三）锚杆托盘的合理配置

托盘作为锚杆系统中的一个部件，是不允许有丝毫削弱的，必须与锚杆杆体强度相匹配。它的作用非常清楚，把螺母锁紧力矩产生的推力传递给巷道顶帮，产生初锚力；同时，又将巷道顶帮的压力通过托盘传递给锚杆，产生工作阻力，共同加固围岩，阻止巷道顶帮位移。从大量的实践得出，忽视托盘的合理配置，实际就是忽视了锚杆力系的合理性，锚杆强度就不能充分发挥，巷道维护也往往因此而受挫。因此，必须克服锚杆托盘配置的简单化和随意性。

要合理配置锚杆托盘，必须了解托盘的类型、技术参数及与之相匹配的锚杆。铸铁托板的承载能力为30~64kN，与任何锚杆杆体配置都偏小，且在围岩变形时容易脆断，应列入淘汰范围；厚度小于8mm的托盘承载力也较小，与锚杆杆体的匹配性差，一般也不允许使用；蝶形托板比同等厚度、同样材质的平板形托盘强度提高18%，在托盘选型中，应优先选用；10mm厚度的碟形托板承载力为115kN，能够与直径18mm的Ⅱ级建筑螺纹钢锚杆杆体匹配。对于直径18mm、20mm的等强锚杆和直径20mm的Ⅱ级建筑螺纹钢锚杆杆体，均需使用厚度10mm的20MnSi碟形托盘。在巷道压力较大的条件下，为了增大锚杆的变形能力，在正常的金属托板配置情况下，还可以再增加使用木托板，木托板规格一般为400mm×200mm×50mm（长×宽×厚），以柳木材质为好。使用时木托盘靠近顶板，用金属托盘压住木托盘。

在大量实验室和现场试验的基础上，徐州矿区对锚杆、托盘、螺母力学性能、材质、结构和形状进行了全面分析，根据分析结果，进行了优化（锚杆力系的等强化）配置，对于其力学性能、材质和形状相对较差，不利于锚杆力系合理匹配和充分发挥其效能的锚杆杆体和构件，都列入淘汰产品，强制更新换代。工程实践证明，使用优化配置的锚杆杆体和构件，锚杆的力学性能得到明显改善，抗巷道变形的能力明显增强，巷道的维护效果良好。

（四）锚杆螺母的合理配置

螺母传递锚固力是通过杆尾螺纹给托盘施力，作用于围岩。围岩压力通过托盘作用于螺母，由螺母传递给杆体，使锚杆的锚固力利用逐步增大。螺母作为锚杆力系中的施力和传力部件，其承载能力必须与锚杆杆体相匹配。

锚杆螺母有两种形式，一种为普通螺母，即为工业通用螺母；另一种为快速安装扭矩螺母，即专门为锚杆安装而设计的螺母。螺母作为锚杆的一个构件，其功能有两个：一是传递扭矩，满足锚杆安装要求；二是传递锚固力，实现锚杆锚固围岩的作用。

普通型螺母在安装锚杆时存在明显的缺陷：用一个螺母传递扭矩，需将螺母旋扭到杆尾螺纹终端，被动产生螺母扭转力矩，带动杆体产生搅拌力。这样，会出现杆体外露长度大、利用率低、不能立即搅拌、搅拌质量差等问题；用两个螺母反闭传递扭矩，背紧和旋下螺母安装工序烦琐，占用时间长，易损坏螺纹，还时常出现螺母起始转动和安装扭矩达不到标准的问题。

新型快速安装防松螺母，由于设计时考虑了螺母的安装功能，外形尺寸加大，一端增加了定位封板和防松垫。安装时，把锚杆送到位，可以立即搅拌，搅拌完成后，将锚杆机保持升起的静速状态，待药卷初凝后，再开机顶开封板，上紧螺母，可以使锚杆的初锚力达15kN左右。采用这样的螺母，实现了锚杆安装快速便捷，能保证稳定的施工质量，可以达到省时省力的效果，消除了普通螺母的缺陷。快速安装防松螺母与锚杆杆体匹配具有明显的优越性：能够满足安装搅拌的要求，便于快速安装；能够与锚杆杆体强度相匹配，杆体强度利用率高。因此，在锚杆支护设计中，应优先选用新型快速安装防松螺母，逐步取消普通螺母。

（五）钢筋托梁、钢带梁的合理配置

钢筋托梁用于巷道支护能够发挥重要作用。它把个体锚杆联合起来，形成锚杆支护群，增加锚杆的联合效果及护表强度，可以改善巷道维护状况。根据目前的实际情况，应重视钢筋托梁的技术和质量要求，规范技术和质量标准，讲究加工工艺和与锚杆支护的合理配置。钢带梁用于巷道锚杆支护，可以使锚杆作用的集中点均布化，有利于控制巷道围岩。减少锚杆之间巷道表面由于顶板弯曲下沉造成的拉伸破坏，保持巷道顶板的完整性。使用钢带梁可以扩大锚杆的使用范围。钢带梁突出的优点是护顶面积大、惯性矩大、刚度大、抗弯性能好、截面利用率高，适合于松软、裂隙发育的岩体及压力大的巷道条件。

（六）"三径"合理匹配

"三径"是指锚杆直径、锚孔直径和树脂药卷直径，它们是否合理匹配，直接影响锚杆的锚固效果，以及锚杆支护的安全可靠性和经济合理性。

1.锚杆直径与锚孔直径的合理匹配

锚杆直径在锚杆支护设计时已选定，它在设计时考虑了支护上的可靠性和经济上的合理性因素。那么对应于设计的锚杆直径，匹配多大的锚孔直径能使其锚固时更有效，这要通过试验确定。试验选择直径18mm、20mm有纵筋和20mm无纵筋螺纹钢锚杆，分别安装在26mm、29mm和33mm钻孔中，钻孔钻在强度等级C30混凝土中，锚固长度均为100mm。试验结果：直径18mm带纵筋建筑螺纹钢锚杆锚固力随着钻孔直径由26mm增加到43mm而逐步减小，孔径26mm时锚固力最大为43kN，孔径29mm时，锚固力次之为35kN，孔径增大到33mm时，锚固力迅速下降到5kN，孔径再继续增大到43mm时，锚固力降到0。直径20mm锚杆锚固力在钻孔直径由26mm增加到29mm时达最大，左旋无纵筋螺纹钢锚杆为55kN，带纵筋建筑螺纹钢锚杆为41kN。锚固力随着钻孔直径的继续增大而迅速减小，孔径增大到43mm时，锚固力也同样降到零。

从锚固力最大的匹配观点出发，直径20mm的锚杆，宜采用直径29mm的钻孔；直径18mm的锚杆，宜采用直径26mm的钻孔。从技术角度出发，锚杆直径与钻孔直径匹配要使锚固力在一个合理的范围内，以满足工程的需要和安全可靠性。试验结果表明，钻孔直径与锚杆直径之差以6～10mm为宜，以7～8mm为最好。在实际施工中，钻孔直径选取考虑的是综合因素，既要考虑锚固力较大，又要考虑锚固成本较低、钻孔效率较高、便于施工

和组织管理等。综合考虑多种因素，统筹优化匹配结果：直径18mm、20mm、22mm的锚杆，选用钻孔直径29mm。若矿井压风系统风压偏低、搅拌机具扭矩偏小，锚固方式选用加长或全长锚固时，安装搅拌可能会出现困难，此时可在技术允许的条件下适当增大钻孔直径，使钻孔直径与锚杆直径之差选上限值。

2.树脂药卷直径的选择

树脂药卷本身具有一定的柔度，尤其是全长锚固时其柔度更大。为保证树脂药卷完全填满锚孔空间，孔内需要较多的树脂药卷，若树脂药卷直径较小，其长度则较大，装入就比较麻烦。除此之外，树脂药卷直径较小时，难以保证其树脂胶泥和固化剂在锚孔内完全混合并固化，且在锚孔中占据长度较长，给锚杆安装搅拌带来困难。因此，在树脂药卷直径选择时有两条原则：一是在一定的钻孔直径条件下，要保证树脂约卷能够顺利安装；二是在保证树脂药卷能够顺利安装的条件下，尽量加大其直径。经综合研究和实践得出不同钻孔直径选择的树脂药卷直径为：直径29mm的钻孔，选择直径23mm的树脂药卷；直径33mm的钻孔，选择直径28mm的树脂药卷。

（七）涨壳式机械锚固锚杆

该锚杆通过锚固机构与钻孔的摩擦力提供锚固力。有涨壳式、楔缝式，倒楔式等几种。其中涨壳式锚杆锚固比较可靠，可施加较大的预紧力，因而得到广泛的应用。涨壳式锚杆一般由螺母、涨壳、杆体、托板和螺母等组成。杆体由圆钢制成，其端部加工成螺纹，尾部为锻压的固定螺母。涨壳用铸钢圆筒制成，并开有槽缝，外表有逆向锯齿形水平棱，以增大与孔壁的摩擦力。使用时，将组装好的锚杆插入直径略大于涨壳直径的钻孔中。通过杆体尾部固定螺母旋转杆体，锥形螺母沿杆体下移进入涨壳，使涨壳张开并压紧孔壁，产生锚固力。由于涨壳与钻孔接触面积较大，涨壳式锚杆锚固力较大，受力后锚固滑动小，还可回收杆体与托板。此外，为克服机械式端部锚固的缺点，还可与树脂、水泥等黏结锚固相结合使用，实现预应力全长锚固，提高锚杆的锚固性能，扩大适应范围。

机械锚固式锚杆具有安装快、可施加预紧力、及时承载等优点，一些锚杆结构的杆体还可回收复用。但是，这类锚杆锚固段短、锚固力较小、强度与刚度低，在松软破碎围岩中锚固力没有可靠的保证，只能用于强度较高的岩层。

（八）摩擦锚固锚杆

摩擦锚固锚杆有管缝式、水力膨胀式及爆固式等几种。其中管缝式锚杆用量较大，其他锚杆很少使用。下面对管缝式锚杆加以介绍。管缝式锚杆的杆体由高强度、高弹性钢管或薄钢板卷制而成，沿全长纵向开缝。杆体端部做成锥形，以便于安装。尾部焊有一个φ6~8mm的钢筋弯成的挡环，用以压紧托板。

管缝锚杆杆体直径为30~45mm，壁厚一般为2~3mm，开缝宽度10~15mm，长度根据需要加工，一般为1.6~2.0m。管缝锚杆杆体直径比钻孔直径大1~3mm。当杆体被压入钻孔后，开缝钢管被压缩，钢管外壁与钻孔孔壁挤紧，产生沿管全长的径向压应力和轴向摩擦力，在围岩中产生压应力场，阻止围岩变形。

管缝锚杆的锚固力与多种因素有关，包括开缝管与钻孔的直径差、钻孔直径、钢管的材质与厚度、开缝管长度以及围岩条件等。在一定范围内，钢管与钻孔径差越大，钻孔直径越小，钢管弹性模量越高，钢管厚度越大，开缝管越长，钢管与围岩之间的摩擦系数越大，锚杆的锚固力就越大。

管缝锚杆的主要优点是全长锚固，安装后立即给钻孔孔壁提供压应力，锚固力随围岩变形的加大而逐渐增加。管缝锚杆的缺点是：其一，锚固力对孔径差的变化很敏感，孔径差过大，锚杆无法安装在钻孔中，孔径过小，无法保证足够的锚固力；其二，锚杆的安装为人为或机械打入，因此锚杆不能太长，否则无法安装，在巷道空间窄小的条件下尤为不便；其三，当巷道服务时间长和有淋水时，锚杆会受到腐蚀而大大影响锚固力，甚至造成锚杆失效。

管缝锚杆一般适用于巷道掘进中的超前支护，也可使用在巷道掘进中变形量较大，位移量较大的围岩中。由于锚杆杆体为空心结构，打入围岩后，容易产生透水管路，而且锚杆遇水易腐蚀。因此，不适用于含水量大的岩层和含膨胀性矿物的软岩层中。

第三节　极限平衡区锚杆支护设计方法

一、设计理论依据

（一）巷道理论半径的确定

巷道的断面形状与尺寸，直接影响着人为扰动所诱发的应力重新分布结果，从而影响巷道矿压显现的剧烈程度。根据目前岩石力学和矿山压力的发展水平，非圆形巷道周围应力重新分布的理论解析解还没有达到令人满意的结果，而由于计算机数值模拟进行了大量的简化和假设，计算出的结论用作定性讨论和计算参考或用来进行反演分析尚可，直接用于定量计算还是不足取的。所以采用非圆形巷道的圆形标准化法来确定巷道断面尺寸和形状的影响问题。

（二）煤岩物理力学参数的确定

巷道极限平衡区和巷道周边位移的计算，涉及的是岩体力学参数，计算时应当以煤岩体力学参数作为确切的计算依据。但煤岩体力学参数的测量非常困难，影响因素多，目前应用不现实。可行的方法是参照实验室煤岩块力学参数的测量结果，充分考虑实验室岩块同实际煤岩体的差异，进行参数修正。根据岩体力学参数的测量结果：煤岩体的内摩擦角同煤岩块的内摩擦角相近，两者的主要差异表现在黏结力和弹性模量方面。因此，在分类指标计算时，内摩擦角按实验室测量结果取值，而用煤岩体力学参数修正系数对黏结力和弹性模量进行修正。

（三）煤岩体力学参数修正系数的确定

煤岩体力学参数修正系数可以通过现场实测结果的反演分析来求取。不受采动影响的巷道，巷道周边位移的计算公式中不存在采动影响系数需要根据理论值与实测值反演确定的只有煤岩体力学参数修正系数（开巷即布点实测，至变形稳定）。

在不考虑采动影响的情况下，直接把实验室所做煤岩块的物理力学参数代入巷道周边位移的计算公式中，求出巷道周边位移的理论值。假如不存在煤岩体同煤岩块强度之间的差异问题，该理论值就应当是巷道开掘影响趋于稳定后的实际变形值。但实际情况往往是实测值远大于理论值。其原因就是工程岩体同实验室岩块物理力学参数之间存在差异。主要是煤岩体的非连续性（节理、裂隙的存在），导致煤岩体宏观强度降低。

（四）采动影响系数的确定

通过现场实测和实验室物理模拟等手段，来进一步分析求算采动影响系数。考虑煤岩体力学参数修正、参数影响的实际巷道，掘巷影响趋于稳定时，巷道变形将是非常缓慢而可控的。但当巷道受到工作面的采动影响时，巷道周边位移又将继续快速增加，而且这种变形量的增加随着其同工作面距离的接近而越发加剧。显然，这种巷道周边位移的增加所反映的就是采动影响系数。受采动影响的巷道变形总量实际上由两个主要部分组成，一部分是巷道开挖引起的巷道变形，另一部分则是由采动影响引起的附加变形，显然这种附加变形产生的结果是受采动影响巷道的实际变形要比考虑煤岩体力学参数修正系数情况下的巷道变形的理论值高出很多。

由于巷道所处的煤层赋存条件和开采技术条件不同，巷道的护巷方式、护巷煤柱的尺寸不同，以及巷道所处的层位不同等，使得不同巷道的回归系数各不相同。这种不同实际上恰恰反映了地下煤矿生产的客观规律。因此，如何针对各类巷道的具体情况，分别研究采动影响系数将是今后很长一段时间内需要继续深入研究的课题。

如前所述，除煤层赋存条件和开采技术条件等客观因素外，采动影响系数的大小，不仅和测点同工作面之间的距离 X_1 有关，而且还同护巷煤柱的尺寸及护巷方式有关（这里归一化为测点离侧向采空区边缘的距离 X_2）。显然，由于受到护巷方式的影响，X_2 对采动影响系数的影响要比 X_1 对采动影响系数的影响更趋复杂，而且也更不宜于通过现场实测的方法来统计分析。因此用实验手段分析，结果如下：侧向采空区影响和开掘巷道本身影响相互叠加（巷道不是开在实体煤中，或护巷煤柱的尺寸不是很大时），受本工作面采动影响前的巷道周围的应力状态受控于侧向采空区，即侧向护巷煤柱的大小等决定了巷道及护巷煤柱上应力分布的总的趋势。

护巷煤柱很大时（大于40～50m时），理论上侧向采空区对巷道仍有较大影响，但此时的影响主要表现在护巷煤柱的应力而不是变形，对巷道本身的影响已相对较低，在此种情况下进行锚杆支护设计时，可按实体煤中开掘巷道的情况等同考虑。侧向采空区中顶板岩层悬顶长度的大小，对护巷煤柱的应力分布状态及其对巷道维护的影响有决定性的意义。悬顶长度越长，煤柱的集中应力峰值越高，对巷道的维护越不利。因此，上区段相邻采煤工作面回采时，使采空区充分垮落（放顶煤开采时，涉及如何尽量放掉两巷附近顶煤的问题），关系到相邻巷道的维护问题。

无煤柱或小煤柱护巷时（煤柱尺寸小于3～8 m），由于小煤柱在侧向采空区和开掘巷道引起的应力重新分布和应力集中的作用下已处于极限平衡状态（光弹实验条件下，由于无法模拟煤岩层的塑性状态，使得小煤柱时的应力峰值很高，最高时的应力集中系数达到12～15，显然，实际上煤柱在如此高应力的作用下已被压坏，进入塑性或破坏状态）。从应力的角度上讲，巷道处于所谓的免压区内，应当更利于巷道维护（浅采深，框架式支架护巷时确实如此，也正因如此，才引出了无煤柱护巷的概念）。但在采深较深情况下，以锚杆（索）为支护方式的巷道，巷道周围煤岩体松酥，极限平衡区很大，巷道周边位移也很大时，巷周锚固体自身承载能力随煤岩体的松酥而显著衰减，不能按无煤柱护巷时的矿压显现小于有煤柱护巷时的矿压显现的传统概念考虑锚杆支护设计。此时的锚杆支护设计，也应考虑加强支护的问题。

二、极限平衡区锚杆支护设计方法

简单地讲，极限平衡法煤巷锚杆支护设计的理论基础有两个：一是弹塑性理论，二是悬吊理论。众所周知，弹塑性理论有它的局限性，它是建立在均质弹塑性体、圆形巷道基础上的力学模型。为此，引入煤岩体物理力学参数修正系数和采动影响系数加以修正，以克服其局限性。

井下巷道的开掘工作，破坏了地层原岩应力的平衡状态，导致巷道周边岩体内应力的重新分布和集中。如果巷道周边围岩的集中应力小于煤岩体强度，此时围岩的物性状态保持不变，煤岩体仍处于弹性状态；如果围岩局部区域的应力超过煤岩体强度，则这部分围岩的物性状态就要改变，巷道周围就会产生一定范围的极限平衡区，同时引起应力向围岩深部转移。

显然，处于弹性状态的巷道围岩，由于其自身处于弹性状态，具有承载能力，因此，不需要对其进行人为加固。巷道支护或加固所要考虑的仅仅是巷周已处于极限平衡状态的下位煤岩体（如果考虑煤岩体的塑性强度和残余强度，这部分围岩其实也有一定的承载能力，但为安全起见，设计时以这部分围岩全部需要加固或支护来考虑）。因此，在划分巷道围岩类别时，以极限平衡区深入巷道围岩的深度为主要指标，从而把巷道的围岩类别与支护设计必然地联系在一起。煤巷锚杆支护设计流程：从煤岩物理力学参数测量、影响煤巷围岩分类指标各因素的数值选取到分类指标的计算和煤巷围岩类别的确定，再到煤巷锚杆支护参数的量化设计。对于这类小极限平衡区围岩的巷道，由于需要支护加固的围岩范围有限，人为支护结构承担的载荷也有限，当采用锚杆支护方式维护巷道时，可以采用端锚（当然也可以采用半锚或全锚）方式锚固锚杆。

第四节　煤层巷道围岩预应力锚杆支护设计方法

一、煤巷层状顶板的预应力结构理论

（一）概念

众所周知，巷道开挖后在围岩很小变形时（约在破坏载荷的25%以下），脆性特征明显的岩体就会出现开裂、离层、滑动、裂纹扩展和松动等现象，使围岩强度大大弱化。煤层巷道开挖后一般会立即安装锚杆，但普通锚杆未施加预拉力，属于被动支护，旨在建立"钢"性顶板，即每一排使用尽量多的锚杆，行间距和排间距都很密，有使顶板"钢铁化"的势态。该类锚杆支护能保证在锚杆长度范围内离层变形后产生很大的支护抗力，但因顶板已发生离层，这种抗力已无助于恢复或提高顶板总体的抗剪强度。尽管锚杆长度范围内的顶板"钢"性化，但避免不了在锚杆长度以外的顶板中发生离层，出现垮冒，实际上这种现象经常发生。高强锚杆间排距普遍在0.6～0.8m，实践中时有锚固区整体离层，甚至垮冒，而锚杆实际受力却很小的现象，冒顶的比例占总进尺的万分之五左右，安全可靠性尚不能满足煤矿生产的实际需要。

由此提出煤巷支护预应力结构的概念：在施工安装过程中，及时给锚杆或其他支护构件以很高的张拉力，并传递到层状顶板，使顶板岩层在水平应力作用下处于横向压缩状态，形成"柔性化"的压力自撑结构，从而阻止高水平应力对顶板围岩体的破坏，消除弱面离层现象，减缓两帮围岩的应力集中程度，阻止岩体破坏进程，从根本上维持围岩稳定。这种层状顶板的压力自撑结构就叫顶板预应力结构。

（二）层状顶板预应力结构理论

1.预拉力（或称预紧力）的大小

预拉力（或称预紧力）的大小对锚杆支护顶板稳定性具有决定性的作用。在高水平应力条件下顶板表面的剪切破坏是不可避免的，当预拉力增大到一定程度时，可以使顶板岩层处于横向压缩的状态，形成预应力承载结构，通过建立顶板预应力结构可提高顶板整体的抗剪强度，使其破坏不向顶板纵深方向发展。

锚杆参数和预拉力的合理配置可以使锚杆长度之内和锚杆长度之外的上覆顶板岩层都不存在离层破坏。当预拉力达到一定值后顶板岩层在不同的层位会出现一定的正应变和负应变，其累计值还不足以造成明显的顶板下沉，即预应力结构（梁）可以做到不出现横向弯曲变形，只有纵向的、微小的膨胀和压缩变形。

2.水平应力

在一定条件下，水平应力的存在有利于巷道顶板的稳定。当最大水平应力与巷道轴向垂直时，巷道不一定难以维护，通过对锚杆施加较大的预拉力可以充分利用水平应力来维护顶板稳定性；当最大水平应力与巷道轴向平行时，巷道不一定容易维护，关键是巷道围岩本身的强度与水平地应力的比值及锚杆预拉力的大小。在水平应力大的条件下，高预拉力的短锚杆比无预拉力的长锚杆会起到更好的支护效果。

3.顶板的稳定性与巷道宽度和垂直压力的关系

在一定范围内，顶板的稳定性与巷道宽度和垂直压力关系不大。传统上认为巷道宽度越大，顶板稳定性越差，这一思想仅适合于被动支护（棚子和锚杆），因为在此条件下顶板中部的拉应力越大，顶板拉破坏的可能性也就越大。预应力结构（梁）顶板的形成杜绝了顶板发生拉破坏的可能。采深因素、长壁工作面超前支承压力等对顶板稳定性影响较小。当锚杆预拉力达到一定程度后，预应力顶板的垂直压力集中系数会降低，巷道两侧承载纵深范围增加，巷道两侧的应力集中现象减小，片帮的现象缓和，两帮的维护变得相对简单。与被动锚杆支护原则"先护帮，后控顶"相对照，主动锚杆支护的原则是"帮顶同治"，帮部稳定可以同比顶部分析，并无更多的特殊性，只是因为对顶板的安全可靠性要求更高而需要着重强调。

4.施工机具、施工工艺和锚杆结构及加工等方面

这方面的研究应以实现高预拉力为中心。在同等地质条件下，提高锚杆预拉力可以进一步增加锚杆间排距，减少锚杆用量，降低巷道支护成本，为提高巷道掘进速度创造条件。

二、煤巷预应力支护设计方法

（一）设计方法

锚杆支护设计是关系到巷道锚杆支护技术可靠经济合理的重要保证，目前的巷道锚杆支护设计方法基本上可归结为三类：

第一类是工程类比法，包括应用简单的公式进行计算，常用的有以回采巷道围岩稳定性分类为基础的设计方法及以围岩松动圈分类的设计法。

第二类是理论计算法，有悬吊理论、冒落拱理论、组合拱（梁）理论等。

第三类是借助数值模拟进行锚杆支护设计，随着计算机的广泛应用，应用数值模拟计算地下岩石工程结构的应力、应变，分析结构稳定性的方法已得到广泛认可。

（二）快速、通用、巨型矿山巷道系统三维有限元模型系统的建立

长期以来，人们借助于有限元数值计算技术模拟采矿中的一些力学问题，但大部分研究工作仅局限于小范围和二维模型，很少对水平应力的方向性予以考虑。此外，传统上进行有限元分析都是针对各个不同的问题建立不同的模型，问题稍有变化（比如问题的几何尺寸有所不同），就需要建立不同的模型。从建立模型，模型试运行，模型检查到结果分析，这些步骤要花费大量的人力和时间，对三维模型更是如此。

随着人们对水平应力认识的深入，巷道围岩稳定性的传统思维方式亦受到挑战，因此小范围的以及二维有限元模型分析结果的合理性受到质疑。新的思维方式要求大范围研究巷道围岩稳定性，有限元模型分析也需要适应这一要求。

结合国内典型的巷道布置方式，可以建立一系列二维、三维通用化有限元矿山巷道模型。所谓通用化，是指用户可在输入提示窗口中给模型有关变量（比如采深、岩石力学性质、巷道尺寸、水平应力大小与方向等）赋予用户所采用的数值，就能产生用户所期望的模型。通用化的实现使人们对有限元建模过程达到一劳永逸的目的。

（三）设计步骤

锚杆类型多种多样，每种类型都有自己的适用条件（应力状况、顶板岩性、技术条件、成本因素等）。除了一般锚杆类型外，还有用于二次支护的主动和被动型的锚索（以钢绞线为材质）、主动和被动型的顶板桁架系统（分别以钢材和钢绞线为材质的载荷连续传递的系统、两根普通斜锚杆和水平拉杆结合的并且载荷互相独立的系统）。由于锚杆预拉力是稳定顶板最重要的因素，而且改变锚杆预拉力又是提高顶板稳定性最经济的手段，因此，预拉力的确定是锚杆设计的中心内容。设计步骤如下：

（1）利用三维有限元大模型，先确定巷道的应力状况。大模型的主要输入参数包括：最大水平应力、最小水平应力、夹角、图示的几何尺寸（工作面、采空区，煤柱巷道等）、岩石力学性质、采深。

（2）在上述大模型的基础上切割出所关心的局部区域，称之为子模型。子模型的边界条件由大模型输出而自动附加在子模型的边界上。在子模型中考虑锚杆单元及岩石层理单元。只要子模型的外边界选得合适，这种做法就是合乎逻辑的，因为受锚杆影响的应力范围非常有限，从而避免在大模型上进行非线性分析。子模型输入参数包括：锚杆预拉力、锚杆直径、锚杆长度、岩石层理面的力学性质、锚杆间排距。

（四）评判标准

层状岩体在水平地应力的作用下，顶底板岩层易于发生剪切破坏，出现离层现象，当巷道顶板围岩产生离层以后，顶板的承载能力会大幅度下降，不仅影响到支护效果，更直接影响到安全状况，因而应将巷道顶板是否离层作为巷道稳定性判别的标准。离层与否是顶板预应力结构形成的基本要素，因而可以将两者统一起来，把锚杆预拉力纳入锚杆支护参数设计中，以顶板离层作为分析的原则和依据，提供一个避免或大大减少巷道冒顶事故的设计方法。应该指出，由于不同岩性不同支护条件所允许的变形量差别很大，以巷道围岩变形量的大小作为准确判断巷道的稳定标准是不合适的，无法保证安全。顶板预应力结构能否形成是判断支护形式合理性的标准，预应力结构的厚度和承载力是控制巷道变形的关键，它取决于支护构件的布置和预拉力的大小，即支护参数的设计。

第五节　围岩松动圈锚喷支护设计方法

一、围岩松动圈中的锚杆受力特征

锚杆是在松动圈的较小状态下以较小应力安装的，因此，锚杆的作用与松动圈的发展有关，可以从松动圈的发展来分析锚杆的作用。

为操作简便，以单根锚杆来分析锚杆的受力情况。锚杆是安装入岩石的杆状物，它与传统支护的不同点在于锚杆是深入围岩内部对岩石进行加固以达到支护目的。围岩松动圈的产生和发展是一个时间过程，锚杆具有一定的刚度，所以锚杆一般安装在松动圈发展过程中。锚杆作为支护结构是以锚杆群的形式出现的，我们所说的锚杆支护指的是锚杆群的支护。根据单根锚杆的受力分析可知，锚杆群是单根锚杆的组合，它们和单根锚杆一样，应力与松动圈的发展和尺寸有关。这样根据围岩松动圈的发展和最终尺寸，就可以确定锚杆群的支护作用机理。

二、围岩松动圈与锚杆支护机理

如前所述，松动圈围岩分类方法以松动圈的尺寸作为唯一的分类指标，即根据松动圈的厚度值划分围岩的稳定性类别。锚喷支护在围岩中的作用机理与松动圈的大小有关，也即不同的围岩类别，锚喷支护的作用机理是不同的。

小松动圈=0～40cm，由于碎胀比较小，锚杆受力很小，可以忽略不计。因此，在小松动圈值的情况下，在采矿工程中，可以不用锚杆。只喷混凝土层，防止危岩的掉落和风化。中松动圈=40～150cm，这一松动圈范围，碎胀较为明显，需要给予约束，不使其产生明显的周边位移量。采矿工程中需要采用锚杆支护为主体，锚杆起悬吊作用。对于永久工程，加喷混凝土防止围岩风化。设计的悬吊点是在松动圈边界外没有破裂的岩石中，这点与传统的悬吊原理需要把悬吊点选择在稳定性较好岩层上是不同的。

大松动圈≥150cm，碎胀相当明显，在松动圈分类表中，松动圈厚度大于150cm的围岩为软岩。软岩中地压显现特征为地压大，2～3层料石碹常被压坏；围岩变形量大，变形时间长，支护不成功时底鼓严重。实践证明，成功合理的支护形式应具备两方面的特性：一是支护抗力大，二是支护要有一定的可缩性。研究表明，采用锚杆形成组合拱支护软岩可以达到良好的效果。组合拱是利用锚杆的锚固力对破裂围岩进行加固，使松动圈内破裂围岩的强度恢复进入支护状态。

组合拱的这两个重要性质，正是软岩支护要取得成功应该满足的基本要求。同时也说明，组合拱与传统料石碹支护的区别在于料石拱由人工砌成，其强度高，但是不具可缩性，即属于刚性支护，在软岩中一定失败；而组合拱是就地取材在一定条件下自然形成，属于柔性支护，可适应软岩特性，在软岩中只要参数合理即可取得成功。

三、松动圈锚喷支护设计方法

从松动圈分类表出发，根据锚杆作用机理，即可设计锚喷支护参数。锚喷参数设计以围岩分类为基础，以下根据工程要求以松动圈的三个大类来介绍锚喷支护参数的设计。

（一）小松动圈围岩

松动圈值$L=0\sim40$cm时，为Ⅰ类稳定围岩。当松动圈值$L=0$时，围岩只有弹塑性变形。若围岩整体性好，没有危石掉落和风化的危险时，巷道也可以裸体不必支护。喷层厚度按抵抗危石坠落和防止围岩风化计算，危石的稳定条件是喷射混凝土的抗冲切和黏结力必须大于危石的重力。

（二）中松动圈围岩

松动圈值$L=40\sim100$cm，为Ⅱ类较稳定围岩；$L=100\sim150$cm时，为Ⅲ类一般稳定围岩。支护的主体构件是锚杆，锚头必须锚固在松动圈以外稳定的岩体上，将松动圈以内的岩体悬吊起来，以达到安全支护的目的。

在中松动圈围岩锚喷支护中，锚杆是支护的主体，松动圈岩体的碎胀力（简化为重力）由锚杆承受。喷层只起局部支护作用，即锚杆间的表面支护、控制锚杆间非锚固区围岩的变形、阻止非锚固区危石的坠落以及防止围岩风化，故喷层厚度一般选取$70\sim100$mm。

（三）大松动圈围岩

松动圈值$L=150\sim200$cm，为Ⅳ类一般软岩；$L=200\sim300$cm为Ⅴ类软围岩；$L>300$cm为Ⅵ类极软围岩。对于软岩，要用组合拱理论设计锚喷网支护。锚杆是锚喷网支护结构的主体构件，锚杆伸入围岩内部，与围岩相互作用形成的组合拱支护结构体，具有接近原岩强度和较好的可缩性能，能对巷道实行全方位的支护。喷层能够及时封闭围岩防止围岩风化潮解，并能充填围岩裂隙和补平岩壁凹凸表面，改善围岩的受力状态，同时对锚杆间围岩起支护作用。喷层加钢筋网是为了改善喷层性能，提高喷层的抗大变形、抗弯、抗挤压、抗剪能力，增强喷层的整体性，保证锚杆间的表面支护强度。

在大松动圈软岩支护中，根据软岩类别的参数，组合拱厚度相当于2~3层料石砌拱，而且锚固体有较好的可缩性，能满足软岩支护的要求。这一拱的支护能力一般为U型钢的2~3倍。

喷层厚度与钢筋网的确定，喷层主要用以维护锚杆支护的围岩稳定。在软岩巷道中有明显的收敛变形是正常的，故喷层在围岩松动圈形成过程中不能适应这一过程，而且加厚喷层也无明显增加，因此，喷层厚度只为满足支护工艺和封闭围岩的要求，多采用喷厚100~120mm。加钢筋网是为了提高喷层的力学性能，并可在初次喷层发生破裂时仍能有效地对围岩表面进行维护。钢筋网受力比较复杂，在整体结构上它受到巷道收敛变形的影响，但是在局部它可能受胀、剪应力。在实际工程中，采用6~8mm钢筋焊织的金属网无拉断现象。因此，设计中一般可采用直径6~8mm，网孔边长140~150mm的金属网。

组合拱的合理形状，组合拱作为一个特殊的承载结构，其形状和厚度决定锚喷网的支护能力和对软岩的适应性。组合拱的形状与巷道断面形状是一致的，合理的组合拱形状，也就是合理的断面形状。

对于Ⅳ和Ⅴ类软岩，锚喷网支护宜选择半圆拱形断面。模型试验数据表明，在Ⅴ类软岩中，用半圆拱形断面还是可行的，这时底鼓虽可稳定下来，但其量比较大。

对于Ⅵ类软岩锚喷网支护只能用圆形断面。模型试验数据表明，半圆拱形断面在Ⅵ类围岩中由于底板失稳导致锚喷网支护失败。但是，圆形巷道在整个加载过程中，收敛变形是均匀的，锚喷网支护的锚固体或组合拱只变形而不失稳。因此，Ⅵ类软岩中的锚喷网支护巷道只能用圆形断面。

第十一章　软岩巷道支护设计与施工

第一节　软岩巷道支护概述

软弱岩层中的巷道施工，掘进较容易，维护却极其困难，采用常规的施工方法和支护形式、支护结构往往不能奏效。因此，软岩巷道施工一直是困扰我国煤炭生产的一个主要问题。

一、我国软岩煤矿巷道工程的现状及特点

（一）我国软岩巷道工程的现状

1.地域分布范围广

我国煤矿煤系地层中，具有软岩的矿井分布十分广泛。全国近半数的矿区存在软岩矿井，有的矿区大部分或全部矿井是软岩矿井。随着我国第三纪新生代煤田的开采及老矿井采深的增加，软岩煤矿的数量和分布范围将会继续增加和扩大。

2.跨越地质年代长

我国煤矿软岩，自古生代石炭二叠纪、中生代的三叠纪、侏罗纪、白垩纪到新生代的第三纪均有赋存。由于生成地质年代不同，受区域构造影响不同，变质程度与成岩胶结作用不同，软岩各具特色，并具有明显的时代痕迹。

古生代软岩多分布在华北、华东地区。其特征是以海相沉积为主，岩石的组成多以石灰岩、泥岩、页岩为主。岩石以块状、层状为主。一般岩石胶结程度较好。受区域地质构造影响和多次构造的叠加，浅部及中深部软岩特征不甚明显，深部多数为高应力破碎软岩。

中生代软岩在大兴安岭以西、阴山以北均匀分布。其特征为岩石以陆相沉积为主，比古生代岩层成岩时间短，受构造破坏影响相对较小，成岩胶结程度较差。岩层多为层状、块状、破碎状结构。新生代第三纪软岩分布广泛。吉林、辽宁、内蒙古、山东、广东、广西、云南、新疆等地区均有软岩存在。岩石成岩时间短、胶结程度差、强度低。岩石亲水性强，有的膨胀性显著，物理化学活性强，风化耐久性差，遇水易解体成软泥。

3.成因和结构复杂

按成岩情况分，我国软岩有沉积形成的厚层状、薄层状、间层状、夹层状，有火成岩低温蚀变及火山灰转化和断层泥状等。按岩石的结构状态分，有软弱型、松散型、破碎型及膨胀型。

（二）我国软岩巷道工程的特点

1.围岩软，强度低

煤与岩石共生，而且由于沉积韵律的控制，煤层顶、底板往往是泥质岩层，其强度一般较低。

2.膨胀性

软岩组分中一般含有大量的膨胀性矿物，岩石强度低，易风干脱水而产生塑性流变，尤其遇水易变形、崩解和膨胀，如泥岩就是此类岩石。

3.深度大，应力水平高

浅部开采的矿井地应力水平较低。随着煤矿开采深度的增加，在高应力的作用下，软岩的大变形、大地压和难支护现象明显。

4.无可选择性

由于煤系地层的赋存条件、沉积环境以及构造应力等的影响，软岩问题不可避免。如煤层顶、底板一般是含有大量膨胀性矿物的泥页岩，因为软岩膨胀而产生的变形破坏在所难免，要维持巷道围岩的稳定就必须采取相应的支护对策。

5.动载荷作用

由于受到施工扰动、放炮震动、煤层开采等动载荷的作用以及相邻巷道施工和支护效果的影响，巷道或硐室围岩的受力状况进一步恶化，加大了支护的难度。

6.时限性

不同用途的巷道和硐室，其服务年限各不相同。如开拓巷道服务年限可达几十年；准备巷道服务年限一般为十几年；回采巷道服务年限一般为一年左右。因此，软岩巷道有其明显的时限性。

二、软岩巷道工程支护的研究现状

（一）国外研究现状

随着开采深度的增加，人们发现古典压力理论在许多方面都有不符合实际之处，于是，坍落拱理论应运而生，其代表有太沙基和普氏理论。坍落拱理论认为：坍落拱的高度与地下工程跨度和围岩性质有关。坍落拱理论的最大贡献是提出了巷道围岩具有自承能力。奥地利土木工程学会地下空间分会把新奥法定义为：在岩体或土体中设置的以使地下空间的周围岩体形成一个中空筒状支撑结构为目的的设计施工方法。新奥法的核心是利用围岩的自承作用来支撑隧道，促使围岩本身变为支护结构的重要组成部分，使围岩与构筑的支护结构共同形成坚固的支撑环。

新奥法自奥地利起源之后，先后在欧洲诸国，特别是在意大利、挪威、瑞典、德国、法国、英国、芬兰等大量修建山地隧道的国家得以应用与发展。然后，世界各国，特别是亚洲的日本、中国、印度；北美的美国、加拿大；南美的巴西、智利；非洲的南非、莱索托以及大洋洲的澳大利亚、新西兰等国都成功地将其应用于一些不同地质情况下的隧道施工之中，并且从最初的隧道施工拓展到采矿、冶金、水力电力等其他岩土工程领域。虽然新奥法的应用已非常广泛，但不同的应用者对它的解释还存在着许多矛盾。实际工程中存在着一种倾向，就是盲目地把新奥法应用于不适宜的地质条件，从而使这些巷道工程出现这样或那样的问题。这种情况在中国也同样存在，尤其是煤矿，人们对软岩的物理含义和力学性质理解不够、对利用仪器进行巷道变形及荷载测量的重要性认识不足，不仅时常出现不合理地套用新奥法理论来解释煤矿采动影响巷道、极软弱膨胀松散围岩巷道的支护机理，而且也出现过因应用新奥法不当，而造成锚喷或锚喷网支护的巷道大面积垮落、坍塌等事故，导致人力、物力的巨大浪费与损失。

日本的山地宏和樱井春辅提出了围岩支护的应变控制理论。该理论认为：隧道围岩的应变随支护结构的增加而减少，而允许应变随支护结构的增加而增大。因此，通过增加支护结构，能较容易地将围岩应变控制在允许应变范围内。支护结构的设计则是在由工程测量结果确定了对应于应变的支护工程的感应系数后确定的。萨拉蒙等人又提出了能量支护理论，该理论认为：支护结构与围岩相互作用、共同变形，在变形过程中，围岩释放一部分能量，支护结构吸收一部分能量，但总的能量没有变化。因而，主张利用支护结构的特点，使支架自动调整围岩释放的能量和支护吸收的能量，支护结构具有自动释放多余能量的功能。

（二）国内研究现状

我国著名岩土工程专家陈宗基院士从大量工程实践中总结出岩性转化理论。该理论认为：同样矿物成分、同样结构形态，在不同工程环境工程条件下，会产生不同应力应变，以形成不同的本构关系。坚硬的花岗岩在高温高压的工程条件下，产生了流变、扩容，并指出，岩块的各种测试结果与掩体的工程设计应有明显的区别。强调岩体是非均质、非连续的介质，岩体在工程条件下形成的本构关系绝非简单的弹塑、弹黏塑变形理论特征。

于学馥等提出轴变论理论，该理论认为：巷道坍落可以自行稳定，可以用弹性理论进行分析。围岩破坏是由于应力超过岩体强度极限引起的，坍落是改变巷道轴比，导致应力重新分布。应力重新分布的特点是高应力下降、低应力上升，并向无拉力和均匀分布发展，直到稳定才停止。应力均匀分布的轴比是巷道最稳定的轴比，其形状为椭圆形。近年来，于学馥教授等运用系统论、热力学等理论提出开挖系统控制理论。该理论认为：开挖扰动破坏了岩体的平衡，这个不平衡系统具有自组织功能。冯豫、陆家梁、郑雨天和朱效嘉等提出的联合支护技术是在新奥法的基础上发展起来的。其观点为：对于巷道支护，一味强调支护刚度是不行的，要先柔后刚、先抗后让、柔让适度、稳定支护。由此发展起来的支护形式有锚喷网技术、锚喷网架技术、锚带网架技术、锚带喷架等联合支护技术。孙均、郑雨天和朱效嘉等提出的锚喷—弧板支护理论是对联合支护理论的发展。该理论认为：对软岩总是强调放压不行，放压到一定程度，要坚决顶住，即采用高标号、高强度钢筋混凝土弧板作为联合支护理论先柔后刚的刚性支护形式，坚决限制和顶住围岩向中空位移。董方庭提出的松动圈理论认为：凡是坚硬围岩的裸体巷道，其围岩松动圈都接近于零，此时，巷道围岩的弹塑性变形虽然存在，但并不需要支护。松动圈越大，收敛变形越大，支护难度就越大。因此，支护的目的在于防止围岩松动圈发展过程中的有害变形。主次承载区支护理论是由方祖烈提出的。该理论认为：巷道开挖后，在围岩中形成拉压域；压缩域在围岩深部，体现了围岩的自撑能力，是维护巷道稳定的主承载区。张拉域形成于巷道周围，通过支护加固，也形成一定的承载力，但与其主承载区相比，只起辅助作用，故称为次承载区。主、次承载区的协调作用决定巷道的最终稳定。支护对象为张拉域，支护结构与支护参数要根据主、次承载区相互作用过程中呈现的动态特征来确定。支护强调原则上要求一次到位。应力控制理论也称为围岩弱化法、卸压法等。该方法起源于苏联，其基本原理是通过一定的技术手段改变某些部分围岩的物理力学性质，改善围岩内的应力及能量分布，人为地降低支撑压力区围岩的承载能力，使支撑压力向围岩深部转移，以此来提高围岩的稳定性。

第二节　软岩巷道支护的基本理论

一、软岩的概念

（一）概述

国际岩石力学学会将软岩定义为单轴抗压强度在0.5～25MPa的一类岩石。岩体基本质量由岩石间应力程度和岩体完整程度两个因素来确定，并用定性划分与定量指标两种方法加以具体化。把岩体分为硬质岩及软质岩两大类。其鉴定以锤击声音、击碎难易、浸水后效、风化程度来划定。岩体完整程度划分为完整、较完整、较破碎、破碎和极破碎等五种，主要按岩体结构面发育组数多少和平均间距、结构面结合程度、结构面类型、结构类型进行区分。上述软岩定义的分类依据是岩石的强度指标，在工程实践过程中存在着局限性，如开采深度浅，地应力水平低，单轴抗压强度小于25MPa的岩石也不会出现软岩的特征。相反，在开采深度足够深，地应力水平足够高时，大于25MPa的岩石，也会出现软岩的大变形、大地压和难支护的现象。

（二）工程软岩的概念

工程软岩是指在工程力作用下能产生显著塑性变形和流变的工程岩体。所谓工程岩体，多指在工程开挖范围内的岩体，即通常所指的巷道围岩。

工程软岩的定义不仅重视软岩的强度特性，而且强调软岩所承受的工程力荷载的大小，即取决于工程力与岩体强度的相互关系，强调从软岩的强度和工程力荷载的对立统一关系中分析、把握软岩的相对性实质。当工程力一定时，不同岩体强度高于工程力水平的大多表现为硬岩的力学特性，强调低于工程力水平的则可能表现为软岩的力学特性；对同种岩石，在较低工程力的作用下，则表现为硬岩的小变形特性，在较高工程力的作用下则可能表现为软岩的大变形特性。

二、软岩的力学特性

软岩具有可塑性、膨胀性、崩解性、分散性、流变性和易扰动等特征。

（一）可塑性

可塑性是指软岩在工程力的作用下产生变形，去掉工程力之后这种变形不能恢复的性质。

低强度软岩、高应力软岩和节理化软岩的可塑性机理不同。低强度软岩的可塑性是由软岩中泥质成分的亲水性和岩粒内聚力不太强引起的；节理化软岩是由所含的结构面扩展、扩容引起的；高应力软岩是由泥质成分的亲水性和结构面扩容共同引起的。

（二）膨胀性

软岩在力的作用下或在水的作用下体积增大的现象，称为软岩的膨胀性。根据产生膨胀的机理，可分为内部膨胀性、外部膨胀性和应力扩容膨胀性三种。

内部膨胀是指水分子进入晶胞层间而发生的膨胀。外部膨胀是极化的水分子进入颗粒与颗粒之间而产生的膨胀。扩容膨胀是软岩受力后其中的微裂隙扩展、贯通而产生的体积膨胀。

实际工程中，软岩的膨胀是综合机制。但对低强度软岩来讲，以内部膨胀和外部膨胀机制为主；对节理化软岩来讲，则以扩容机制为主；对高应力软岩来讲，可能多种机制同时存在且起重要作用。

（三）崩解性

低强度软岩和高应力软岩、节理化软岩的崩解机理不同。低强度软岩的崩解性是软岩中的黏土矿物集合体在与水作用时膨胀应力不均匀分布造成崩裂现象；高应力软岩和节理化软岩的崩解性则主要表现为在巷道工程力的作用下，由于裂隙发育不均匀，造成局部张应力集中，从而引起的向空间崩裂片帮现象。

（四）流变性

流变性又称黏性，是指物体受力变形过程中与时间有关的变形性质。软岩的流变性包括弹性后效、流动、结构面的闭合和滑移变形。弹性后效是一种延迟发生的弹性变形和弹性恢复，外力卸除后最终不留下永久变形。流动是一种随时间延续而发生的塑性变形（永久变形）。闭合和滑移是岩体中结构面的压缩变形和结构面间的错动，也属弹性变形。

（五）易扰动性

易扰动性是指由于软岩软弱、裂隙发育、吸水膨胀、内聚力弱等特性，导致软岩抗外界环境扰动的能力极差。对卸载松动、施工振动、邻近巷道施工扰动极为敏感，而且具有暴露风化、吸湿膨胀软化的特点。

第三节　一般软岩巷道支护的设计与施工

软岩巷道所具有的大变形、大地压、难支护的特点，使得单一的支护形式无法满足软岩巷道支护的需要，因此，各种支护形式应运而生，具有代表性的主要有以下形式：

锚杆喷射混凝土支护（简称锚喷支护）；锚杆、金属网、喷射混凝土支护（简称锚网喷支护）；锚杆、金属网、钢架、喷射混凝土支护（简称锚网架喷支护）；锚杆、喷射混凝土和锚索联合支护（简称锚喷索支护）；锚杆、金属网和锚索联合支护（简称锚网索支护）；锚杆、梁、金属网联合支护（简称锚梁网支护）；锚杆、金属网、可缩性金属支架联合支护（简称锚网架支护）；锚杆、金属网、桁架支护（简称锚网析支护）；锚、梁、网、喷、注浆联合支护；可缩性金属支架；锚、网、喷、碹联合支护（碹指料石砌碹、现浇混凝土碹、预制混凝土弧板碹。多用于二次支护）。工程实践证明，上述支护形式在软岩巷道支护中都有成功的应用。特别是锚网、锚索支护形式，由于其具有施工方便、劳动强度低等优点，在煤矿中得到越来越多的应用。

一、锚网索耦合支护的基本特征

锚网索耦合支护就是针对软岩巷道围岩由于塑性大变形而产生的变形不协调部位，通过锚网—关键部位的耦合而使其变形协调，从而限制围岩产生的变形损伤，实现支护一体化、荷载均匀化，达到巷道稳定的目的。

在锚网索耦合支护中，锚杆通过与围岩相互作用，起着主导承载作用，同时能够防止围岩松动破坏，并具有一定的伸缩性，可随巷道围岩同时变形，而不失去支护能力；网主要是防止锚杆间的松软岩石垮落，提高支护的整体性；锚索由于其锚固深度大，可将下部不稳定的岩层锚固在上部稳定的岩层中，同时，可施加预应力，主动支护围岩，能够充分调动巷道深部围岩的强度。耦合支护的基本特征如下。

（一）强度耦合

由于软岩巷道围岩本身具有巨大的变形能，一味采取高强度的支护形式不可能阻止其围岩的变形，从而也就不能达到成功进行软岩巷道支护的目的。与硬岩不同的是，软岩进入塑性后，本身仍具有较强的承载能力，因此，对于软岩巷道来讲，应在不破坏围岩本身承载强度的基础上，充分释放其围岩变形能，实现强度耦合，再实施支护。

（二）刚度耦合

由于软岩巷道的破坏主要是变形不协调引起的，因此，支护体的刚度与围岩的刚度耦合，一方面支护体要具有允分的柔度，允许巷道围岩具有足够的变形空间，避免巷道围岩由于变形引起的能量积聚；另一方面，支护体又要具有足够的刚度，将巷道围岩控制在其允许变形范围之内，避免因过度变形而破坏围岩本身的承载强度。这样才能在围岩与支护体共同作用过程中，实现支护一体化，荷载均匀化。

（三）结构耦合

对于围岩结构面产生的不连续变形，通过支护体对该部位进行加强耦合支护，限制其不连续变形，防止因个别部位的破坏引起整个支护体的失稳，达到成功支护的目的。

二、锚网索耦合支护设计的内容

（一）地质力学评估

地质力学评估是整个世界的基础，应在广泛、全面的现场工程地质调查的基础上进行。地质力学评估的内容包括现场地质条件调查、巷道围岩力学性质测定、原岩应力实测、巷道围岩微观结构测试、再生应力测量及锚杆拉拔试验等。

（二）软岩类型判别

（1）指标判别法。根据软岩的定义或通过公式计算、现场巷道围岩的变形特征，判断巷道围岩进入软岩状态后，首先应确定软岩的类型。

（2）物化特性判别法。对于没有软岩微观结构及膨胀性矿物测试条件的矿井，可以根据软岩生成的地质年代不同所表现出的不同物化特性进行判别。

膨胀性软岩的成分与泥质有关，而泥质的主要成分是黏土矿物。黏土矿物是指具有片状或链状结晶格架的铝硅酸盐，它是由原生矿物长石及云母等铝硅酸盐矿物经化学风化而成。黏土矿物主要分为三大类，即高岭石、蒙脱石和伊利石。不同地质时期形成的软岩其经受的构造运动次数不同，成岩和压密作用不同，因而膨胀性黏土矿物及其含量也各不相同。按生成时代和黏土矿物特征将软岩分为三种类型。

①古生代软岩。主要包括上石炭二叠纪软岩。其主要的黏土矿物为高岭石、伊利石和伊—蒙混层矿物。古生代软岩结构致密，单轴抗压强度多在20～40MPa，吸水性低、膨胀性弱，软化不明显。

②中生代软岩。主要包括侏罗纪、白垩纪及部分二叠纪软岩。其主要黏土矿物为伊—蒙混层，其次为高岭石、伊利石，蒙脱石则较少。单轴抗压强度多在15~30MPa，吸水性较明显，有较强的膨胀性和软化性。

③新生代软岩。为第三纪软岩，主要黏土矿物为蒙脱石、伊—蒙混层和高岭石。单轴抗压强度多在10MPa，吸水能力强，膨胀性和软化性显著。

（三）耦合对策设计

（1）变形力学机制确定：通过野外工程地质研究和室内物化、力学实验分析以及理论分析，可以正确确定软岩巷道的变形力学机制类型。

（2）围岩结构耦合：巷道所处部位围岩结构类型决定了巷道支护的难易程度。因此，根据实际情况选择合理的断面形状及巷道位置，优化巷道围岩结构，才能充分发挥巷道围岩本身的强度，达到围岩在结构上的耦合。

（3）支护系统耦合：根据巷道围岩强度条件，确定合理的支护材料，使支护体与围岩在强度、刚度上实现耦合，充分发挥围岩自身强度。同时，正确确定巷道的关键部位进行加强支护，使支护体在结构上实现耦合，从而使支护体与围岩构成的支护系统形成统一体，才能充分提高整个支护系统的稳定性。

三、锚网索支护的施工

（一）锚网初次支护

巷道开掘后，首先实施初次支护，即根据巷道围岩条件，选择与其相耦合的材料（锚杆、网、钢筋梯等），对围岩施加锚网耦合支护。初次耦合支护应在充分释放巷道围岩的变形能的同时，通过锚网与围岩在刚度、强度上的耦合，从而最大限度发挥巷道围岩自承能力。初次耦合支护围岩变形能的释放通过使用复合托盘来实现。复合托盘即铁托盘内加木托盘。木托盘面积大于铁托盘，厚度一般为20~60mm。

（二）锚索二次支护

实施初次耦合支护后，通过巷道围岩的变形特征以及巷道顶底板、两帮移近量以及锚杆托盘应力的监测，确定支护的最佳时间以及关键部位，对巷道围岩关键部位施加预应力的锚索，实施二次耦合支护。

二次耦合支护通过调动深部围岩强度，使支护体与围岩在结构上达到耦合，从而使整个支护体与围岩达到最佳的耦合支护状态。

四、软岩巷道布置总体设计原则

（一）设计目标

软岩巷道布置总体设计的目标是：软岩巷道工程稳定性最好、软岩巷道工程完好率最高、软岩巷道工程造价最低、软岩巷道工程维修费用最低。

（二）设计思路

在进行软岩巷道布置总体设计时，应遵循以下设计思路：

（1）首先应通过广泛的现场工程地质条件、地应力及构造应力场的调查、分析，确定巷道工程的总体布置方式。

（2）在实验室研究的基础上，研究分析软岩的物理力学特性、微观结构特征，膨胀性矿物含量以及软岩的属性，结合邻近矿井软岩工程测试资料，确定软岩的类型及其变形破坏机制。

（3）充分利用物理模拟、计算机数值模拟手段，优化巷道断面形状、支护对策，施工顺序及工艺，确定经济合理、安全稳定、施工方便的巷道支护设计方案。

（4）通过现场试验巷道压力分布、围岩变形等矿压监测结果，及时对支护效果进行反馈、评价，并提出有效的反馈设计方案。

（三）设计原则

由于软岩巷道工程地质条件比较复杂，而且其支护相对比较困难，因此，首先应遵循软岩矿井总体巷道布局设计原则，从总体设计上主动回避软岩，战略上主动尽量少地通过软岩设计。软岩矿井总体巷道布局设计原则主要包括：地应力原则、深度原则、岩层优化原则、空间优化原则、强度优化原则。

1.地应力原则

对于工程地质条件复杂的矿井，构造应力场明显的矿井，弄清地质构造应力场分布状况后，进行矿井总体巷道布局设计应注意以下三点：

（1）应尽量减少垂直最大构造应力方向的井巷，避免将过多井巷垂直于较大应力方向，改为垂直最小构造应力方向，即将主要井巷布置成平行主地应力（拉伸向），以使巷道维护状态良好，避免井巷因地应力影响而失稳、破坏。

（2）主要硐室群应尽量避开地质构造附近，避开构造应力及地质构造残余应力对软岩巷道支护的作用。

（3）总体布局设计时，对于实在不能避开地应力影响的井巷，应考虑围岩与支护之间应力传递的缓解及均化，以保证支护的完整与稳定。

2.深度原则

软岩矿井开拓布置时，应根据煤层底板等高线、埋深（或赋存等深线）选择井口位置，同时决定主要开采水平深度。通过理论分析，现场工程地质调查或相邻采区巷道支护变形破坏状况调查分析，确定巷道围岩的软化临界深度后，应尽量将矿井开采水平提高，改上山开采为下山开采。同时，矿井主要开采水平及井底硐室群（井底车场、泵房变电所等）布置在软化临界深度以内。如果地质条件不允许，也应当尽量提高水平标高，减轻重力场应力对软岩支护的作用。

3.岩层优化原则

对于软岩矿井来讲，并不是所有岩层都是软岩。同时，对于某一深度来讲，虽然某些岩层已处于软化临界深度以下，但并不是所有岩层都进入软化临界深度以下，即使所有岩层均处于软化临界深度以下，由于岩体强度不同，其软岩特性的表现程度也不相同。因此，在进行主要水平大巷等永久巷道及硐室群布置时，应尽量布置在未进入软岩状态的岩层，或尽量在确定的开采垂深内，寻找一层厚度较大、赋存稳定、强度大于垂直集中应力水平或相对较高的岩层。

4.空间优化原则

空间优化原则包括巷道空间位置的优化和巷道形状的优化。弄清巷道围岩的力学特性后，在进行巷道空间布置时，相互之间应保持足够的距离，减小因工程施工产生工程应力的叠加效应，避免对已施工巷道的稳定性造成破坏。而对于受采动影响的沿空巷道，应合理确定煤柱宽度，将上区段工作面产生的采动影响降到最小。对于密集的巷道群，在空间布置上应力求减少相互的扰动影响，以使巷道处于最佳维护状态。确定巷道断面形状时，在满足通风、行人、排水、维修等工艺使用要求的同时，应根据具体围岩条件，选择合适的断面形状，使巷道处于围岩结构较好的条件下，同时，尽量减少巷道因断面形状不当而产生的应力集中。

5.强度优化原则

由于某些巷道布置的无可选择性，使得有些巷道不得不布置在软岩中，此时，要针对不同的软岩类型，对围岩进行强度优化。

对于富含蒙脱石及伊—蒙矿物的膨胀型软岩，可在围岩表面填放生石灰，除吸潮预防上述矿物吸水膨胀外，还可借助Ca^{2+}中及Na^+，K^+离子交换改性，降低膨胀作用，相应提高围岩强度。对于节理、裂隙极为发育的松散型节理化软岩，由于其渗透性较强，可以采用压力注浆，将松散岩体固结，提高内聚力，增大围岩强度。水泥浆液，水玻璃—水泥砂浆混合液，化学药浆都是十分有效的固结剂。对于节理、裂隙较为发育的破碎及低强度节理化软岩，可以通过打注浆锚杆，以提高软岩的内聚力，增大抗剪、抗拉强度。对于节理化软岩，应适时支护，防止围岩过度变形、流变而使围岩遭受损伤，使残余强度降低，造成破碎，塌落无法自持的局面。对于高应力软岩来讲，由于其岩体本身强度较高，只是围岩本身所处的较高的应力环境使得其进入软岩状态，因此，应在充分释放其变形能的基础上，充分利用围岩本身强度适时支护。

第四节　软岩巷道底鼓的机理及防治

巷道或硐室，特别是软岩巷道或硐室，由于掘进或回采的影响，引起其围岩的应力状态发生变化，使顶板和两帮岩体发生变形并向巷道内位移，底板岩体向巷道内位移为底鼓。强烈的底鼓不仅带来了大量的维修工作，增加了维护费用，而且还影响了矿井的安全生产。因此，软岩巷道底鼓的防治一直是困扰软岩矿井生产的重大课题之一。

一、软岩巷道底鼓的机理

（一）软岩巷道底鼓的特征

底鼓是软岩巷道矿压显现的重要特征之一。大量的井下观测表明，软岩巷道、硐室的底鼓通常具有流变性，底板岩体随时间持续地向巷道内鼓出。软岩巷道底鼓的特征主要表现在以下三个方面。

（1）由于软岩强度比较低（相对于地应力较小），特别是当巷道处于软弱岩层或巷道位于断裂带、风化带附近时，由于节理裂隙发育，易受水和风化作用的影响，导致底板岩层的稳定性极差，表现为底板岩层位移及破坏范围都比较大。

（2）软岩巷道底鼓对应力变化比较敏感。在一定的地质及生产条件下，软岩巷道底鼓可能表现得并不明显。但随着巷道埋深的增加或受到采动影响，底板岩层就会失稳并向巷道内鼓起。据研究表明，对于同一条软岩巷道，由于受采动影响程度不同，底鼓量可相差几十倍，甚至上百倍。

（3）软岩巷道底鼓具有明显的时间效应。具体表现为，底鼓的初始速度大，之后逐渐减缓并过渡到比较稳定的阶段。底鼓速度趋于稳定的时间比较长，而且在稳定状态下底板岩层仍以一定的速度向巷道内移动。当总的底鼓量超过一定数值后，底鼓速度还会再度增大，最终导致底板岩层破坏。

（二）软岩巷道底鼓的分类

根据软岩巷道底鼓变形量的大小，可以将软岩巷道底鼓分为四种类型：轻微底鼓、明显底鼓、严重底鼓和破坏性底鼓。

1.轻微底鼓

巷道底鼓量为100～200mm。底鼓是渐渐的、轻微的，底板有轻微裂纹，两帮未移动，顶板局部开裂，轨道有鼓偏不平，巷道断面收缩很少，断面损失不到1/10，不影响使用，只需稍加维护即可。

2.明显底鼓

底鼓量为200～300mm。底鼓发生时，巷道底鼓速度明显加快，1～3天可鼓起10～15mm，底板变化比较明显，肉眼可辨别。底板鼓起，轨道偏斜，水沟被挤，顶板下沉，两帮内移，喷层开裂，断面缩小1/10～1/8。影响安全，要及时维护和处理。

3.严重底鼓

底鼓量为300～500mm。底鼓发生时，巷道底鼓发展快，一昼夜可鼓起50～100mm，持续时间长，巷道喷层开裂，裂缝加大，两帮内移加大，轨面鼓偏，枕木鼓歪、鼓断，水沟挤坏，顶板下沉、开裂、掉渣，断面缩小1/8～1/5，影响生产使用，严重威胁运输安全，必须停产起底，扩修、翻修处理。

4.破坏性底鼓

底鼓量为500～800mm。底鼓发生时，巷道底鼓量大、发展快，一昼夜能鼓起200～300mm，对底板、两帮和顶板围岩破坏性大。底鼓上升量很大，两帮岩石开裂、内移、片帮，顶板下沉、破裂、掉块，持续时间长，最后巷道完全破坏，完全垮落，巷道处于半封闭状态，通风、行人困难，巷道断面损失超过1/5。必须彻底翻修才能使用。

（三）软岩巷道底鼓的机理

软岩的扩容、膨胀、弯曲及流变是引起巷道底鼓的主要原因。软岩巷道底鼓是复杂的物理力学过程，与软岩物理学、力学特性及围岩应力状态和工程环境有关。由于巷道所处的地质条件、底板围岩性质和应力状态的差异，底板岩体鼓入巷道的方式及其机理也不同，按其形成机理可分为膨胀型底鼓和应力型底鼓两种类型。

1.膨胀型底鼓

这种类型的底鼓主要取决于岩性。是指那些与水的物理化学反应有关的随时间而发生体积增大的岩石，主要是黏土岩。其矿物成分含有物理化学性质活泼的蒙脱石。膨胀型底鼓主要是由于受水理性质的影响，而引起巷道底板岩层膨胀和岩体应变软化造成的。

2.应力型底鼓

应力型底鼓主要是由巷道围岩压力引起的底板变形。

整体结构底板底鼓：直接底板虽为整体结构，但为软弱岩层（如泥质页岩、煤等），两帮和顶板的岩石强度大大高于底板强度，在两帮岩柱的压模效应和远场地应力的作用下，底板软弱岩层产生塑性变形、流变和扩容，向巷道内挤压流动，常常形成弧状形底鼓。层状结构底板底鼓：当巷道底板岩层为层状岩体时，即使是中硬岩体，如果与应力状态满足一定的关系，在平行于层理方向压力作用下，底板会发生向巷道内的挠曲性底鼓。

块状结构底板底鼓：块状结构底板岩层，在较高的岩层应力作用下，底板一般为剪切破坏，形成楔块岩体后在水平应力挤压下，产生错动而使底板向临空方向滑移，块状岩体产生沿节理、裂隙面的剪切滑移底鼓现象。碎裂结构底板底鼓：巷道底板位于松软破碎的岩体中，这时巷道周边的围岩松动圈很大，两帮的应力集中转移到岩体深部，从而不存在压模效应。底鼓主要是在远场地应力作用下挤压底板破碎岩体向巷道内整体溃散。不封底时底鼓通常比顶帮收敛速度大得多，封底时底鼓速度要小一些，但却增加了两帮的收敛速度。

（四）影响底鼓的主要因素

引起底鼓的因素很多，其中影响最大的是底板围岩性态和岩层应力，其次是水理作用、支护强度和巷道断面形状。

（1）围岩性质和结构状态对巷道底鼓起着决定性作用，主要表现在以下三个方面：

①底板岩层的结构状态（破碎结构、薄层结构、后层结构）决定着巷道底鼓的类型；

②底板岩层的软弱程度决定着底鼓量的大小；

③底板软弱岩层的厚度对底鼓量也有重要影响，随着直接底板弱岩层厚度的增加，底鼓量将急剧增长，但当软弱岩层厚度超过巷道宽度时，底鼓的增长会趋向缓和，并有收敛到一定值的趋势。

（2）岩层性态是巷道底鼓的充分条件，岩层应力则为必要条件。只有岩层应力满足一定条件时才会发生底鼓，岩层应力越大，底鼓越严重。因此，深部开采的巷道比浅部开采的巷道底鼓严重得多，残余煤柱下的巷道和受采动影响的巷道也往往出现严重底鼓。同时，垂直应力和水平应力都可能引起底鼓。

（3）煤矿生产的特点之一是巷道底板往往积水，水的存在使得底鼓更加严重，主要表现在以下三个方面：

①底板岩层浸水后其强度降低，更容易破坏；

②当底板为高岭石、伊利石等为主的黏土岩时，浸水后会泥化、崩解、破裂，直至强度完全丧失，形成弧状底鼓；

③当底板为含蒙脱石和伊—蒙混层等膨胀岩层时会产生膨胀性底鼓。

（4）巷道的底板通常处于敞开不支护状态，是由于以下原因造成的：

①生产上出于安全考虑，总是加固或支护巷道的顶板和两帮以防止冒顶和片帮，而认为底板即使破坏也无关紧要；

②挖底出渣工作量大，砌筑底拱费事；

③锚固底板施工比较困难；

④一旦支护控制不住底鼓，卧底时还需要清理损坏的支护，工作量更大等。

（5）巷道断面形状。为了有效利用断面，煤矿巷道断面通常采用梯形或直墙拱顶等形状，由于底板不能形成稳定的拱形结构使底鼓量加大。

二、软岩巷道底鼓的防治方法

底鼓是软岩巷道的重要特征之一。实际工程中，软岩巷道的底鼓多为几种类型的复合型。无论何种类型的底鼓，其压力类型都属于变形地压，压力大小都与围岩特性、支护有关。底鼓引起巷道变形，收缩破坏乃至冒落，给巷道维护带来困难，不利于安全生产，增加维护费用。因此，如何经济有效地治理底鼓，是巷道工程中迫切需要解决的问题。

（一）底鼓防治的原则

（1）针对性原则。防治中应根据不同巷道的底鼓机理采取不同的防治措施，不可千篇一律。

（2）以防为主，以治为辅。应优先采用防治水措施，作为杜绝底板膨胀的对策。尽可能采用全封闭或卸压法，以改善底板应力状态。

（3）统筹兼顾，综合治理。在治理底板时，同步考虑顶、帮的治理，针对治水和抗压综合考虑。

（二）防治水措施

巷道中的渗水、含水层涌水、施工用水造成的积水等都是井下水的主要来源，它是巷道底鼓的主要根源之一。因此，防治水是解决巷道底鼓的重要治本措施。治水方法不能单一，要疏、封、堵、吸、管和泄等相结合，进行综合治理。

1.疏干

包括钻孔预疏干和集小井疏干两种办法。疏干效果取决于底板岩石的渗透性。集水小井疏干法，是沿巷道轴向每5~10m挖一个疏干小井，深入底板0.8~1.0m，直径600mm左右。用预制带孔的钢筋混凝土管护壁，并埋过滤层，以防泥沙涌入。小井附近的底板水可沿降水漏斗流入井内。定期用泵将积水排入水沟，使底板表面及附近围岩处于干燥状态。

2.封水

对膨胀型软岩底板，在巷道开挖后，立即用喷浆或混凝土封闭，以避免底板遇水膨胀，还可防止岩层弱化。

3.堵水

底板水较大时，可采用注浆进行堵水。注浆包括巷道超前预注浆和底板注浆两种方法。此外，底板注浆堵水还可起到加固底板的作用。

4.吸水

在碹体反拱下铺100mm厚的生石灰垫层，可以吸收底板水分，并使自身固化，形成有一定强度的隔离层。石灰中钙离子与蒙脱石的钠离子发生交换，使部分钠蒙脱石转化为钙蒙脱石，减弱岩体的膨胀性。

5.管水

软岩巷道中一定要加强施工用水的管理，防止水管滴漏。工作面做小水窝以收集钻孔、喷浆用水；防尘洒水地点要做好集水坑。

6.泄水

必须保持巷道的水沟畅通无阻，适当加大水沟断面并保证有足够的流水坡度。也可用预制封闭式水沟，每隔10m安设一个活动检查盖板，以便于清理。

（三）卸压措施

巷道卸压传统做法是：在软岩巷道底板切缝或爆破，使底板处于应力降低区内，将集中高应力转移到围岩深部，从而保证底板的稳定。但是，软岩巷道底板岩性松软，切缝和爆破均会加剧底板的破坏，易于水的浸入，不易达到预期的效果，有时适得其反。

比较有效的卸压方法是：在巷道两帮打3.5～4m深钻孔进行爆破卸压，使两帮高应力向深部转移，相应地也带动了底板高应力转移，还可阻止应力降低区内岩石的塑性变形。该方法现场操作简单，易于实施。在高应力软岩矿井开挖重要硐室工程时，可在其顶、底、帮附近开挖卸压巷道，使高应力向深部转移。在极高应力软岩巷道施工时，可在两侧评选开挖两条卸压巷道，以保证中间主要巷道处于应力降低区内。

（四）支护措施

（1）底板锚杆可加固岩石形成加固圈，提高底板稳定性，防止底膜，是简单、可行的方法。

①向底板打垂直孔困难，可根据底板剪应力分布情况，底板锚杆中间稀，两侧密，使

两侧锚杆与底板形成60°～75°夹角。

②巷道两底脚布置45°叉角锚杆，尽量加长。叉角锚杆加固了底板，减小了两帮压力对底板的影响。有的软岩巷道还利用叉角锚杆减缓底鼓。

③底板锚固前应先将巷道顶和帮加固好，否则，两帮鼓出或片帮会加剧底鼓。

（2）用反拱、弧板和底梁等结构均能治理底鼓。为增加底板支护具有一定让压性能，可适当推迟底拱的施工时间。或者在底拱、底弧和底梁两端垫木板形成铰接接头。在严重底鼓的软岩巷道也可用锚喷加底拱或底弧等联合支护，实现封闭式支护治理底鼓措施。

（3）注浆加固。底鼓严重的永久性主要巷道，可用注浆加固底板。注浆材料视岩石渗透性而定，一般用单液水泥和双液水玻璃水泥浆。治理底鼓的重点是巷道底脚附近的岩体，治理松散易垮落的软岩则可沿巷道岩壁打眼注浆。

（4）加固巷道帮角支护。一般沿煤层掘进的巷道，两帮煤层的强度通常较巷道顶、底板岩层强度低。在工作面回采引起的集中应力作用下，巷道两帮岩层将会受到压缩，从而产生岩层的附加压缩变形量。巷道的压缩下沉，加剧了围岩塑性破坏和体积膨胀。同时也压缩了底板，使底板产生破裂、滑移，底鼓剧烈；两帮压缩下沉量越大，巷道底鼓量越大。

为了控制巷道变形与底鼓，开巷后应尽早加固强度较弱的煤帮和角部部位，其作用是：减弱巷道角部应力集中程度，在两帮及角部形成自承能力较高的承载拱以控制两帮和底角围岩塑性区的发展。提高巷道两帮与角部（尤其是底角）围岩的自承能力，减少两帮的塑性变形。通过加固巷道帮、角，减少由于两帮破裂围岩压缩下沉造成的底鼓、体积膨胀量、顶板的破裂和离层，从而减少巷道底鼓和顶板下沉量。加固两帮，既提高了煤层的自承能力，又可以有效地控制顶板下沉，从而全面控制巷道围岩变形。所以，相对于加固巷道其他部位来说，价格巷道帮、角可取得控制巷道围岩变形与底鼓的最佳支护效果。

（5）锚索调动深部围岩强度。软岩巷道底板的底鼓多是因为顶板上覆岩层的压力通过两帮传递到底板而引起的。利用锚索支护技术，将上覆不稳定岩层悬吊到深部温度岩层，利用深部围岩强度，减少传递到底板的上覆岩层压力，从而避免或减轻底鼓的发生。

第五节　软岩巷道施工工艺及质量管理

软岩巷道的施工不同于一般巷道的施工，针对软岩岩性及岩体结构的复杂性，软岩巷道的施工及支护设计中所采取形式较多，包括锚杆支护、锚喷支护、锚网支护、锚喷网支护、锚索支护、锚架支护、喷射混凝土支护、砌体支护以及弧板支护等。

一、软岩巷道施工基本原则

（一）施工程序

软岩巷道施工应根据其工程规模、地质条件及安全的要求，充分利用现场监控量测信息指导施工，采用二次支护工艺，严格按照施工程序进行。

（二）施工组织设计

根据工程特点、软岩特性、工期要求及施工环境条件，在确保安全、经济的前提下，编制施工组织设计。对施工方法、施工工艺、机械配备、监控量测、工序衔接、劳动组织、材料供应、场地布置等，做出统筹安排和合理的计划，并做出组织措施和预计可能发生问题的处理对策等。

（三）施工基本原则

（1）施工方法与工艺应尽可能减少对围岩的扰动，尽量用全断面施工，少用分部掘进，以提高围岩自身的稳定能力。

（2）巷道掘进成形后，应及时对其进行锚喷支护作为一次支护，封闭围岩，保持其强度并约束其释放流变。

（3）现场监测是巷道施工的核心，是判断围岩稳定性、检验设计与施工的正确性、合理性的重要手段。施工全过程应在对巷道位移的监控下进行，并及时反馈信息，修正设计参数和施工程序，实施施工过程的动态管理。

（4）巷道支护结构、参数设计，应做到一次支护能使巷道基本稳定，二次支护承受一部分荷载并作为安全储备。

（5）对于淋水大、松散易冒落的软岩巷道，施工前应采取辅助施工措施或进行预先注浆加固处理。

二、软岩巷道掘进施工方法

软岩巷道掘进施工前，要根据施工条件、埋藏深度、巷道围岩类别、巷道断面大小以及施工环境等条件，并考虑安全、经济、工期等要求，选定施工方法。根据矿井大小及技术装备不同，常用的掘进施工方法有：机掘法、钻爆法和人工与机械混合法等。

三、施工质量管理与工程验收

（一）施工质量管理

（1）基本原则：①软岩巷道必须按照质量标准进行施工，并进行质量检验和工程验收。

②软岩巷道因其自身具有诸如掘进断面形状和预留变形量、支护不能一次到位、预留让压空间和施工动态管理等特点，因此不应按照应验矿井井巷施工规范中一次成巷的施工要求验收。除按有关国家标准和规范执行外，应严格按照软岩巷道支护技术规范执行。

③严格工程质量保证体系，环环把住质量关，从施工原材料进场验收至工程检查、竣工验收，均需进行完整的质量监督管理。

（2）软岩巷道施工质量检验内容包括巷道断面、支护外观、支护厚度、锚杆间排距、锚杆拉拔力、混凝土强度等。

①软岩巷道外观及断面检测。

软岩巷道净断面尺寸必须满足设计要求。巷道支护应完整、无空顶、无离层及破碎现象，无仍在扩展及影响使用安全的裂缝。锚喷支护结构外观无漏喷、失脚、离层、开裂和鼓起现象，无锚杆尾端钢筋外露。金属支架应架设平整，扎角一致，拉杆与卡缆装配齐全，无漏背顶（或帮）现象。砌体无破碎及正在发展并影响安全使用的裂缝。

②锚杆质量检验项目包括锚杆材料、锚杆直径、锚杆长度、间排距、锚杆安装角度与方向及锚固力等。锚杆拉拔力试验。每安装300根锚杆，至少随机抽样3根做一组进行拉拔力试验，以检验锚杆锚固力。若支护变更或材料变换时，应另做一组。同批锚杆拉拔力平均值（精确到0.1kN）应大于锚杆设计锚固力。当同批锚杆拉拔力的最低值大于锚杆设计锚固力的90%时，即视为合格。检查锚杆拉拔力时，应缓慢匀速加载，拉拔至设计荷载时应立即停止加载。但一般情况下不做拉拔破坏性试验。

③混凝土强度检验。混凝土强度试验以边长150mm立方体模箱制成试样，在稳定（20±3）℃和相对湿度90%以上的环境养护28天后，用标准试验方法测定，每班不少于

一组，或每拌制100m³混凝土不少于一组，每组至少3个试块。每组3个试块的试验值过大或过小与中间值相比超过15%时，以中间值代表该组试块的强度。一般情况下，以3个试块试验结果的平均值为该组试块的强度代表值（精确到0.1MPa）。同批试块强度的平均值减去标准差影响，应达到混凝土标号的抗压强度极限强度的85%。同批试块强度最小的一组试验值也必须达到混凝土标号的抗压极限强度值的85%。当同批试块组数少于10时，试块强度应大于1.05R值（R为混凝土标号的抗压极限强度），其最小试块强度应大于0.9R值。当混凝土的试块强度不符合要求时，可以从支护上取混凝土试样或非破损法检验。如果仍不符合要求，应对已完成的支护按实际条件验算支护安全度，或采取必要的补强措施。当二次支护为混凝土结构时，在浇注混凝土前，先在巷道中部和端部每隔2m定一个点，进行支护厚度检验（精确到10mm），也可在浇注完成后，对凿孔进行检测。

④喷射混凝土试块可用喷大板法，切割制成边长100mm的立方体，养护28天后检验其抗压强度，乘以系数0.95；或用边长100mm的无底磨具喷射成型，其检验结果乘以系数1.0。喷射混凝土试块强度合格条件与前述相同。喷射混凝土强度不符合要求时，应查明原因，根据实际情况采取补强措施。

⑤喷射混凝土厚度检验：软岩巷道喷射混凝土厚度的检测可用凿孔法。每40m检查一个断面。从拱顶中线每隔2m布置一个检测点，每个断面总计不应少于5个检测点，其中拱部不应少于3个点。要求60%以上的检查点不应小于设计厚度的一半。同时，每个断面检查点混凝土的平均值不应小于设计厚度值。

（二）工程验收

一次支护和二次支护竣工后，应按设计提出的工程质量要求和质量合格条件，分别进行验收。软岩巷道工程验收资料主要包括：

（1）原材料出厂合格证、工程试验报告单；

（2）巷道支护设计说明书；

（3）支护施工记录；

（4）喷射混凝土强度、厚度、外观尺寸、锚杆拉拔力等检查试验报告；

（5）砌体巷道的净宽、拱、墙、基础的砌厚检查记录；

（6）装配式支架断面净内空尺寸及隐蔽工程记录；

（7）施工期间地质素描图；

（8）隐蔽工程检查验收记录；

（9）支护更改设计报告及内容；

（10）工程重大问题处理文件、现场监控量测技术报告及记录、竣工图。

上述验收资料经验收组签字后，归入工程技术档案。

参考文献

[1]侯慎建.新时期煤炭地质勘查产业链布局与发展研究[M].北京：中国经济出版社，2022.

[2]张群.煤田地质勘探与矿井地质保障技术[M].北京：科学出版社，2019.

[3]李瑞明，杨曙光，张国庆等.新疆煤层气资源勘查开发及关键技术[M].武汉：中国地质大学出版社，2020.

[4]李增学.煤矿地质学(第3版)[M].北京：煤炭工业出版社，2018.

[5]周平.煤矿地质构造异常体的探测研究[M].长春：吉林科学技术出版社，2022.

[6]李伟新，巫素芳，魏国灵.矿产地质与生态环境[M].武汉：华中科技大学出版社，2020.

[7]李风华，张飞天，王俊.矿山地质[M].北京：北京理工大学出版社，2021.

[8]刘洪学，陈国山.矿山地质技术(第2版)[M].北京：冶金工业出版社，2021.

[9]孙守仁，肖绪才.全国煤矿掘进技术与管理[M].徐州：中国矿业大学出版社，2020.

[10]中国煤炭关于安全科学技术学会煤矿安全技术培训委员会，应急管理部信息研究院组织编写.煤矿防突作业[M].北京：应急管理出版社，2019.

[11]赵文才.煤矿智能化技术应用[M].北京：煤炭工业出版社，2019.

[12]陈雄.煤矿开采技术[M].重庆：重庆大学出版社，2020.

[13]焦长军，吴守峰，李泽卿.煤矿开采技术及安全管理[M].长春：吉林科学技术出版社，2021.

[14]霍丙杰，李伟，曾泰等.煤矿特殊开采方法[M].北京：煤炭工业出版社，2019.

[15]黄兰英，王勃，刘盛东.掘进巷道断层地震超前探测方法与技术[M].徐州：中国矿业大学出版社，2022.

[16]付建新.地下工程施工技术[M].北京：冶金工业出版社，2021.

[17]刘志刚，姜京福.深部高应力矿井巷道支护设计研究应用[M].北京：中国建筑工业出版社，2022.

[18]吴士良.采场与巷道支护设计[M].北京：煤炭工业出版社，2019.

[19]李开学，张建超，陈拓琪.巷道施工[M].徐州：中国矿业大学出版社，2018.

[20]彭文庆，王卫军，余伟健.破碎岩体大断面巷道支护技术研究[M].徐州：中国矿业大学出版社，2020.